JN428016

PLC
물류 제어 기초 실습

박양수·신경철·장혜경·이성신·GL Company
공저

형설출판사
www.hyungseul.co.kr

이 개발 과제는 지자체 – 대학 협력 기반
지역 혁신 사업비로 개발되었음

/ 머리말 /

21세기의 급변하는 4차 산업혁명시대를 맞아 최근 전자공학 분야는 예측하기 어려울 정도로 급속하게 발전하고 있으며, 이러한 전자공학의 혁신기술을 이끌어 갈 수 있는 창의적이고 미래 지향적인 엔지니어의 양성은 매우 중요하다.

전자공학 분야의 혁신적인 도약의 기본은 물류 및 생산자동화기술의 발전과 스마트 팩토리 공장자동화 기술 및 시퀀스제어 기술의 발전에 기인한다. 이러한 기술을 개발하기 위하여 필요한 분야 중에서 가장 기초가 되는 분야가 PLC(Programmable Logic Controller)이며, 이와 같은 교재는 학계나 산업계 모두가 중요성을 인식하고 있다.

본 실습 교과서는 전기·전자·통신·제어계통의 학생들이면 누구나 사용할 수 있도록 다양한 이론내용을 단계별로 구성하였고, 학습자 관점에서 내용을 정리하여 이해하는데 어려움이 없도록 최대한 노력하였다.

제1장 산업자동화 제어장비 개요는 시퀀스 기본 구성을 중심으로 A접점, B접점, 내부릴레이 접점 등을 기본으로 하여 AND와 OR의 기본 게이트, 자기유지 회로, 전기 공압 등의 기본적인 이론을 바탕으로 실험실습을 할 수 있도록 회로 설계중심으로 구성하였으며 또한, PLC 시스템과 소프트웨어 구성을 중심으로 자동제어에 대한 기본원리와 목적, 개요 등으로 구성하여 실습학습에서 갖추어야 할 기본적인 하드웨어 결선하기, 프로그램 설치하기 등 실습 준비내용으로 구성하였다.

제2장은 PLC 개요와 구조, PLC 사용법을 중심으로 실습장비 환경설정을 할 수 있도록 하였으며, PLC 프로그램을 기본적인 회로를 이용하여 프로그램 작성 및 부하와 연결하여 각 기능을 서로 조화를 이루기 위하여 수행하는 과정을 이해하도록 하였다. 또한, PLC 실습 장비를 활용하여 입출력모듈과 각종 센서들과 연결방법을 이해하고 PLC 프로그램을 작성하여 동작하는 과정을 이해하고 다양한 회로를 실습하도록 구성하였다.

제3장은 PLC 물류 기초 제어 실습을 중심으로 YES, NOT, AND와 OR 등 기본 논리회로와 실린더, 타이머, 카운터, DC, 스태핑 모터, 슬라이드 모듈 실습, 전기 공압 실습까지 등 PLC 물류 기초부터 응용 실습까지 PLC 장비를 이용하여 각 기능을 서로 조화를 이루기 위하여 수행하는 과정을 이해하도록 하였다. 특히 전기 공압에 사용되는 각종 장비들을 이해하고 회로구성을 통해 동작과정을 이해하도록 하였으며, 다양한 PLC 회로 구성을 통해 전기 공압 제어에 필요한 이해를 통해 현장에서 활용가능한 회로 중심으로 구성을 하였다.

제4장 생산자동화 장비는 PLC 물류 자동화 활용을 위해 생산자동화 장비의 개요, 분해 조립도, 장비 배선도를 이해하여 생산자동화 장비의 이해를 돕도록 구성하였으며, 스마트 팩토리 공장자동화의 다양한 부하를 직접 제작할 수 있도록 하고 그에 따른 PLC프로그램 작성과 동작과정을 이해하도록 하여 현장과 동일한 과정을 통해 응용 가능한 부분을 고려하여 구성하였다.

그리고 본 교재에서는 기본이 되는 회로뿐만 아니라 다양한 응용회로들을 구성하여 실습을 통하여 그 특성을 관찰함으로써 현장에서 직접 응용할 수 있는 기초능력을 기를 수 있도록 하였다.

그러나 본 실습 교과서는 학생들의 디지털공학에 대한 이론적인 원리를 실습을 통하여 확인하고 장차 산업체에서 응용할 수 있도록 구성하였으나 아직도 많은 부분에서 부족하고 미비한 점이 많으리라고 생각하며, 향후 실험실습을 통하여 부족하고 미비한 부분을 학습자 관점에서 수정 보완해 나갈 것이다.

이 교과서의 내용을 학생들이 익혀 4차 산업혁명시대의 전자공학분야의 기술 영역에서 일익을 담당한다면 이 교과서를 집필한 가장 큰 보람이 될 것이다.

끝으로 이 책이 출판되기까지 수고해 주신 전자공학과 교수 여러분께 감사드립니다.

- 목 차 -

- 목 차 -

- 목 차 -

- 목 차 -

- 목 차 -

Chap1. 산업자동화 제어장비 개요

1. 하드웨어 구성

가. 장비 구성

▷ 전체 장비 사진

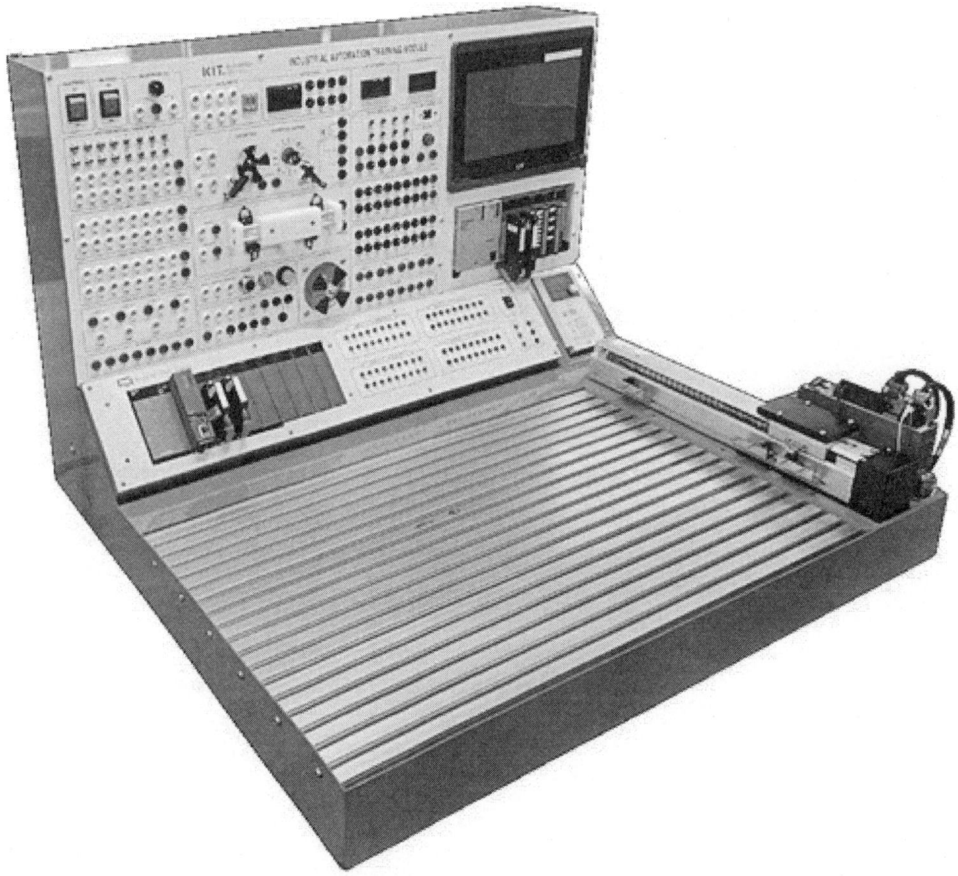

▷ 장비 세부 명칭

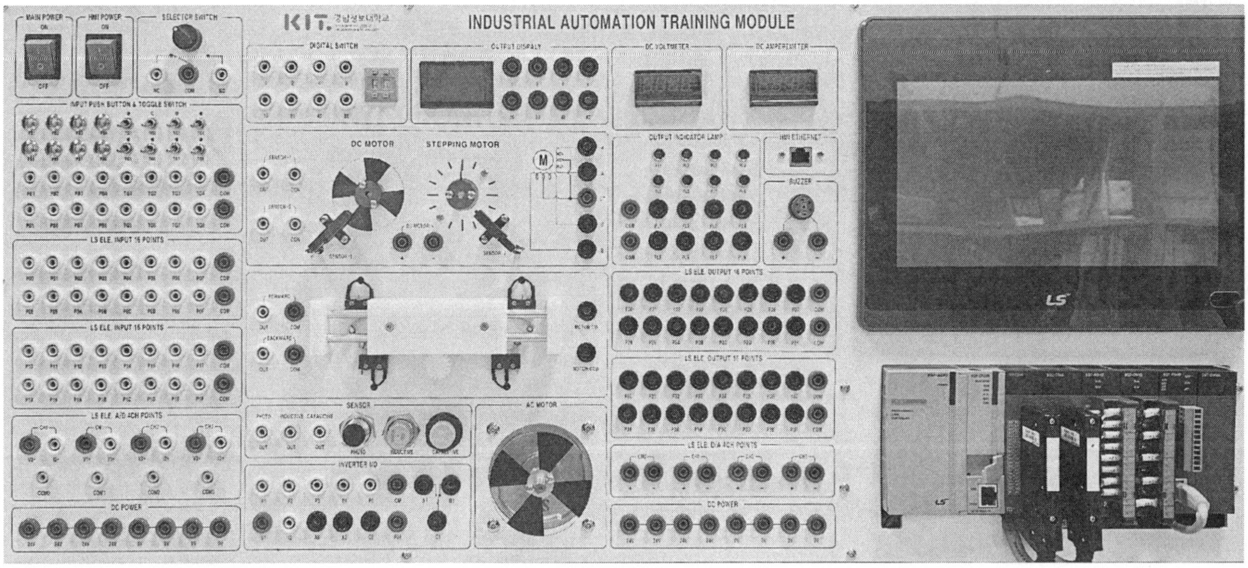

번호	명칭	비고
①	MAIN POWER	장비 메인 전원 스위치
②	HMI POWER	HMI 전원 스위치
③	DC VOLT METER	DC 전압계
④	DC AMPERE METER	DC 전류계
⑤	INPUT PUSH BUTTON & TOGGLE SWITCH	푸시 버튼 스위치 8 EA, 토글스위치 8 EA
⑥	SELECTOR SWITCH	선택 스위치(NC/NO)
⑦	DIGITAL SWITCH	디지털 스위치 2 EA (0~99)
⑧	OUTPUT DISPLAY	FND 2 EA (0~99)
⑨	SENSOR	포토센서, 자기유도형/정전용량형 근접센서
⑩	OUTPUT INDICATOR LAMP	램프 8 EA
⑪	BUZZER	부저
⑫	DC MOTOR	DC 모터 + 포토센서 - 1
⑬	STEPPING MOTOR	각도 제어 모터 + 포토센서 - 2

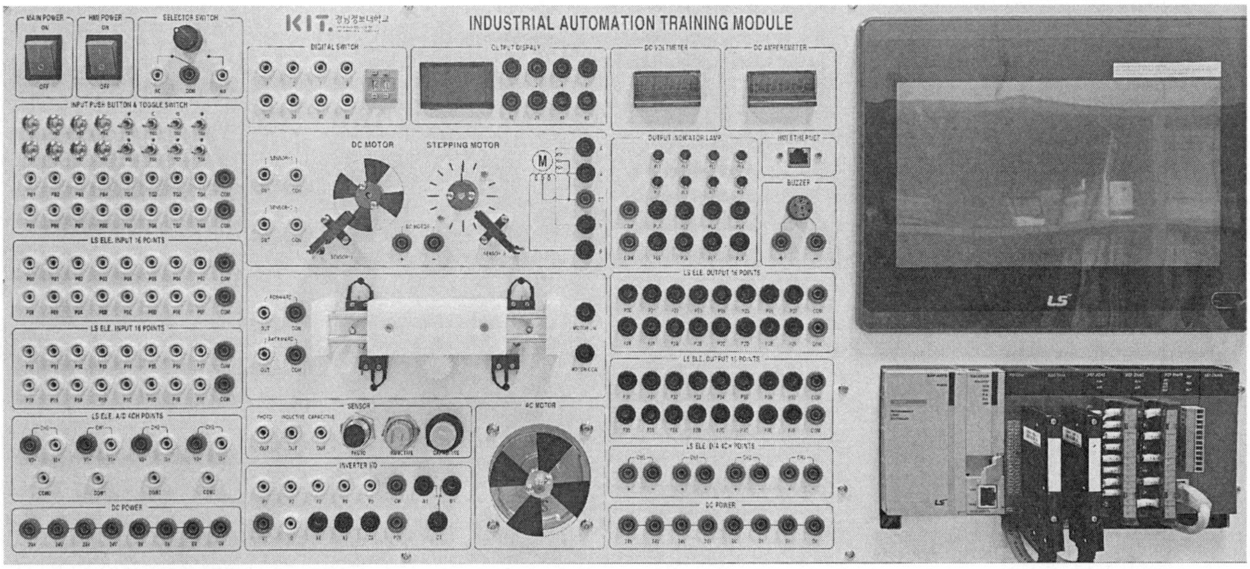

번호	명칭	비고
⑭	슬라이딩 모듈	모터 정 · 역회전 및 위치 감지
⑮	AC MOTOR	AC 모터(AC 220V, 60Hz)
⑯	LS ELE. INPUT 16 POINTS	PLC 입력 단자(32 접점)
⑰	LS ELE. OUTPUT 16 POINTS	PLC 출력 단자(32 접점)
⑱	LS ELE. A/D 4CH POINTS	PLC의 A/D 모듈 연결 단자(4채널)
⑲	LS ELE. D/A 4CH POINTS	PLC의 D/A 모듈 연결 단자(4채널)
⑳	INVERTER I/O	인버터 연결 단자
㉑	DC POWER	DC 24V, 0V 출력 단자
㉒	PLC	LS PLS (XGK CPUSN)
㉓	HMI	LS HMI 패널(EXP2-1000D)

번호	명칭	비고
㉔	Inverter	LS 인버터(M100)
㉕	Servo Drive	서보 앰프(L7NHA001U)
㉖	1 Axis Robot	서보모터 + 1축 로봇(리드 : 10mm)

2. 시퀀스 제어

가. 시퀀스 개요

1) 자동화(Automation)

고도의 생산성과 경제적 효과를 얻기 위해 자동적으로 제어 하는 일

2) 자동화의 분야

가) FA(Factory Auto) : 공장 자동화

수주에서 출하까지의 생산 활동에 있어서 생산 시스템 전체의 효율적인 관리 및 제어를 행하는 것

나) OA(Office Auto) : 사무 자동화

다) HA(Home Auto) : 가정 자동화

[표 1-1] 자동화 시대별 구분

점의 자동화 (1965~)	선의 자동화 (1965~)	면의 자동화 (1980~)	입체의 자동화 (1986~)
설비의 근대화	성적화/자동화	OA/FA	CIM
기계화	라인화 Conveyer	FMS무인화	정보의 자동화 OA+FA+CAD

3) 자동제어의 분류

자동제어를 분류하는 방식에는 되먹임 제어(Feedback Control)와 시퀀스제어(Sequence Control)가 있다. 이 중 시퀀스제어란 미리 정해진 순서에 따라 제어의 각 단계를 점차로 진행해 나가는 제어라 정의하고 있으며, 불연속적인 작업을 행하는 공정제어 등에 널리 이용된다.

이는 일종의 스위치나 버튼을 사용하여 전기회로의 부하를 운전하기도 하고, 부하의 운전 상태나 고장상태를 알리기도 하는 일련의 제어를 말하는 것으로 근래에 사용되는 전기회로는 모두 이러한 시퀀스회로로 만들어져 있으며, 예로 빌딩이나 공장 등에서 엘리베이터를 움직이고 고장을 알리기도 하고, 세탁기, 냉장고, 자동판매기 등도 시퀀스로 움직이고 있다.

가) Feed Back Control

각기의 단계에 있어서 그 단계에 만족하는 제어는 피드백에 의해 제어량을 목표값과 비교하여 일치시키도록 정정 동작을 하는 제어이다. 무접점 소자를 이용한

제어회로에는 PLC 등의 전자회로를 사용한 것이 있고, 유 접점 소자는 버튼스위치나 각종 계전기(Relay)를 사용한 것이다.

나) 프로그램 제어(Program Control)
제어 대상의 상태를 독립적으로 제어의 순서대로 프로그램으로서 짜놓고 차례로 된 프로그램으로부터 동작명령을 인출하여 제어의 각 단계를 진행하는 제어이다.

다) 수치 제어
여러 가지 기계의 조작을 자동 조작 방식에 의해서 행하는 것이고 종이테이프나 자기테이프에 기록된 위치 등의 수치 데이터와 기계의 조작 순서 등을 지령하는 데이터에 의해서 기계를 조작하는 방식이다. (N.C 선반)

라) 계산기 제어(Computer Control)
제어장치 중에 전자계산기를 써서 그 고도의 기능을 이용하는 제어 (미사일)

마) Sequence Control
시퀀스(Sequence)제어란 미리 정해진 순서, 또는 일정한 논리에 의해서 정해진 순서에 따라 제어의 각 단계를 차례로 진행해 가는 제어를 말합니다. 즉, 시퀀스 제어란 다음 단계에서 행해야 할 제어동작이 미리 정해져 있어서 전 단계에서의 제어동작을 완료한 뒤, 또는 동작 후 일정한 시간을 경과한 다음에, 다음의 동작으로 이행할 경우나, 제어결과에 따라서 다음에 행해야 할 동작을 선정해서 다음 단계로 이행(Transition)하는 제어를 말한다. 다시 말해 순서제어에 조건제어 (Timer, Limit Switch.)를 합한 것이라 생각하면 된다.

나. 시퀀스 제어 방식

1) 자동 제어(Automatic Control)
가로등의 자동 점멸 이라든가, 전동 시 우물펌프처럼 제어 대상의 동작 그 하나하나가 사람의 손을 빌리지 않고 제어 장치의 판단에 의해서 자동적으로 행해지는 제어이다.

2) 수동 제어(Manual Control)
선반, 드릴프레스의 정지, 운전 등과 같이 사람이 직접 판단하여 제어장치에 조작을 가하여 제어대상의 동작을 결정하는 것이다.

3) 일인 제어(One man Control)
자동 엘리베이터와 같이 한 사람의 운전자가 인위적 원인을 주어서 정해 진 조작 과정을 가동적으로 행하는 제어이다.

4) 원격 제어(Remote Control)
리모트 컨트롤이 붙은 TV나 선풍기와 같이 어느 특정의 조건에 응해서 원거리에 있는 장치를 단독장치마다의 전기적 제어 회로를 통해서 인위적으로 제어하는 것이다.

5) 원격 감시 제어(Supervisory Control)
두 곳의 수력발전소에서 주 발전소와 무인 발전소 사이에 수10분의 케이로서 연락을 취하며 무인발전소의 운전, 정지를 행하는 것과 같다. 먼 곳에 있는 장치를 소수의 공통 전기 회로를 통해서 인위적 선택제어 및 감시를 행하는 제어이다.

6) 총괄 제어(General Control)
전철의 지령실 및 한전의 급전 사령실 등과 같이 한 곳으로부터 전기적 제어 회로를 통해서 다수의 단위 장치를 총괄적으로 제어하는 것이다.

7) 시퀀스 제어기기의 종류
가) 입력기구 : 수동 스위치, 검출 스위치 및 센서

(1) 스위치(Switch) ; 회로의 개폐, 또는 접속 변경 등의 작업 수행
① 복귀형 수동 스위치
⇒ 조작 중에만 접점 상태가 변하고 조작을 중지하면 원래상태로 복귀하는 스위치(Push-Button Switch(PBS)와 Foot Switch)

② 유지형 수동 스위치

⇒ 조작하면 접점의 개폐 상태가 그대로 유지되는 마이크로 스위치, 텀블러 스위치, 셀렉터 스위치 등

③ 검출 스위치

⇒ 제어 대상의 상태, 또는 변화를 검출하는 리밋 스위치, 센서가 있고 위치, 압력, 힘, 빛, 온도, 수위, 속도, 전압, 전류 등의 물리량의 검출과 고장, 제품 수리 등의 검출에 사용(Limit s/w, Photo s/w, Proximity s/w 등)

(2) 전자 계전기 (Magnetic Relay) : 전자력에 의하여 접점을 개폐하는 제어 장치

- 보조 릴레이, 전자 개폐기(MC)

나) 출력기구 : 전자 개폐기(MC), 전자 밸브(SV), 솔레노이드(Sol) 표시 램프 (Pilot Lamp), 경보 기구(Buzzer, Bell)

다) 보조기구 : 보조 릴레이, 논리소자, 타이머 소자, 입출력 소자, PLC 장치

8) 조작용 기기

가) 푸시 버튼스위치

① 푸시 버튼스위치(PBS : Push Button Switch)는 수동으로 버튼을 누르면 접점이 열리거나 닫히는 동작을 한다.

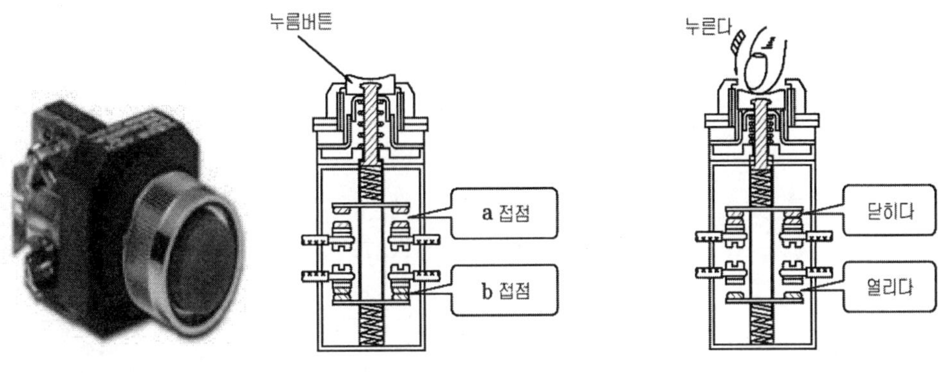

(a) 초기상태 (b) 동작상태

[그림 1-1] 푸시 버튼스위치

② 복귀형 수동스위치는 수동 조작용 자동 복귀형 스위치로 대표적인 것으로는 엘리베이터 스위치, 컴퓨터 키보드, 풋 스위치, 자동 레버 스위치 등이 있다.

[그림 1-2] 복귀형 수동스위치

③ 유지형 수동스위치

[그림 1-3] 유지형 수동스위치

나) 릴레이(Relay)

① 보조 계전기(제어 릴레이, Auxiliary Relay)

- 전자계전기라고도 불리며, 전자석에 의한 철편의 흡입력을 이용해서 접점을 개폐하는 기능을 가진 제어기기

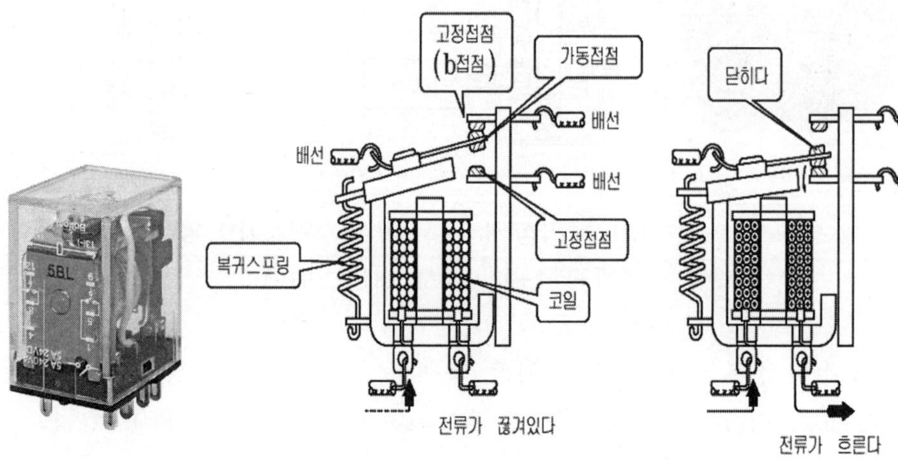

(a) 초기상태 (b) 동작상태

[그림 1-4] 보조 계전기

계전기는 푸시버튼과는 달리 사람의 손으로 동작되는 것이 아니라 계전기 내의 전자석에 의해 동작되며, 전자석 코일에 전류가 흐르는 동안에만 접점이 동작하는 스위치의 일종으로 코일부와 접점부로 나누어지고 기호로 나타낼 경우에도 코일부와 접점부로 나누어 표시한다.

접점은 a접점과 b접점이 공유하고 있는 접점을 주로 사용하며 이를 c접점이라 한다. c접점은 a접점, b접점을 동시에 사용할 수도 있고 별도로 한 접점만 사용할 수도 있다. 특히 c접점에서 a접점, b접점을 동시에 사용할 경우에 c접점(공통접점)으로 인하여 회로가 단락되는 경우가 있으니 반드시 공통접점부가 회로에서 공통으로 사용되고 있는지 확인하고 사용하여야 한다.

제어용 릴레이의 사용 시는 조작 전원의 정격, 필요한 접점의 수, 제어 전원의 용량 등을 고려하여 특성에 맞게 선택하여야 한다.

다) 타이머(Timer)

(1) 한시계전기

한시계전기는 입력신호를 받아 설정된 시간이 경과한 후 동작이 되는 일종의 계전기이다. 시간을 계산할 때에는 소형의 전동기를 사용하는 방법과 전자회로를 사용하는 방법이 있는데 주파수의 영향을 받는 경우가 있으므로 이를 고려해야 한다. 우리나라의 경우에는 교류전압의 상용주파수가 60[Hz]이므로 50/60[Hz]의 기구에서는 60[Hz]로 조정하여 사용한다. 접점 등은 계전기와 같지만 접점의 동작을 시간을 두고 동작시킬 수 있다는 것이 가장 큰 차이점이다.

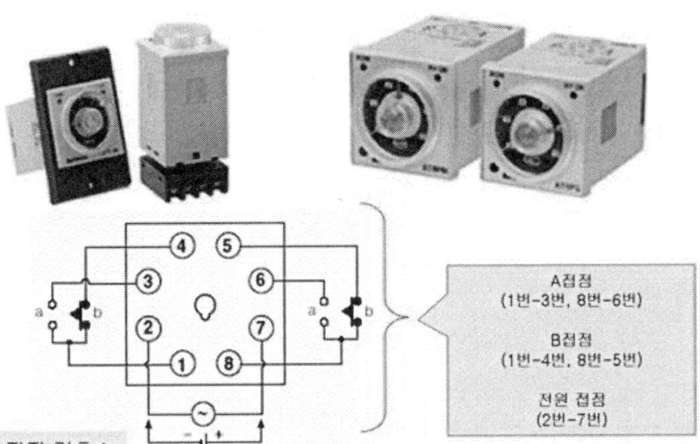

< 접점 기호 >

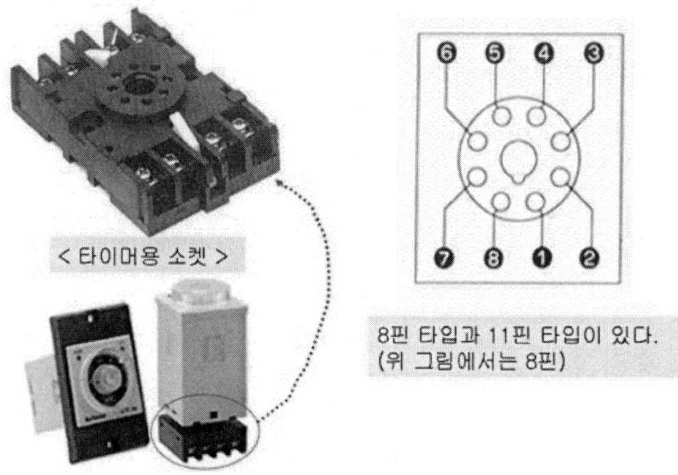

[그림 1-5] 타이머

접점의 동작은 한시동작접점과 한시복귀접점이 있다.

한시동작접점은 동작하는데 시간이 걸리는 접점으로, 타이머 기동 후 설정된 시간이 지나서 접점이 동작한다.

한시복귀접점은 복귀하는데 시간이 걸리는 접점으로, 타이머 기동과 동시에 접점이 동작하고 설정된 시간이 지난 후에 원래의 위치로 복귀되는 접점이다.

대부분 한시 a접점과 한시 b접점은 한 쪽을 공통(c접점)으로 하여 사용되게 만들어져 있다

(2) 타이머(Timer) 동작형식에 따른 분류

① 동작시간이 늦은 한시 동작 타이머(ON Delay Timer)
- (On Delay Timer, 시한 동작 순시 복귀형)
- 타이머 코일에 전기를 공급(여자됨->동작하지 않음)
- 정해진 시간(t)가 지나면 타이머가 동작 : 시한동작
- 전기를 끊으면 복귀

② 복귀시간이 늦은 한시 복귀 타이머(OFF Delay Timer)
- (Off Delay Timer, 순시 동작 시한 복귀형)
- 타이머 코일에 전기를 공급(동작함)
- 전기를 끊으면 순간 복귀하지 않고
- 정해진 시간(t)가 지나면 타이머가 복귀 : 시한복귀

③ 동작과 복귀가 모두 늦은 순한시 타이머(ON-OFF Delay Timer)
- (On-Off Delay Timer, 시한 동작 시한 복귀형)
- 타이머 코일에 전기를 공급(여자함->동작하지 않음)
- 전기를 넣으면 바로 동작하지 않고 t초 후에 동작하고,
- 전기를 끊으면 순간 복귀하지 않고 t초 후에 타이머가 복귀

(3) 한시 동작 타이머 :

- 온 딜레이(ON Delay) 타이머

시한 동작 순시 복귀형 전압을 인가하면 일정시간이 경과하여 접점이 닫히고 (또는 열리고), 전압이 제거되면 순시에 접점이 열리는 (또는 닫히는) 동작

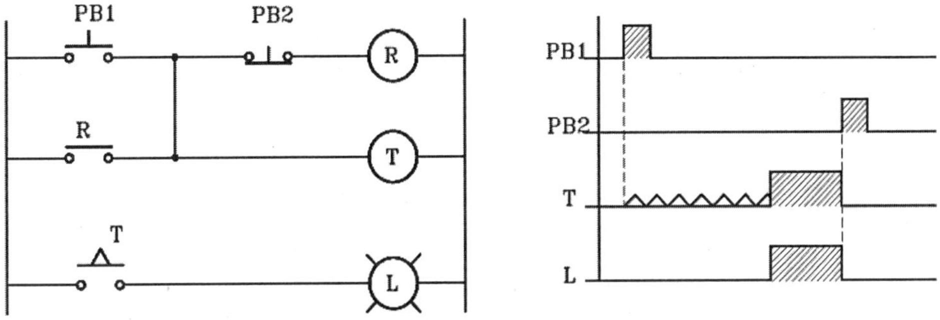

(a) 회로도 (b) 타임차트

[그림 1-6] 한시 동작 타이머

- 타이머 코일에 전기를 공급 (여자됨 -> 동작하지 않음)

정해진 시간(t)가 지나면 타이머가 동작 : 시한동작, 전기를 끊으면 복귀

(4) 한시 복귀 타이머 :

오프 딜레이(OFF Delay) 타이머

- 순시 동작 시한 복귀형 전압을 인가하면 순시에 접점이 닫히고(또는 열리고), 전압이 제거된 후 일정시간이 경과하여 접점이 열리는 (또는 닫히는)동작
- 타이머 코일에 전기를 공급(동작함) 전기를 끊으면 순간 복귀하지 않고, 정해진 시간(t)가 지나면 타이머가 복귀 : 시한복귀

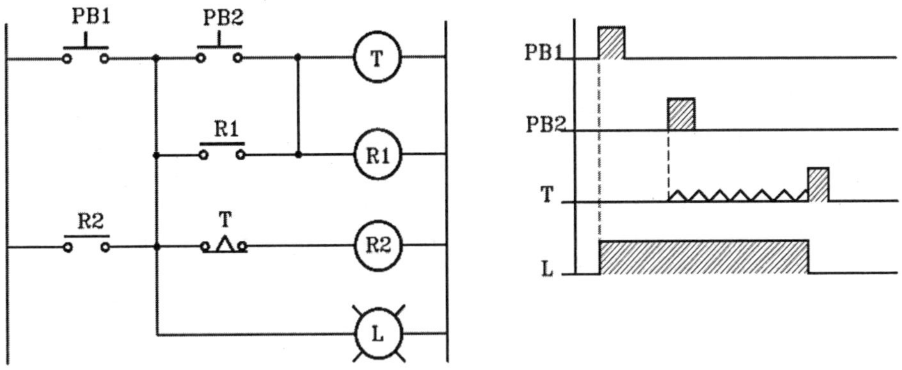

(a) 회로도 (b) 타임차트

[그림 1-7] 한시 복귀 타이머

(5) 순한시 타이머 : 온오프 딜레이(ON-OFF Delay) 타이머
- 시한 동작 시한복귀형 : 전압을 인가하면 일정시간이 경과하여 접점이 닫히고 (또는 열리고), 전압이 제거되면 일정시간이 경과하여 접점이 열리는(또는 닫히는) 동작
- 타이머 코일에 전기를 공급 (여자함->동작하지 않음)

전기를 넣으면 바로 동작하지 않고 t초 후에 동작하고, 전기를 끊으면 순간 복귀하지 않고, 정해진 시간(t)가 지나면 타이머가 복귀

라) 전자 개폐기

전자접촉기는 전자석의 동작에 의해 접점을 개폐하는 기구로서, 전동기 등의 동력 부하에는 필수적으로 사용되고 있다. 동작은 계전기와 같고, 접점은 주접점과 보조접점으로 나뉘어 있어 주접점은 부하의 전원을 개폐하며 보조접점은 계전기와 동일하게 제어회로에 사용된다.

(1) 전자개폐기(MS : Magnetic Switch)

전자접촉기(MC) + 열동형과 부하계전기(THR)을 조합한 것

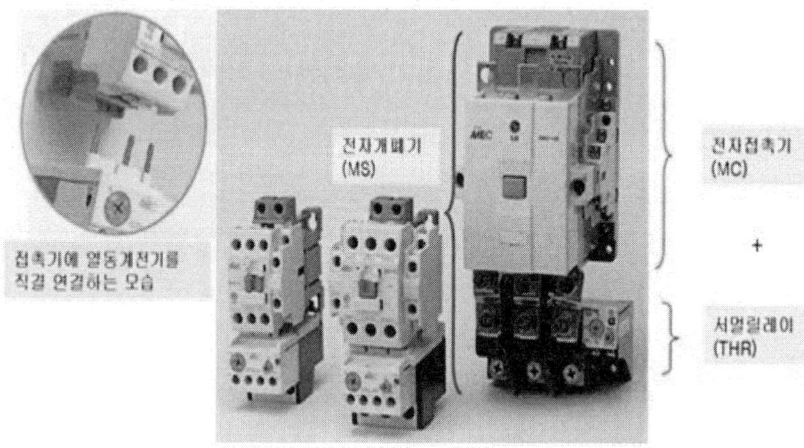

[그림 1-8] 전자개폐기

마) 전자 접촉기

- 전자접촉기의 전자코일(MC)에 전류가 흐르면 고정 철심이 전자석으로 되어 가동철심을 흡인하여 가동 철심에 부착된 주접점과 보조접점을 폐로하고, 전자코일에 전류가 흐르지 않으면 개로한다.

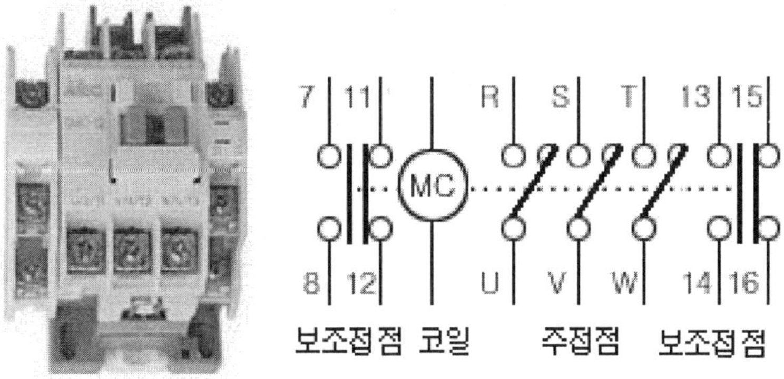

(a) 그림 (b) 도형기호 표시법

[그림 1-9] 전자접촉기

바) 계전기

(1) 열동형 과부하계전기(THR: Thermal Relay)

과부하계전기는 열동계전기 또는 서멀릴레이라고도 하며 주로 과부하 보호에 사용된다. 열에 의해 동작하고 과부하에 동작하는 계전기로 전류가 많이 흐르거나 저항에 의해 흐르지 못하면 전선과 전기장비등에 열이 난다. 이열을 계전기가 감지해 흐르던 전기를 차단해서 화재를 방지하고 기계를 보호한다. 주로 용량이 큰 모터보호용 회로에 많이 쓰인다.

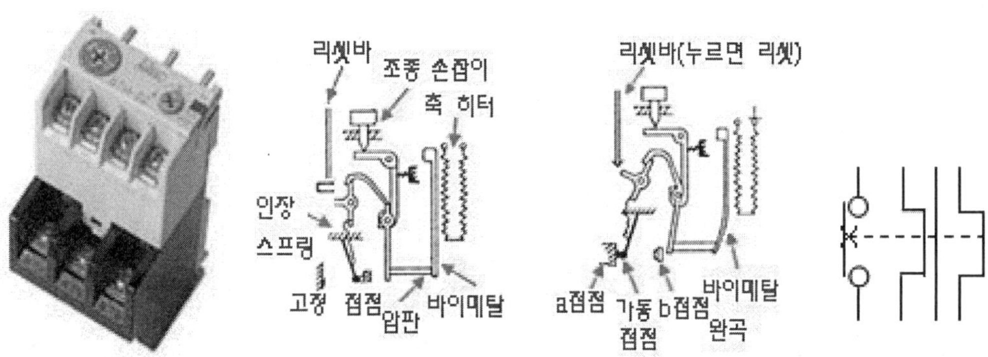

무통전 상태 동작(트립) 상태

(a) 그림 (b) 동작 원리 (c) 기호

[그림 1-10] 열동형 과부하계전기

(2) OCR

EOCR에서 E(일렉트릭)를 빼서 그냥 과전류 계전기입니다. 이건 과부하에 의해 동작한다. 주로 수전설비, 변전설비등 대용량 설비에 많이 쓰인다.

(3) EOCR

우리말로 전자 과전류 계전기로 과전류가 흐르면 전자부품에 의해 계전기를 동작시킨다. 주로 에어컨이나 냉장고 콤프레샤의 모터 보호등 작은 모터보호에 많이 쓰인다.

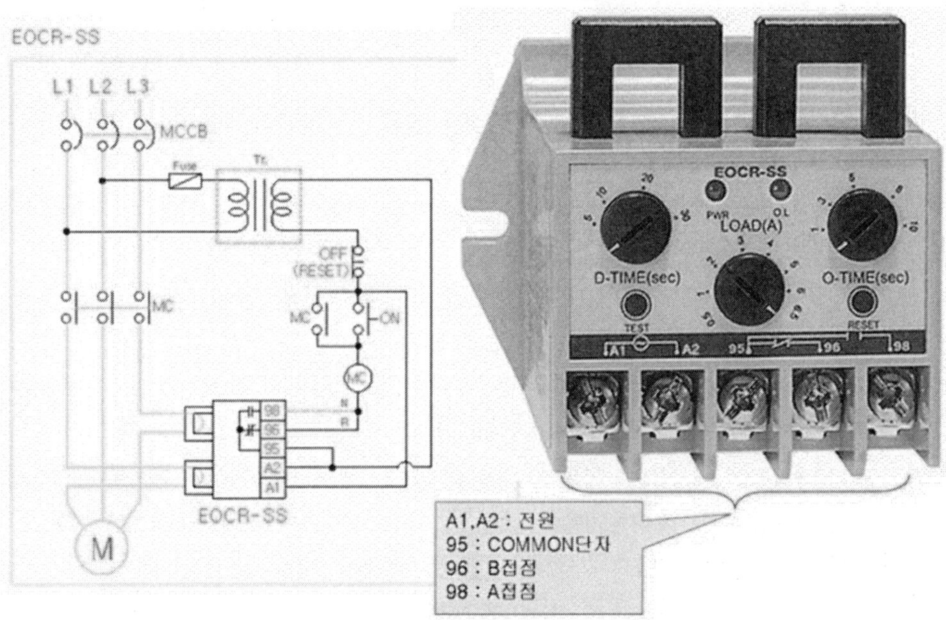

[그림 1-11] EOCR 과부하계전기

사) 배선용차단기(MCCB: Molded Case Circuit Breaker)

개폐기구, 트립장치 등을 절연물 용기 내에 일체로 조립한 것으로 통전상태의 전로를 수동 또는 전기 조작에 의해 개폐할 수 있으며, 과부하 및 단로 등의 이상상태 시 자동적으로 전류를 차단하는 기구를 말한다.

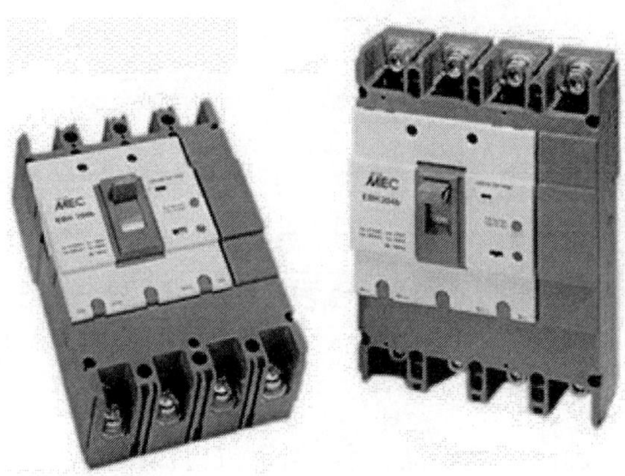

[그림 1-12] 배선용 차단기

아) 검출 스위치

검출 스위치는 자동화 시스템에서 없어서는 안될 만큼 제어 대상의 상태나 변화 등을 검출하기 위한 것으로 위치, 액면, 온도, 전압, 그 밖의 여러 제어 량을 검출하는 데에 사용되고 있다. 시람이 기헤주는 힘 이외에는 복귀형 스위치와 같은 동작을 한다.

(1) 마이크로 스위치 및 리밋 스위치(Limit Switch)

마이크로 스위치와 리밋 스위치는 접촉식 센서의 대표적인 기기로서 이 두 가지가 서로 다른 점은 구조와 용도면에 약간의 차이가 있다.

마이크로 스위치는 비교적 소형으로 성형품 케이스에 접점기구를 내장하고 밀봉되지 않은 구조로서 주로 계측장치나 소형 기계장치의 검출기용으로 사용한다.

리밋 스위치는 견고한 다이캐스트 케이스에 마이크로 스위치를 내장한 것으로 밀봉되어 내수(耐水), 내유(耐油), 방진(防塵)구조이기 때문에 내구성이 요구되는 장소나 외력으로부터 기계적 보호가 필요한 생산설비와 공장 자동화 설비 등에 사용된다. 따라서 리밋 스위치를 봉입형(封入形) 마이크로 스위치라 한다.

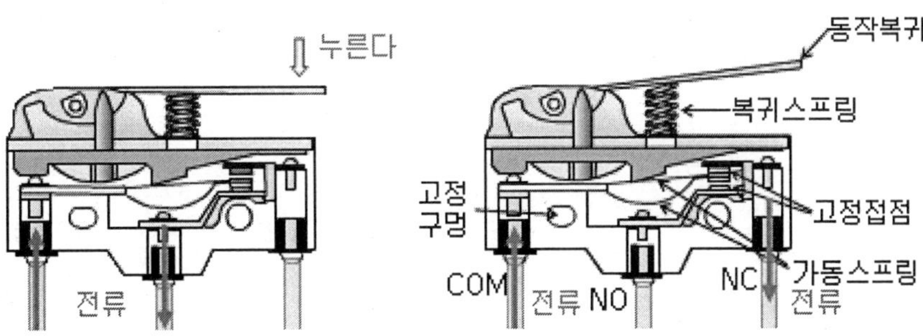

(a) 동작 상태 (b) 복귀 상태

[그림 1-13] 마이크로 스위치

(2) 근접 스위치(Proximity Switch)

근접스위치는 물리적인 접촉으로 대상물의 유무 상태를 검출하는 무접촉형 스위치이다. 1차, 2차의 코일을 그림과 같이 배치하고, 1차 코일에 고주파 전류를 가하면 평상시는 평형을 유지하므로 2차측 코일에 전압이 발생하지 않는다. 그러나 검출헤드에 금속 체를 접근시키면 맴돌이전류가 발생되어 평형상태가 무너지며 2차 코일에 전압이 발생한다. 이 전압을 증폭하여 출력릴레이를 구동한다.

(a) 그림

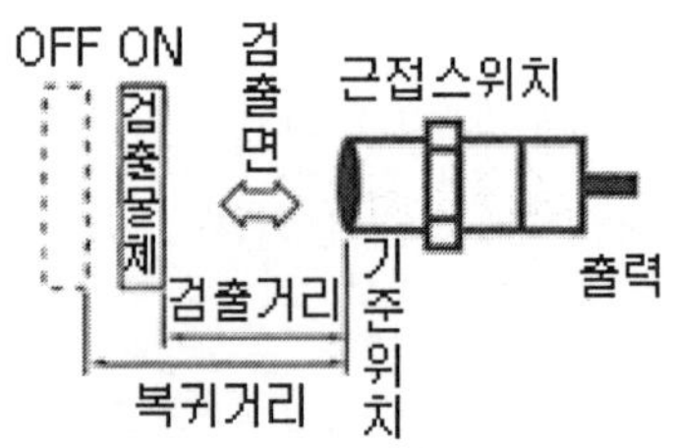

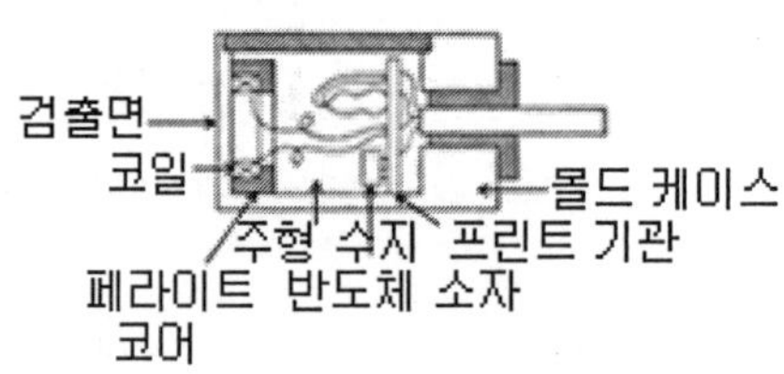

(b) 동작 원리 (c) 고주파 발진형 근접스위치 구조

[그림 1-14] 근접 스위치

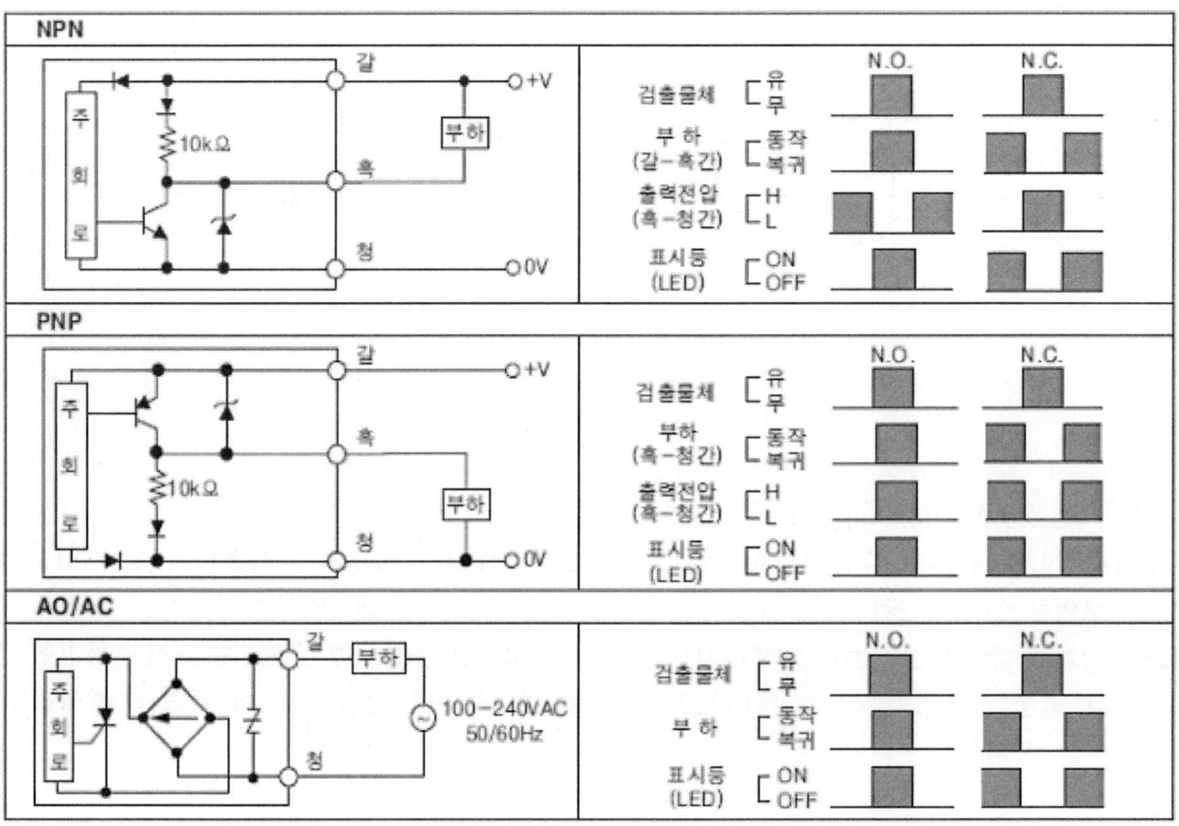

[그림 1-15] 근접 스위치 제어출력 회로도 및 부하동작

(3) 포토 스위치(Photo Electric Switch)

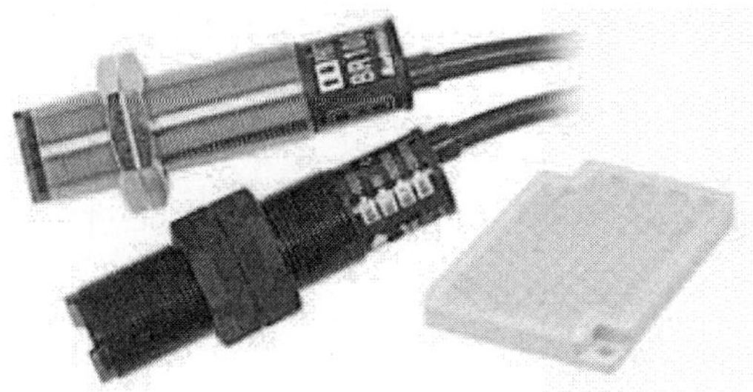

[그림 1-16] 광전 스위치

빛을 발생하는 광원과 빛을 받아들이는 포토다이오드나 포토트랜지스터를 1개조로 하여 물체가 광로를 지나갈 때 광로의 변화나 광량의 변화를 이용하여 접점을 개폐하여 물체를 검출하는 접점으로, 물체의 접촉에 의한 것이 아니고 움직이는 물품의 계수나 기계적 동작의 제한 등에 사용한다.

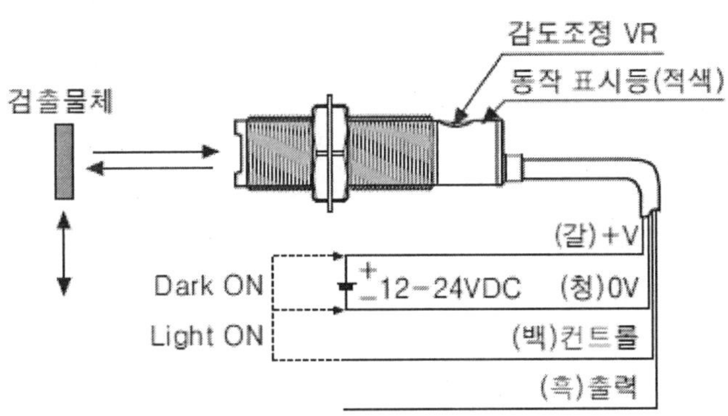

(a) 직접반사형

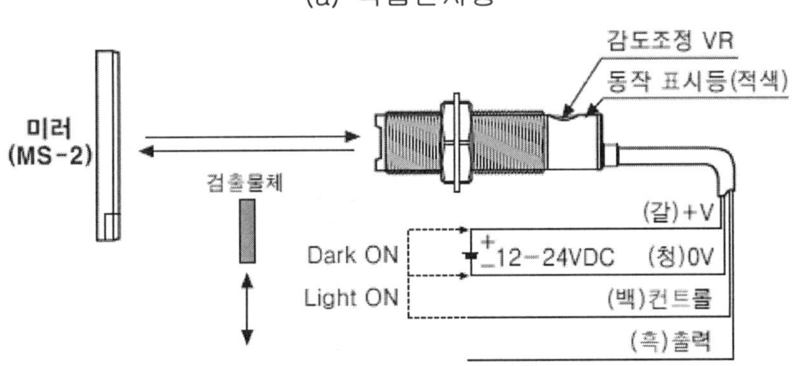

(b) 미러반사형

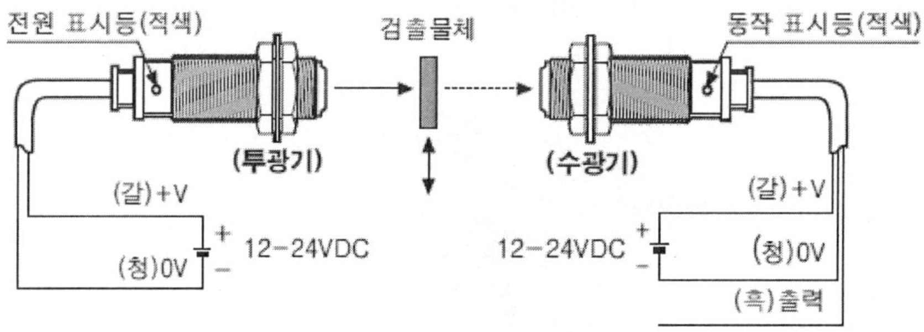

(c) 투과형

[그림 1-17] 광전 스위치 종류

빛의 전달속도가 빠르므로 무접점 회로의 경우 분당 수만 회의 검출도 가능하다. 이에는 투과형, 미러 반사형, 직접반사형이 있다.

투과형은 빛을 내는 투광기와 빛을 받아들이는 수광기 사이에 물체가 지나가는 것을 감지하는 것이고, 미러 반사형은 투광기에서 발사된 빛이 물체에 반사되어 수광기에 들어오는 방식이며, 직접반사형은 투광기 없이 물체의 자연 복사광에 의해 수광기에서 받아 물체를 검출하는 것이다.

(4) 플로트 스위치(Float Switch)

유체의 액면을 검출하는 스위치, 레벨 스위치라고도 하며, 액면의 높이를 검출하기 위한 것으로 액면이 올라가면 액면에 떠있는 플로트가 리밋스위치를 밀어 접점을 개폐하기 위한 것이다. 액면이 내려가면 플로트도 내려가 리밋스위치는 스프링의 힘에 의해 원상 복귀된다.

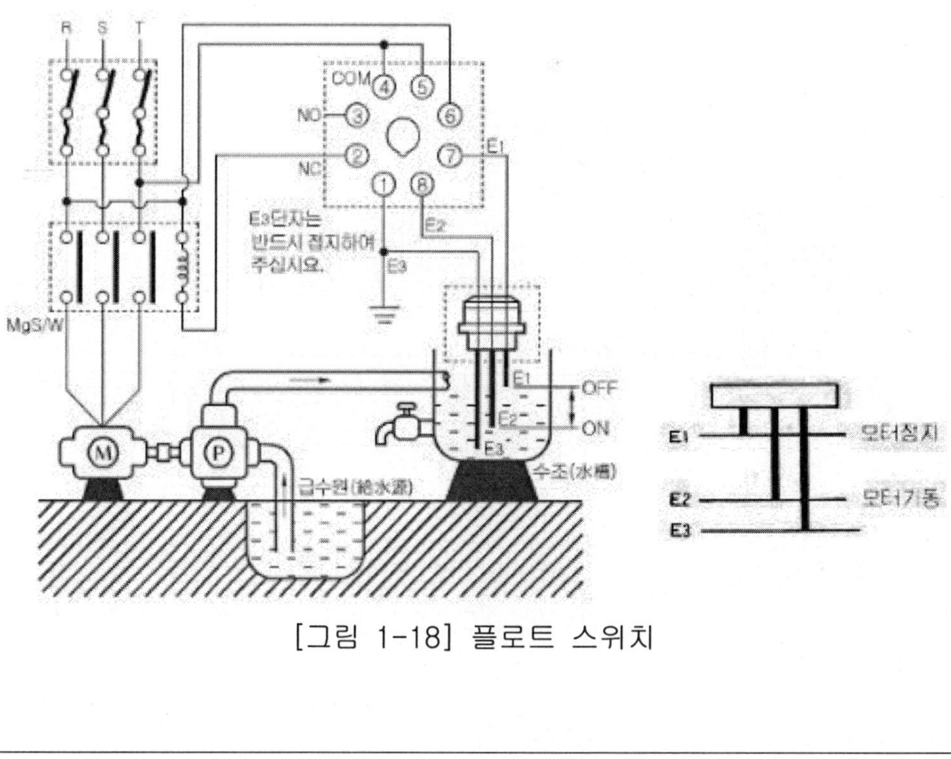

[그림 1-18] 플로트 스위치

(5) 온도스위치

온도에 따라 물질의 밀도, 저항, 기전력 등의 변화를 이용하여 온도를 감지하는 센서.

① PT100 센서 : 섭씨 0℃일 때 저항 값이 100인 저항체를 이용한 센서.

② 서미스터 : 온도의 변화에 따라 저항이 상승되거나 하향되는 특성을 이용한 센서.

③ 열전대(써머커플러) : 서로 다른 2종의 금속을 접합하여 기전력의 차이로 온도를 측정하는 센서.

다. 시퀀스의 종류

1) 유접점 시퀀스

유접점 시퀀스(Relay Sequence)란 제어계에 사용되는 논리소자로서 기계적 접점을 지닌 유접점 계전기, 즉 전자 계전기(Relay)에 의해서 구성되는 시퀀스 제어 회로를 말한다. 전자계전기라는 것은 전자코일에 전류를 흘리면 접점이 ON 또는 OFF 되고, 전류를 차단하면 반대의 동작을 하는 계전기를 말한다.

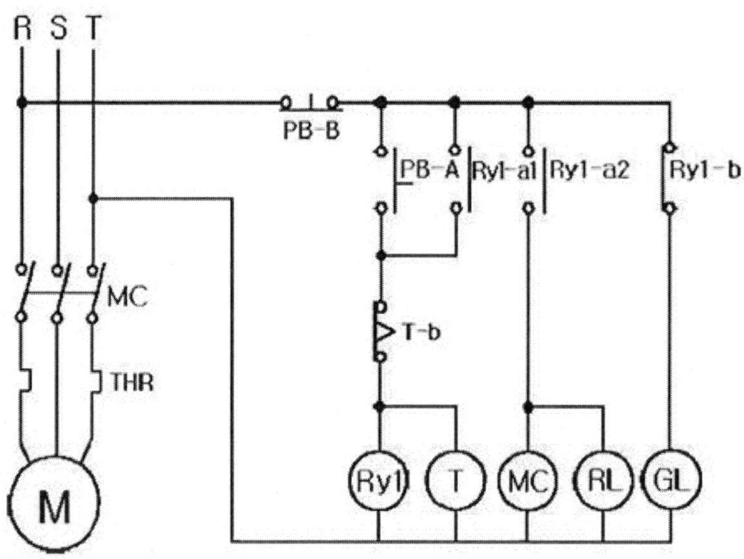

[그림 1-19] 유접점 시퀀스

가) 유접점 릴레이 소자의 장단점

(1) 장점

① 개폐부하 용량이 크다.

② 과부하에 견디는 힘이 크다.

③ 전기적 노이즈에 강하다.

④ 온도특성이 양호하다.

⑤ 입력과 출력이 양호하다.

⑥ 독립된 다수의 출력회로를 동 시에 얻을 수 있다.

⑦ 동작상태의 확인이 쉽다.

(2) 단점

① 소비전력이 비교적 크다.

② 접점이 소모되므로 수명에 한계가 있다.

③ 동작속도가 늦다.

④ 기계적 진동, 충격 등에 비교적 약하다.

2) 무접점 시퀀스

무접점 시퀀스란 제어계에 사용되는 논리소자로서, 반도체를 이용한 무접점 계전기에 의해 구성되는 시퀀스 제어를 말하며, 무접점 계전기란 가동접점부분이 없는 계전기로, 동작에서는 유접점 계전기와 다름이 없으나 다이오드, 트랜지스터, IC(집적회로)등 반도체 스위치소자를 사용한 계전기를 말한다.

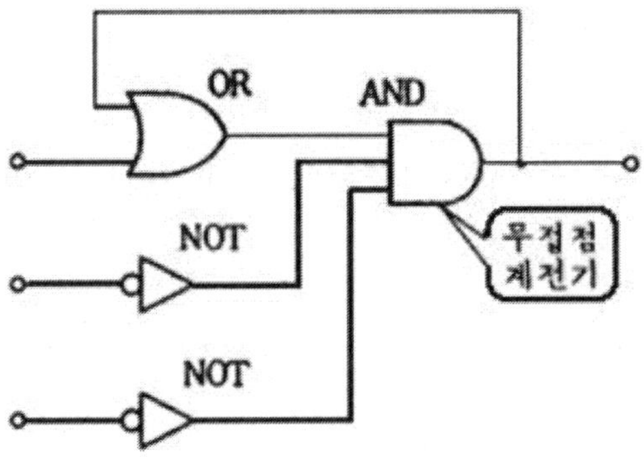

[그림 1-20] 무접점 시퀀스

가) 트랜지스터의 구조 및 기호

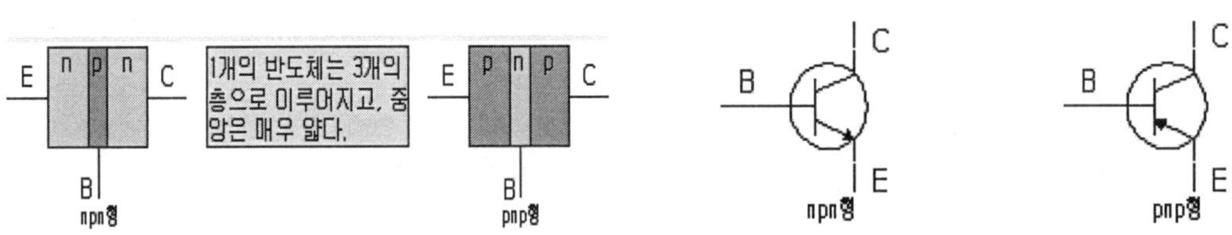

(a) 내부 구조 (b) 트랜지스터의 기호

[그림 1-21] 트랜지스터의 기호

* BE접합 : 순방향 바이어스전압(NPN)
  BC접합 : 역방향 바이어스전압(PNP)
* 트랜지스터의 작용: 증폭작용과 무접점 스윗칭 작용

나) 기본적인 트랜지스터 동작

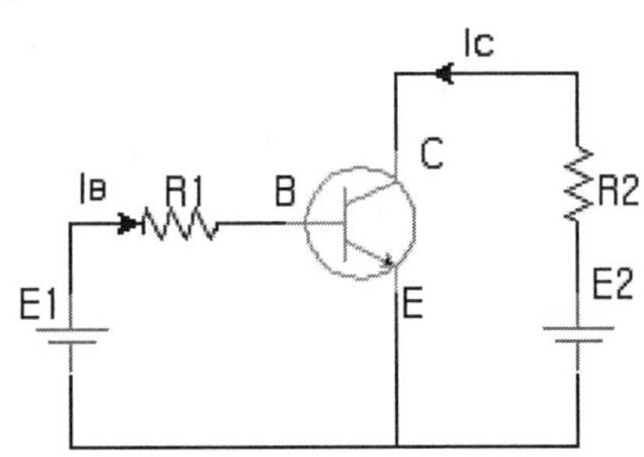

[그림 1-22] 트랜지스터의 동작회로

다) 무접점 릴레이 소자의 장단점

(1) 장점

- 동작속도가 빠르다.
- 수명이 길다
- 회로변경이 용이하다.
- 장치의 소형화가 가능하다.

(2) 단점

- 노이즈, 서지(Surge)에 약하다.
- 온도 변화에 약하다.
- 신뢰성이 떨어진다.
- 별도의 전원을 필요로 한다.

라) 무접점 스위치와 유접점 스위치 비교

[표 1-2] 무접점 스위치와 유접점 스위치 비교

장, 단점	유접점 스위치	무접점 스위치
장점	개폐 부하의 용량이 크다. 온도 특성이 좋다 입·출력이 분리된다. 접점 수에 따라 많은 출력 회로를 얻을 수 있다.	스위칭 속도가 빠르다. 수명이 반영구적이다 신뢰성이 높다. 소형·경량이다.
단점	소비 전력이 비교적 크다. 제어반의 설치 면적이 크다. 접점의 동작이 느리다. 진동이나 충격 등에 약하다. 수명이 짧다.	개폐 부하 용량이 큰 것은 만들기 어렵다. 내압이 높은 것을 만들기 어렵다. 열에 약하다.

3) 로직 시퀀스

로직(Logic)이란 "논리", 즉 "사리에 맞는 사고방식"이란 뜻으로 논리회로에 의해서 구성된 시퀀스제어 회로를 로직시퀀스라 한다.

논리회로란 구성되어 있는 회로를 논리적으로 분해했을 때의 최소 단위인 기본회로를 말하며, 로직 시퀀스에서는 상반되는 상태를 "0" 과 "1"에 대응시켜서 표현하고 릴레이 시퀀스에서는 접점의 개·폐, 무접점 시퀀스에서는 전압레벨의 "고", "저" 신호의 "유", "무"가 이에 해당한다.

한편 무접점 시퀀스는 논리기호를 이용한 로직 시퀀스로 표현되는 경우가 많고, 릴레이 시퀀스는 일반적으로 코일과 접점으로 표현되고 있다.

① 시퀀스 제어계 표현방법

- 전개접속도

가장 많이 사용하는 방법으로 시퀀스도 라고도 하며, 시퀀스제어를 사용한 전기장치 및 기기 기구의 동작을 기능 중심으로 전개하여 표시한 도면이다. 시퀀스 제어기호를 사용하여 작성한다. 여기에는 주 회로와 제어회로, 표시회로로 구성된다.

주회로는 전원을 부하에 공급하기 위한 회로이며, 제어회로는 주회로의 개폐 및 표시회로의 동작 등의 모든 제어동작이 이루어지는 제어의 핵심 회로이다. 표시회로는 제어의 동작을 알아 볼 수 있도록 표현하는 부분이다. 실제의 현장에서는 주회로와 표시회로가 작업장에 있고, 제어회로와 표시회로는 제어실에 있는 경우가 많다.

- 타이밍도표

제어계의 각 접점 및 제어장치의 시간적인 동작 상태를 그림으로 표현한 것으로, 제어요소간의 동작 상황을 비교할 수 있다.

- 논리회로도

논리 기호를 사용하여 신호처리회로를 그림으로 나타낸 것이다.

- 표면접속도

제어반의 제작 및 점검 등에 사용하기 위하여 기구나 부품의 실제 배치를 그려놓은 도면이다.

- 블록선도

제어계의 신호 전달방식 등을 블록과 화살표로 그려놓은 도면으로 플로차트(흐름도)도 일종의 블록선도라 할 수 있고 시퀀스도는 이 플로 차트를 기초로 이루어진다.

- 시퀀스 제어계의 동작부

시퀀스 제어계는 일반적으로 명령 처리부, 조작부, 제어 대상, 표시 및 경보부, 검출부분으로 구성되어 있다.

라. 시퀀스(Sequence) 기초

1) 접점의 종류

가) a접점(Arbeit Contact)

a접점이란 열려있는 접점을 말하며 "작동접점(Arbeit Contact)"이라는 의미로써 그 머리문자를 따서 반드시 소문자 "a"로 표현하고, 또한 a 접점은 "회로를 만드는 접점"(Make Contact)이라고 하여 메이크 접점이라고 하며, 또 "언제나 열려있는 접점"(Normally Open Contact)이라 하여 상개접점 N.O 접점(Normal Open)이라고도 한다.

조작력이 가해지지 않은 상태 즉, 초기상태에서 고정 접점과 가동접점이 떨어져 있는 접점을 말하며, 조작력이 가해지면 고정접점과 가동 접점이 접촉되어 전류가 흐른다.

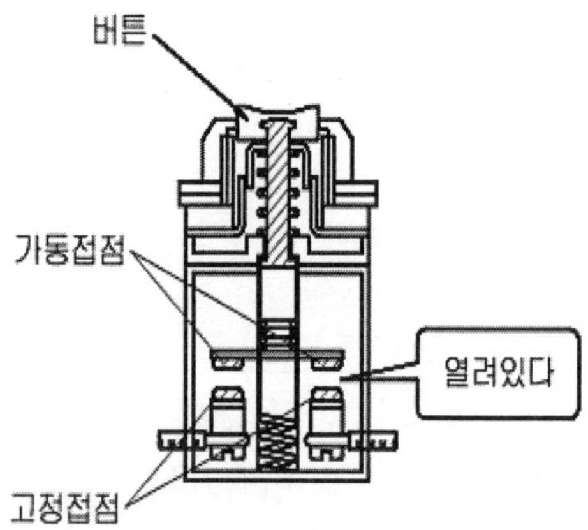

(a) 초기상태

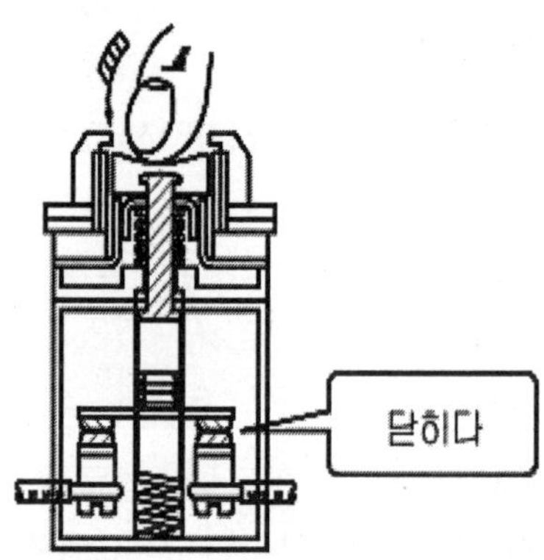

(b) 동작상태

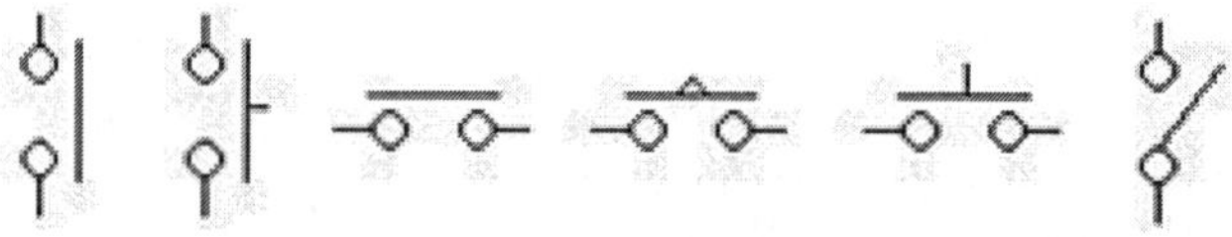

(c) a접점 기호

[그림 1-23] a접점(Arbeit Contact)

나) b접점(Break Contact)

b접점이란 닫혀 있는 접점을 말하며 "브레이크 접점"(Break Contact)이라는 의미로서 그 머리문자를 따서 반드시 소문자의 "b"로 표현한다. 또한 b접점은 브레이크 접점 외에도 "언제나 닫혀 있는 접점" (Normally Close Contact) 이라는 것으로 상폐 접점이라고도 한다.)

조작력이 가해지지 않은 상태 즉, 초기상태에서 고정 접점과 가동접점이 닫혀 있는 접점을 말하며, 조작력이 가해지면 고정접점과 가동접점이 떨어져 전류가 흐르지 않는다.

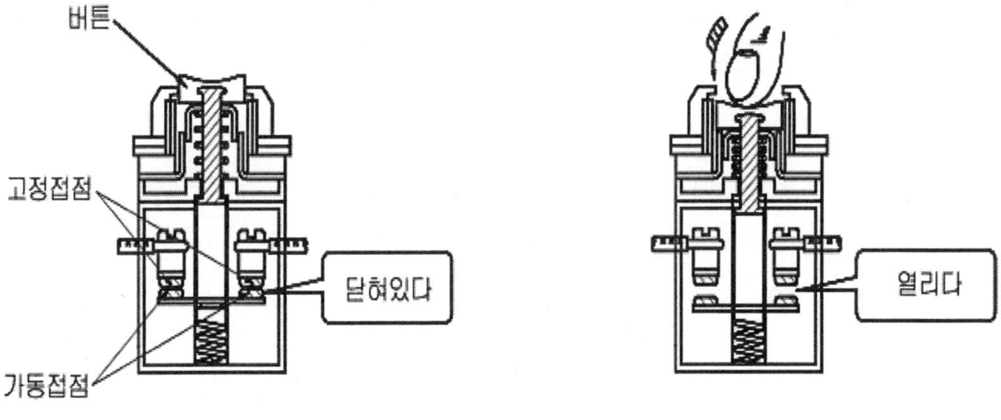

(a) 초기상태　　　　　　　　(b) 동작상태

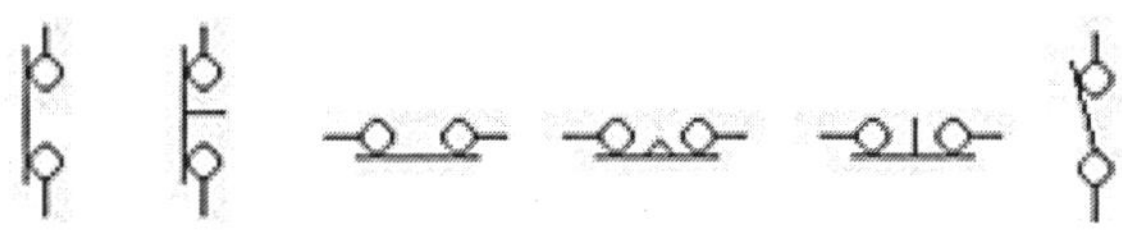

(c) b접점 기호

[그림 1-24] b접점(Break Contact)

다) c접점(Change Over Contact)

c접점이란 a접점과 b접점의 가동접점을 공유한 전환접점을 말하며 전환되는 접점(Change-Over Contact)이라는 의미의 머리문자를 따서 반드시 소문자의 "c"로 표현합니다. 또한 c접점은 "옮기는 접점"(Transfer Contact)이라는 점에서 트랜스퍼 접점이라고도 한다.

a접점과 b접점이 모두 가동접점을 공유한 형식의 전환접점을 말한다.

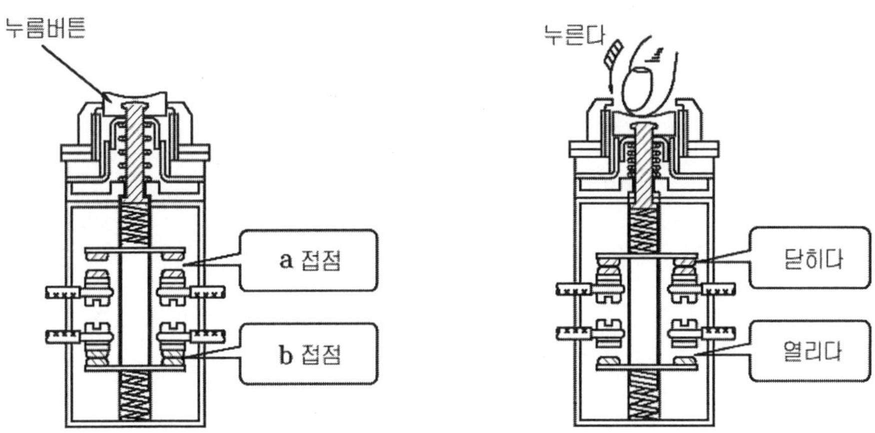

(a) 초기상태　　　　　　　　(b) 동작상태

[그림 1-25] c접점(Change Over Contact)

라) 접점의 분류

① 자동복귀 접점

누름버튼 스위치의 접점과 같이 누르고 있는 동안에는 ON 또는 OFF상태로 되지만, 버튼에서 손을 떼면 내장된 스프링에 의해 초기상태로 즉시 복귀하는 접점이다.

② 수동복귀 접점과 잔류접점

한번 변환시킨 후 원상태로 복귀시키려면 외력을 가해야만 변환되는 접점이며 대표적인 예로 가정의 점등 스위치를 들 수 있다.

③ 수동복귀 접점과 자동조작 접점

접점을 ON 또는 OFF시키는 것을 조작이라 하고, 누름 버튼스위치와 같이 손으로 눌러 조작하는 방식을 수동조작 접점이라 한다. 그리고 전자 릴레이나 전자 접촉기의 접점과 같이 전기신호에 의해 자유로이 개폐되는 접점을 자동조작 접점이라고 한다.

④ 기계적 접점

이 접점은 수동조작 접점이나 자동조작 접점과는 달리 기계적 운동 부분과 접촉하여 조작되는 접점을 말한다.

3. 공압의 개요 및 구조

가. 전기공압의 개요

압축된 공기는 에너지를 가지고 있으며, 이 에너지를 유체 에너지 또는 유체 파워라고 한다. 공압 기술은 공기를 압축하여 이와 같은 유체에너지를 만들고 이것을 기계적인 에너지나 파워로 변환하는 기술을 말한다.

공압 기술의 역사는 기원전 1500여 년 전부터 그 유래를 찾을 수 있을 정도로 오래 되었고 최근에 와서 공압의 용도는 무한 시대를 맞이했다고 해도 과언이 아닐 정도이다.

공기의 이용은 인간이 불을 사용하기 시작하면서 불을 발생 시킬 때, 입으로 공기를 불거나 풀무와 비슷한 도구를 이용한 것부터라는 학설도 있다. 또한, 공압 발생기로는 기원전 1500년 John Smealton이 수차 구동에 의한 실린더 방식의 블로워를 발명하였고, 1776년에는 John Wilkinson이 100[kPa]의 압력을 발생시키는 압축기를 발명하면서부터 공압 시대의 막을 열었다. 그러나 공압이 산업분야에 본격적으로 이용되기 시작한 것은 1950년대부터이고 최근에는 조립기계, 포장기계, 식품기계, 단조기계, 용접기계, 철강설비, 반송설비, 인쇄기계를 비롯하여 거의 모든 분야에 이용되고 있을 정도로, 단순한 장치에서부터 고도의 산업용 로봇이나 의료기기에 이르기까지 폭넓게 이용되고 있다.

이와 같이 공압이 자동화, 성력화에 폭넓게 사용되고 있는 이유는 다른 구동방식에 비하여 구조가 간단하고 가격이 싸며 보수가 용이할 뿐만 아니라, 손쉽게 사용할 수 있다는 이점이 있기 때문이다. 일례로 조립기계에 있어서 워크를 척킹하는 기구에 공압 기기를 이용한다면 공압 에너지는 공장 내에 있는 공압 배관에 의하여 용이하게 얻을 수 있고, 공압 기기를 사용한 것만으로 간단히 해결할 수 있는데 비해, 유압으로 하려면 에너지원인 유압펌프 등 유압 유닛을 새로이 설치해야 하고, 또 기계로 같은 동작을 시킨다면 구조가 복잡해지고 외관이 커지는 등의 단점이 있다.

더욱이 공압은 압축 공기의 이점을 적절히 이용하고 전기와 조합하여 원격조작을 할 수 있다는 등의 유연성이 있어 앞으로 산업분야에서 그 역할이 증대 될 것으로 보인다.

1. 공압의 특징

공압 시스템은 저가로 장치를 구성할 수 있다는 특징과 함께, 현재 사용하고 있는 장치나 기계를 쉽게 자동화, 성력화 할 수 있어서 그 경제적 효과가 매우 크다. 특히 요즈음 로봇화나 FA화가 추진되는 과정에서 공압 기술도 소형, 경량화의 요구에 일익을 담당하며 신뢰도가 높은 시스템을 구축하고 있다.

공압 방식의 특징을 동력전달과 그 제어성 면에서 같은 압력 에너지를 이용하는 유압 방식과 비교하여 살펴보면 다음과 같다.

1) 공압 기술의 장점

가) 동력원인 압축 공기를 간단히 얻을 수 있다.

공기는 무료이고 무한대로 많다. 이 공기는 전동기와 컴프레서만 있으면 전력이 계속 공급되는 한 어느 장소에서 얼마든지 간단히 얻을 수 있는 에너지원 이다.

나) 힘의 전달이 간단하고 어떤 형태로도 전달 가능하다.

유체에 의한 힘의 전달로서 멀리 떨어진 위치라도 배관만으로 간단하게 전달할 수 있다. 또한 기계의 구동축처럼 방향을 맞출 필요가 없고, 어느 방향이든 자유로이 전달 가능하다.

다) 힘의 증폭이 용이하다.

공압 실린더의 용량을 크게 함에 따라 같은 공압으로도 파워를 증대시킬 수 있다.

라) 속도 변경이 가능하다.

공기량의 증감에 따라 작동 기기(액추에이터)의 속도를 조절할 수 있다.

마) 제어가 간단하다.

압축 공기는 압력 조정에 의해 무단 또는 단계적으로 출력을 조절할 수 있으며, 이와 같이 압력을 증감시키거나 방향의 변환, 유량조정 등의 조작과 그 제어가 비교적 간단하다. 이 점이 공압 기술이 자동화에 이용되고 있는 큰 원인이다.

바) 취급이 간단하다

압축 공기는 사용한 공기를 대기로 방출하여도 오염될 염려가 없다. 또한 취급에 있어서도 손이나 의류가 오염되지 않고 냄새가 발생하는 일도 없다. 이점이 유압 기술에 비해 특히 장점이다.

사) 인화의 위험이 없다.

일반적으로 사용하는 7[kgf/㎠] 이하의 압력 하에서는 인화나 폭발의 염려가 없다.

자) 탄력이 있다.

공기는 압축 가능한 물질이며, 이것은 충격을 받을 때 완충 작용을 한다. 이 성질을 응용한 것이 차량 등에 이용되고 있는 공기 스프링이다.

차) 에너지 축적이 용이하다

압축이 가능하다는 것은 반대로 압력을 축적할 수 있다는 것으로 공기탱크만으로 축적이 가능하며, 정전 시 비상운전이나 단시간 내 고속 운전, 축압을 이용한 프레스의 다이쿠션 등에 이용되고 있다.

카) 안전하다

유압과 같이 서지 압력이 발생하지 않으므로 과부하에 대해 안전하다.

2) 공압기술의 단점

가) 큰 힘을 얻을 수 없다.

공기는 높은 압력을 가하여 압축한다. 이것은 전항에서 설명한 것처럼 탄력성이 있어 장점인 반면, 유압과 같이 큰 힘을 얻을 수 없다. 그러나 공압에서는 압축성과 공압 기기들의 내구성 등으로 인해 10[kgf/㎠]까지가 한계이므로 유압과 비교가 안된다.

나) 효율이 나쁘다

공압은 압축성 유체이므로 액추에이터의 위치 제어가 곤란하고, 또한 부하 변동 시 작동속도가 영향을 받기 때문에 정밀한 속도 제어가 어렵다.

이상의 장단점을 비교하여 표로 정리한 것이 표 1-3이다. 표에서는 공압과 유압 외에도 전기 방식과 기계 방식 등에 대해서도 비교하였다.

[표 1-3] 각종 동력 전달과 제어방식의 비교

전달방식 / 항 목	공 압	유 압	전 기	기 계
에너지 축적	공기탱크에 의한 저장으로 간단	어큐뮬레이터로 저장	직류만 콘덴서로 저장	스프링, 추 등 소규모
동력원의 집중	용이	곤란	용이	다소 곤란
동력원의 발생	다소 용이	다소 곤란	용이	곤란
인 화·폭 발	압축성에 의한 폭발을 제외하고는 염려 없음	작동유가 인화성이 있음	누전에 의한 가스 등에 인화성	영향 없음
외 부 누 설	영향 없음	오염, 인화	감전, 인화	관계 없음
과부하 안전대책	압력 조절 밸브	릴리프 밸브	복잡	복잡
출 력 유 지	용이	다소 곤란	곤란	곤란
작 동 속 도	10[m/sec]도 가능(대)	1[m/sec] 정도(중)	가장 빠르다	소
보 수 관 리	용이	다소 곤란	다소 곤란	용이
에너지 변환 효율	다소 나쁘다	다소 좋다	좋다	다소 좋다
출 력	중(1[ton]정도)	대(10[ton]이상 가능)	중	소
속 도 제 어	다소 나쁘다	우수하다	우수하다	나쁘다
중 간 정 지	곤란	용이	용이	다소 곤란
응 답 성	나쁘다	좋다	매우 좋다	좋다
부 하 특 성	변동이 크다	조금 있다	거의 없음	거의 없음
소 음	크다	다소 크다	적다	적다

2. 공압의 이용분야

최근 자동화에 의한 생산 공정 개선이 가속화됨에 따라 공압은 여러 분야에서 많이 활용되고 있으며, 특히 간이 자동화(low cost automation)에 주로 활용되고 있다. 또한 전자 제어 기기의 발달과 가격 저하로 공압과 전기·전자 제어가 병용되어 프로그래머블 컨트롤러와 매칭 되어 사용되고 있으며, 액추에이터도 종래의 ON-OFF식 제어에서 임의 위치 제어를 할 수 있는 아날로그식 운동이 가능한 것도 개발되고 있다. 공압 에너지의 이용분야를 살펴보면 다음과 같다.

1) 액추에이터에 압축 공기를 공급하여 힘을 얻는 방법과, 압축 공기의 분출유(噴出流)를 이용하는 방법이 있다. 전자는 자동화에 가장 일반적으로 사용되는 방법이며, 후자는 최근에 그 이용 방법이 더욱 주목되고 있다. 분출유를 이용하는 예는 공기 커튼, 공압 반송, 에어제트에 의한 검출, 공압 베어링 및 공압 자동직기(自動織機) 등을 들 수 있다.
2) 압력의 범위로는 4~6[kgf/㎠]의 압력을 이용하는 일반 산업 분야와, 1[kgf/㎠]전후의 압력을 이용하는 프로세스 제어 분야로 크게 구별된다.
3) 산업별로는 석유 화학 등의 무휴 운전(無休運轉)으로 내 환경성이 중시되는 분야, 의료·식품 등 인체에 해를 끼치지 않아야 하는 분야, 차량 등 안전과 신뢰성을 요구하는 분야, 반도체 산업 등의 소형, 기밀, 방진 등을 매우 중요시하는 분야 등 여러 분야에서 이용된다.
4) 기능별로는 가공 공정 자동화, 용접 자동화, 포장 자동화, 조립 자동화, 반송 자동화 및 계측 자동화 등에 이용되며 작동 횟수와 빈도도 연간 수회에서 수억회 작동하는 분야까지 활용된다.

<table>
<tr><td rowspan="12">공압기기의 응용</td><td rowspan="7">공압응용기기</td><td rowspan="3">공기 구동 공구</td><td>회전력 이용 - 그라인더, 드릴, 에어 드라이버, 렌치</td></tr>
<tr><td>왕복동력 이용 - 공기톱, 줄, 리벳터</td></tr>
<tr><td>압력과 압축성 이용 - 공기 바이스, 공기 척, 공기 스프링</td></tr>
<tr><td colspan="2">공기 착암기</td></tr>
<tr><td colspan="2">에어 프레스</td></tr>
<tr><td colspan="2">공기수송기 : 공기 컨베이어, 공기 슈터(Shooter), 공기 slide</td></tr>
<tr><td colspan="2">중기 : 에어 호이스트, 에어 리프트, 에어 권상기</td></tr>
<tr><td></td><td colspan="2">기타 : 스프레이건, 에어 커튼, 공기 타이머, 공기 브레이크, 공기 클러치 등</td></tr>
<tr><td rowspan="4">공압관련기기</td><td colspan="2">철도 차량 분야 : 압축기, 브레이크, 안전장치 기기</td></tr>
<tr><td colspan="2">자동차 분야 : 브레이크, 안전장치 기기, 현가 장치</td></tr>
<tr><td colspan="2">공조 분야 : 공기 세정기, 필터, 조절기</td></tr>
<tr><td colspan="2">광산 기계 : 보링기, 착암기, 채굴기, 적재기, 운반기 등</td></tr>
</table>

[그림 1-26] 공압 기기의 이용분야

나. 공압의 구조

1. 압력조절 밸브

압력조절 밸브는 공급 압력이나 작동압력을 일정하게 유지시키는 역할을 담당하는 밸브로 압력제어 밸브의 일종이다.

압력조절 밸브는 주로 회로의 전단에 설치되어 고압의 압축 공기를 일정한 공기압력으로 감압시켜 안정된 압축 공기를 공압 기기에 공급하는 목적으로 사용된다.

그림 1-27은 압력조절 밸브의 원리를 나타낸 것으로서, 교축밸브에 의해 공기의 통로를 교축시켜 출구 측의 공기량을 감소시킴으로서 압력을 떨어뜨리는 밸브로서, 압력을 낮추는 밸브이므로 감압 밸브라고 부르기도 한다.

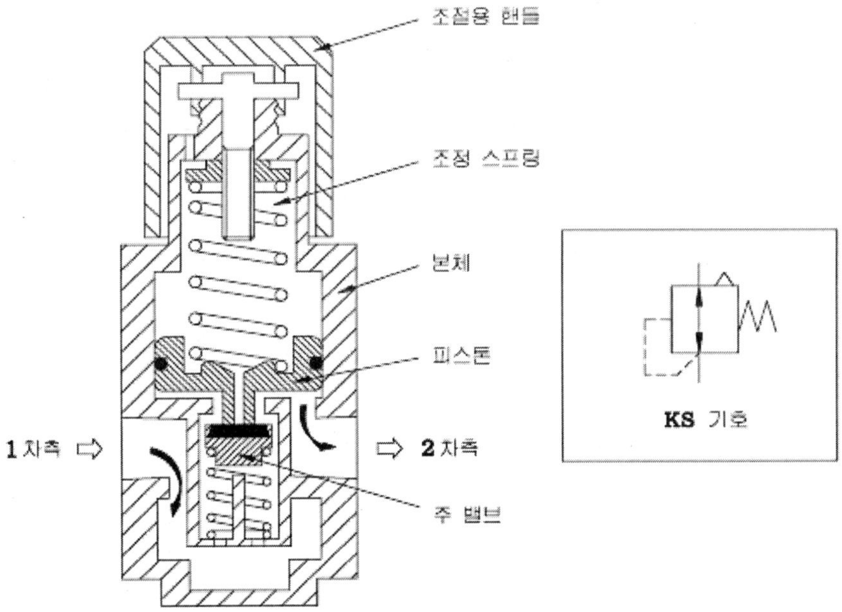

[그림 1-27] 압력조절 밸브의 원리

2. 루부리케이터(lubricator)

(1) 루부리케이터의 기능

공압 실린더나 공압 모터 등의 액추에이터의 구동부나 밸브의 스풀 등 윤활을 필요로 하는 곳에 벤투리(venturi) 원리에 의해 미세한 윤활유를 분무 상태로 공기 흐름에 혼합하여 보내 윤활 작용을 하는 기기를 루부리케이터라 한다.

공압 기기에 윤활을 하면 상호 상대 운동을 하는 고체 마찰에 의한 마모를 방지하고 내구성을 향상시키며, 섭동 저항을 감소시켜 기기의 효율을 상승시킨다. 또한 실(seal)에 급유하여 실재의 마모를 경감시켜 공기 누설을 방지하는 역할을 한다. 최근의 공압 실린더나 전자 밸브에는 오일 미스트(oil mist)에 의한 환경 오염 방지 및 윤활유 절약의 목적으로 기기 내부에 그리스가 내장된 무급유식도 사용되고 있는데 이경우도 급유하면 수명을 길게 할 수 있다.

(2) 원리 및 구조

공압용 루부리케이터는 대부분 장시간 연속 가동하고 있으며 더욱이 공압이 작용하고 있는 부분에 급유하여야 하므로 일반 기계에 사용되는 윤활기와는 다른 구조로 되어있다. 공압용 윤활기는 벤투리 원리를 이용한 것으로 그 대표적인 것이 그림 1-28과 같은 구조이다.

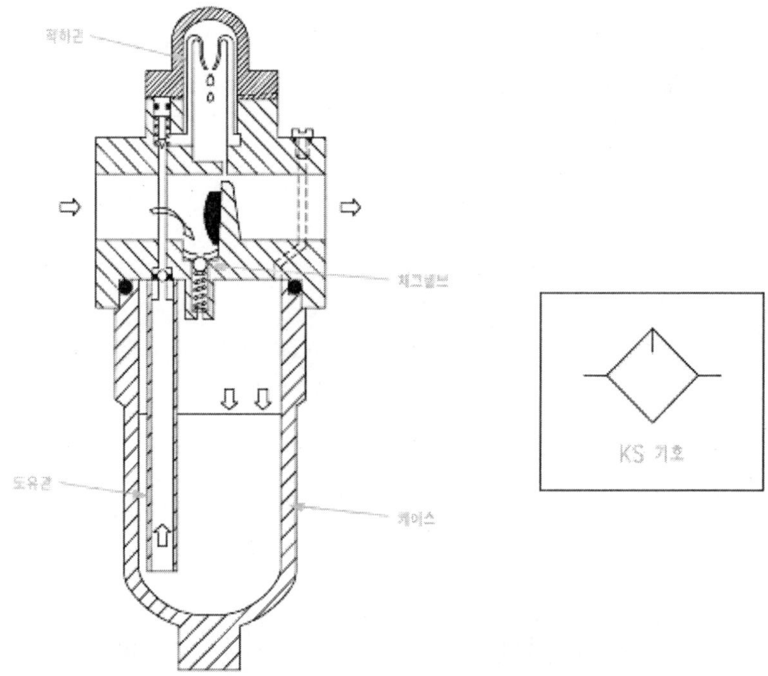

[그림 1-28] 루부리케이터의 구조 원리

원리는 입구 측에서 공기가 들어와 출구 측으로 나갈 때 유로가 교축되어 있으므로 공기의 유속이 빨라지고 분무 노즐을 통하여 케이스 내의 압력이 강하된다. 이 압력 강하로 인하여 적하실과 유관이 진공 상태로 되고 용기 내의 윤활유를 흡입한다. 또한 입구측의 공기 압력이 체크 밸브를 통하여 케이스 내의 유면을 가압함에 따라 윤활유는 유관을 통해 흡입되고 조정 나사로 윤활유량이 조정되어 적하(適下)되고 기름 안개(wet fog) 상태가 되어 공압 기기에 보내진다. 윤활유의 적하량(適下量)은 차압에 비례하므로, 유량 변화에 따라 적하 유량이 변화된다. 그러므로 공기 유량이 적을 때는 조정 나사로서 유량(油量)이 많이 흐르도록 하고 공기 유량이 많을 때는 윤활유가 과다하게 많이 나오지 않도록 조정한다. 이 방식의 분무식 윤활기는 기름 안개 입자의 크기가 비교적 크며 그 대부분은 사용 공압 기기에 도달되기 전에 관로에 부착되기 쉽고 부착된 윤활유는 방향제어 밸브가 변환될 때마다 서서히 전진한다.

그 밖의 종류로는 2[μm] 이하의 미세한 기름입자(dry fog)로 분무되어 관벽에 그다지 부착되지 않는 선택식 윤활기가 있다. 또한 압축 공기의 통로와는 별도로 윤활 대상기기에 직접 피스톤 등으로 강제 분사, 급유하는 사출 급유식(射出給油式)도 있다.

공압용 루부리케이터를 선정할 때 사용 목적이나 조건에 적합한 것을 선정하기 위해서는 공압용 루부리케이터의 유량 특성, 적하(適下) 최소 공기량, 응답시간, 사용 온도 및 케이스 파손에 대한 안정성 등을 고려하여야 한다.

(3) 루부리케이터의 도면기호 표시법

KS B 0054에는 루부리케이터의 도면기호에 대하여 다음과 같이 정의 하고 있다.

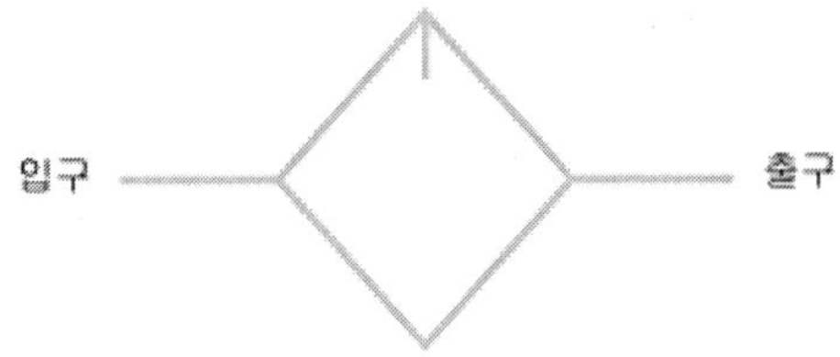

[그림 1-29] 루부리케이터의 도면기호

3. 공압 조정 유닛(Service Unit)

공압 조정 유닛은 이상에서 서술한 공압 필터와 압력조절 밸브, 루부리케이터 등 세 가지기기를 사용이 편리하도록 조합한 것이다.

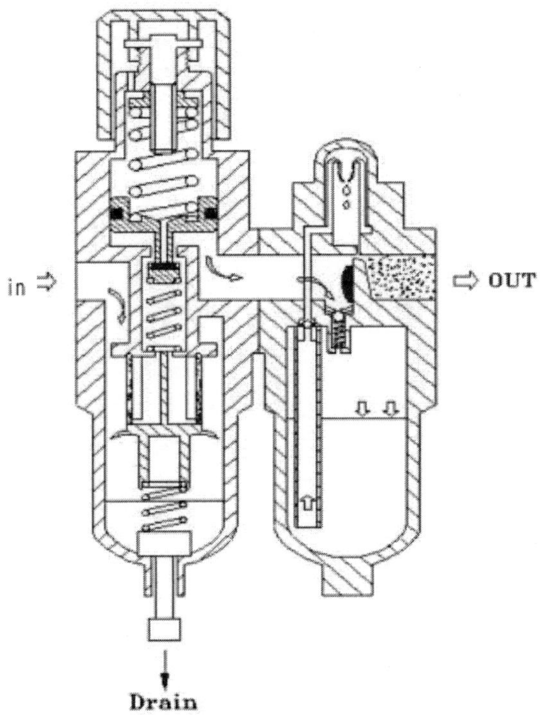

[그림 1-30] 공압 조정 유닛

이 공압 조정 유닛은 공압 시스템마다 배관 상류에 설치되어 공기의 질을 조정하는 기기로서 반드시 사용되는 것으로 KS기호에도 이 세 가지 요소가 조합된 기호로 제정되어 있으며 간략화된 기호도 있다.

그림 1-31은 공압 필터와 압력계 붙이 압력조절 밸브, 루부리케이터 등을 순서대로 조립한 공압 조정 유닛이다. 이 공압 조정 유닛은 시스템마다 거의 사용되고 있으며 기호는 간략 기호로서 표시하는 경우가 많다. 또한 경우에 따라서는 회로도에 간략 기호마저 생략하는 경우도 있으나 반드시 사용된다는 것을 염두해 두어야 한다.

(1) 공압 조정 유닛의 도면 기호

KS B 0054 정의된 공압 조정 유닛의 도면 기호는 다음과 같다.

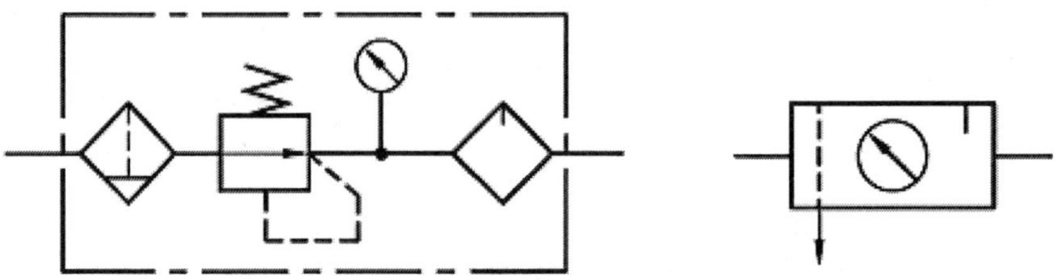

(수직 화살표는 배출기를 나타냄)

(a) 상세기호 (b) 간략기호

[그림 1-31] 공압 조정 유닛의 도면 기호

[기호 설명]

:드레인 배출기 붙이 공압 필터(수동 배출)

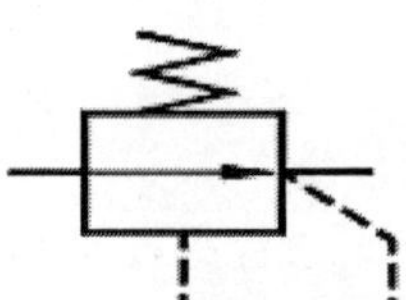

:감압 밸브

:압력계

:루부리케이터

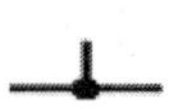

:관로의 접속을 나타냄

4. 공압 실린더의 종류

(1) 단동 실린더(Single acting cylinder)

단동 실린더는 한 방향의 운동에만 압축 공기를 사용하고 반대방향의 운동에는 스프링이나 피스톤 및 로드의 자중 또는 외력에 의해 복귀시킨다.

그림 1-32는 복귀운동용 스프링이 내장된 단동 실린더로서, 이와 같은 실린더는 스프링 때문에 행정거리가 제한되는데 보통 150mm 정도가 최대 행정 길이이다.

주요 용도로는 클램핑, 프레싱, 이젝팅 등의 용도에 사용된다.

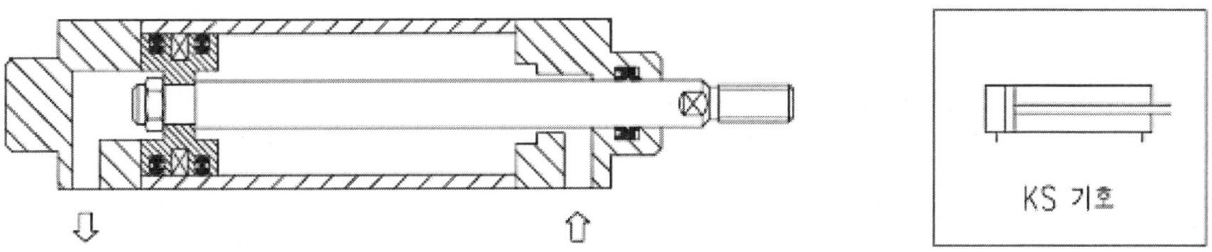

[그림 1-32] 단동 실린더

(2) 복동 실린더(Double acting cylinder)

복동 실린더는 압축 공기를 양측에 번갈아가며 공급하여 피스톤을 전진운동 시키거나 또는 후진운동을 시키는 실린더이다. 따라서 전진 운동 시나 후진 운동 시 모두 일을 할 수 있다.

일반적인 복동 실린더의 구조도를 그림 1-33에 나타냈다.

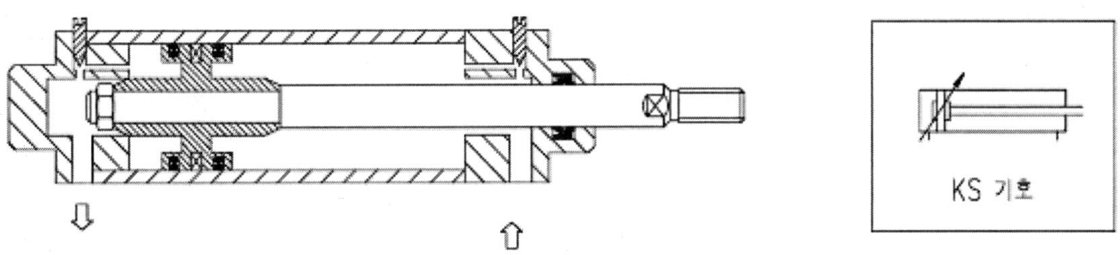

[그림 1-33] 복동 실린더

실린더의 운동속도가 빠르거나, 실린더로 무거운 물체를 움직일 때에는 관성으로 인한 충격으로 실린더가 손상을 입게 된다. 이와 같은 것을 방지하기 위한 것이 그림 1-34에 나타낸 쿠션붙이 실린더로, 피스톤 끝 부분에 쿠션기구를 장착한 실린더가 있다.

원리는 피스톤이 헤드 커버나 로드 커버에 닿기 전에 쿠션 링이 공기의 배출통로를 차단하여 공기는 교축된 좁은 통로를 통해 빠져 나가므로 배압이 형성되어 실린더의 속도가 끝단에서 감소하게 된다.

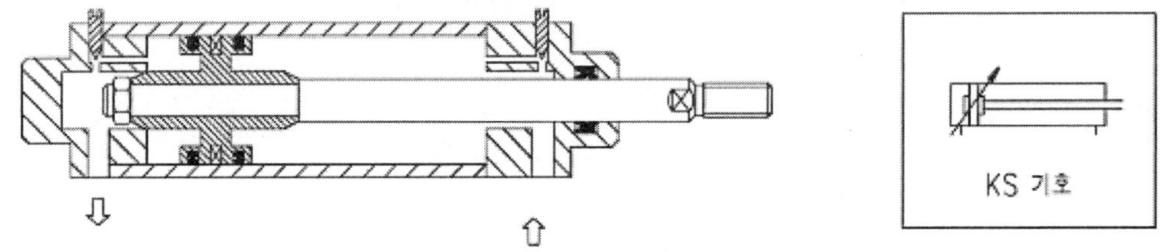

[그림 1-34] 쿠션붙이 복동 실린더

5. 방향제어 밸브

1)분류

방향제어 밸브란 공기 흐름의 방향을 조절하는 밸브로서 시동과 정지, 그리고 흐름의 방향을 변환하는 기능을 갖춘 밸브를 말한다.

공압에서의 방향제어 밸브는 액추에이터에 공급하는 공기 흐름의 방향을 제어하기 위해 사용되며 이러한 방향제어 밸브를 대별하면 그림 1-35와 같이 된다.

- 방향제어 밸브
  - 방향변환 밸브
    - 조작 방식
      - 인력식
      - 기계식
      - 파일럿식
      - 전자식
    - 포트 수
      - 2포트 밸브
      - 3포트 밸브
      - 4포트 밸브
      - 5포트 밸브
    - 제어 위치 의수
      - 2위치 밸브
      - 3위치 밸브
      - 다위치 밸브
    - 기 타
      - 주 밸브의 구조
      - 포트의 크기
      - 장착 방법
  - 체크 밸브
  - 스톱 밸브
  - 셔틀 밸브

[그림 1-35] 방향제어 밸브의 분류

(1) 기능에 의한 분류

1)포트의 수

방향제어 밸브는 그 사용 목적에서 제어 통로의 수가 기본적인 기능으로 이를 나타내는 것이 포트의 수, 즉 연결 접속구의 수이다. 포트의 수에 따라서 다음과 같이 구별된다.

종류		KS 기호	접속구의 기능
포트 수	제어위치의 수		
2포트	2위치	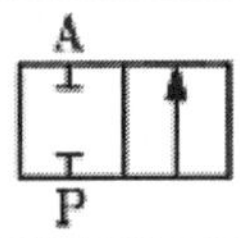	압축공기 입구 P, 압축공기 출구 A 등 2개의 포트
3포트	2위치		압축공기 입구 P, 압축공기 출구 A 배기구 R 등 3개의 포트
	3위치 (올포트 블록)	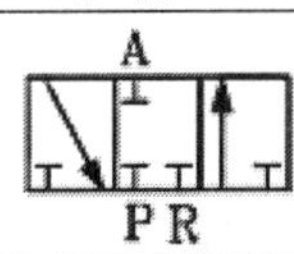	
4포트	2위치	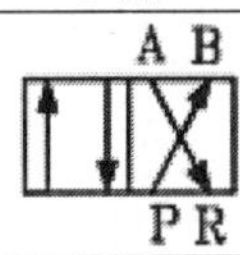	압축공기 입구 P, 압축공기 출구 A, 압축공기 출구 B, 배기구 R 등 4개의 포트
	3위치 (올포트 블록)	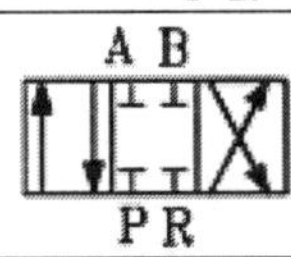	
	3위치 (ABR접속)	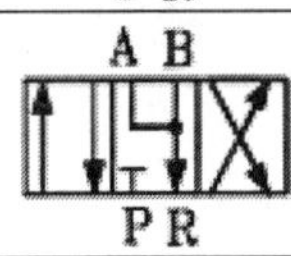	
	3위치 (PAB접속)	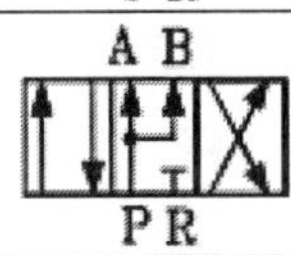	
5포트	2위치	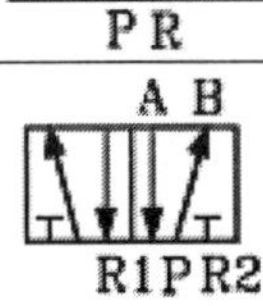	압축공기 입구 P, 압축공기 출구 A, 압축공기 출구 B, 배기구 R1, R2 등 5개의 포트
	3위치 (올보트 블록)	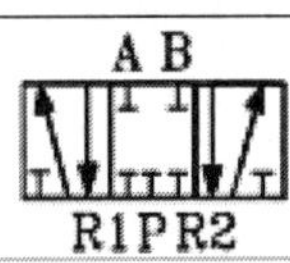	

[그림 1-36] 방향제어 밸브의 기능에 의한 분류

2) 제어 위치의 수

방향제어 밸브의 흐름 상태를 결정하는 밸브 본체에 전환 위치 수를 말하는 것으로 제어 위치의 수가 두 개 있는 것을 2위치 밸브, 세 개 있는 것을 3위치 밸브, 네 개있는 것을 4위치 밸브라 한다. 일반적인 방향제어 밸브는 2위치 및 3위치 밸브가 대부분이고 4위치 이상의 것은 특수한 밸브에 사용된다.

3) 중립위치에서 흐름의 형식

3위치 제어 밸브나 4위치 제어 밸브 중 중립위치에서 흐름의 형식에 따라 올포트 블록형, PAB 접속형, ABR 접속형 등이 있다.

올포트 블록 상태란 말 그대로 중립 위치 상태에서 모든 포트가 닫혀 있는 상태를 말하며, PAB 접속은 중립 위치에서 P 포트가 A, B 포트로 이어져 압축 공기가 공급되는 상태를 말한다. 또한 ABR 접속은 A, B 포트와 R 포트가 이어진 상태로 중립 위치에서 A, B 포트는 R 포트를 통해 대기로 방출됨을 의미한다.

4) 밸브의 복귀 방식에 따른 분류

방향제어 밸브는 조작력이나 제어 신호를 제거하면 초기 상태로 복귀되어야 한다. 이와 같은 밸브의 복귀 방식은 크게 스프링 복귀 방식, 공압 신호에 의한 복귀 방식, 디텐트 방식 등으로 나눌 수 있다.

스프링 복귀 방식이란 밸브 본체에 내장되어 있는 스프링력으로 정상 상태로 복귀시키는 방식을 말하며, 공압 신호 복귀 방식은 내부의 파일럿 신호로서 복귀시키는 방식을 말한다. 또한 디텐트 방식은 메모리 방식으로 조작력이나 제어 신호를 제거하여도 정상 상태로 복귀하지 않고 반대 신호가 주어질 때까지 그 상태를 유지하는 방식을 말한다.

5) 정상 상태에서 흐름의 형식

밸브에 조작력이나 제어 신호를 가하지 않은 상태를 그 밸브의 정상 상태, 또는 초기 상태라고 말한다. 즉, 밸브가 닫혀 있거나 열려 있는 상태를 정상상태 열림(常時開, normally open)형 또는 정상상태 닫힘(常時閉, normally closed)형으로 구분한다.

3포트 2위치 제어 밸브에서 P 포트와 A 포트가 초기 상태에서 연결된 상태이면 정상상태 열림형이고 A 포트와 R 포트가 연결된 상태이면 정상 상태 닫힘 형이라고 말한다.

(2)조작 방식에 의한 분류

1) 인력(人力) 조작 방식

방향제어 밸브의 제어 위치를 사람의 힘으로 제어하는 방식으로 누름 버튼 방식, 레버 조작 방식, 페달 조작 방식 등이 있다.

2) 기계적 조작 방식

밸브의 제어 위치를 캠, 링크, 그 밖의 기계적인 방법으로 제어하는 방식으로 플런저, 롤러 레버, 한 방향 롤러 레버, 스프링 방식 등이 있다. 기계적 조작 방식의 종류와 그 기호를 그림 1-37에 나타냈다.

3) 전자 조작 방식

방향제어 밸브의 제어 위치를 전자석에 의해 제어하는 것으로 직접 작동 방식과 간접 작동 방식이 있다. 직접 작동 방식이란 전자석, 즉 솔레노이드 자체가 직접 밸브의 스풀을 움직이는 것을 말하고, 간접 작동 방식이란 솔레노이드로 파일럿 밸브를 조작해서 공기 압력으로 밸브를 제어하는 방식을 말한다. 이와 같이 전자석에 의해 제어되는 밸브를 일반적으로 솔레노이드 밸브 또는 전자 밸브라고 말한다.

조작방식	종 류	KS기호	비 고
인력조작방식	누름버튼방식 레 버 방 식 페 달 방 식	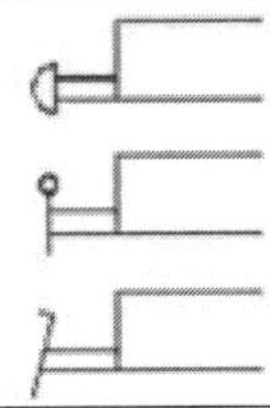	기본기호 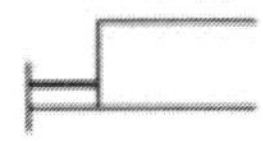
기계방식	플런저 방식 롤 러 방 식 스프링 방식	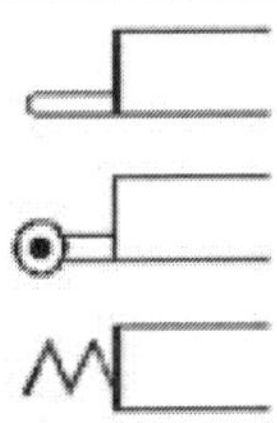	기본기호 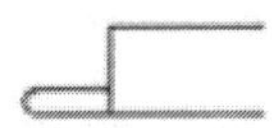
전자방식	직접작동방식 간접작동방식	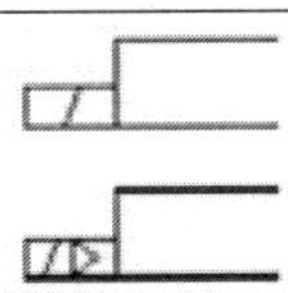 (1) (2)	(1) 직동식 (2) 파일럿식
공기압방식	직접파일럿 간접파일럿	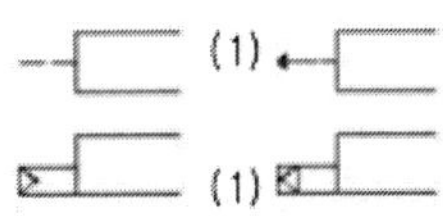	(1) 압력을 가하여 조작하는 방식 (2) 압력을 빼서 조작하는 방식
기타방식	디 텐 트	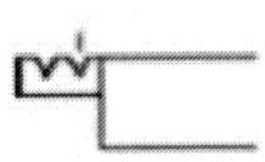	어느 값 이상의 힘을 주지 않으면 움직이지 않는다.

[그림 1-37] 방향제어 밸브의 조작 방식에 따른 분류

4) 공압 조작 방식

압력을 가하거나 제거하여 밸브의 위치를 제어하는 밸브로서 대표적인 것이 마스터 밸브이다.

그 밖의 조작 방식으로는 차등 압력에 따라 작동되는 차등 압력 작동 방식, 솔레노이드와 파일럿 신호로서 작동되는 복합 작동 방식 등이 있다.

(3) 주 밸브의 구조에 따른 분류

주 밸브는 구조에 따라 포핏식, 스풀식, 미끄럼식(슬라이드식)과 이것들을 조합한 것 등으로

분류된다.

일반적으로 수동 조작 밸브는 미끄럼식 밸브가 대부분이고 전자 밸브 등의 자동 조작 밸브에는 포핏식이나 스풀식이 많이 사용된다.

1)포핏 밸브

포핏식 밸브는 그림 1-37의 (a)와 같이 밸브 몸통이 밸브자리에서 직각 방향으로 이동하는 방식으로, 구조가 간단하고 먼지나 이물질의 영향을 적게 받으므로 소형에서 대형의 밸브에까지 폭넓게 이용된다.

포핏식 밸브의 특성은 다음과 같다.

①포핏식 밸브는 작동 유체 압에 의해 밸브 몸통이 밸브 스템에 직각으로 눌러서 실(seal)하므로 실 성이 양호하고 또한 스프링이 파손되어도 유체압에 의해 닫힌다.

②가동 부분의 이동 거리가 짧으므로 개폐 속도가 빠르다

③완전히 열리기까지의 밸브 몸통의 리프트 양이 작으므로 유량 조절이 가능하고 대구경에도 적합하다.

④공급 압력이 밸브 몸통에 작용하므로 밸브 몸통을 열 때의 조작력은 유체 압에 비례하여 커져야 한다.

2) 스풀 밸브

스풀 밸브는 그림 1-37의 (b)처럼 빗모양의 스풀이 원통형 미끄럼 면을 축방향으로 이동하여 밸브를 개폐하는 구조로 되어 있다.

스풀 밸브는 여러 개의 가로 구멍이 뚫린 원통 모양의 슬리브 양쪽을 스풀이 이동하여 위치에 따라 유로의 연결 상태를 달리하므로 복잡한 기능의 밸브도 비교적 간단히 할 수 있으며 실의 상태에 따라 메탈식과 패킹식으로 나누어진다.

메탈식은 미끄럼면의 미세한 틈이 생기므로 이 부분에서 소량의 공기 누설이 있으며 또한 미끄럼면의 이물질은 벨브 고장의 원인이 되므로 공기의 질이나 윤활유의 관리가 필요하다.

이와 같은 스풀 밸브는 구조가 간단하고 고정밀도 가공이 용이하며 스풀이 축 방향으로 이동하므로 작은 힘으로 밸브를 제어할 수 있어 고압력용이나 자동조작 밸브 등에 이용된다.

3) 미끄럼식 밸브

미끄럼식 밸브는 밸브 몸통과 밸브체가 미끄러져 개폐 작용을 하는 형식으로 스풀 밸브를 평면적으로 한 구조이다

미끄럼식 밸브의 섭동면은 랩 다듬질하여 실 부분을 스프링 등으로 누르기 때문에 누설 량은 거의 없으나 이동 거리가 길고 섭동 저항이 커서 조작력이 크므로 수동 조작 밸브에 주로 이용하고 있다.

4. 시퀀스 물류 응용 실습

가. 시퀀스 회로

1) a접점 누름 스위치 동작

1) 실험목적

- 푸쉬버튼을 이용해서 파일럿 램프를 점등 할 수 있다.

2) 사용모듈

(1) DC Power Supply (N2210)

(2) Push Button (E3001)

(3) Pilot Lamp (E3008)

3) 동작조건

- PB1을 눌렀을 경우 PL1이 점등한다.

4) 시퀀스 도면

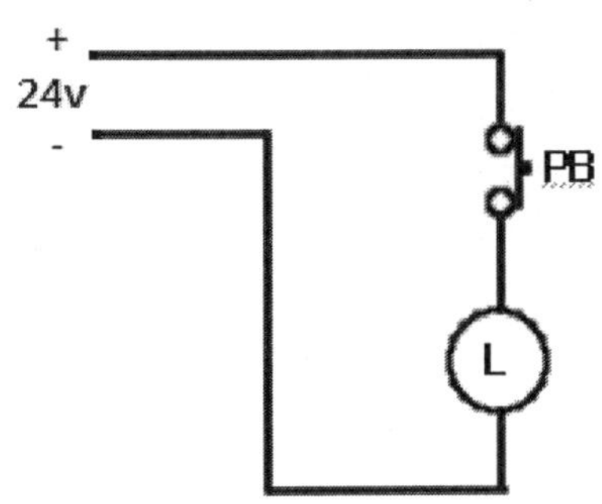

5) 결선도

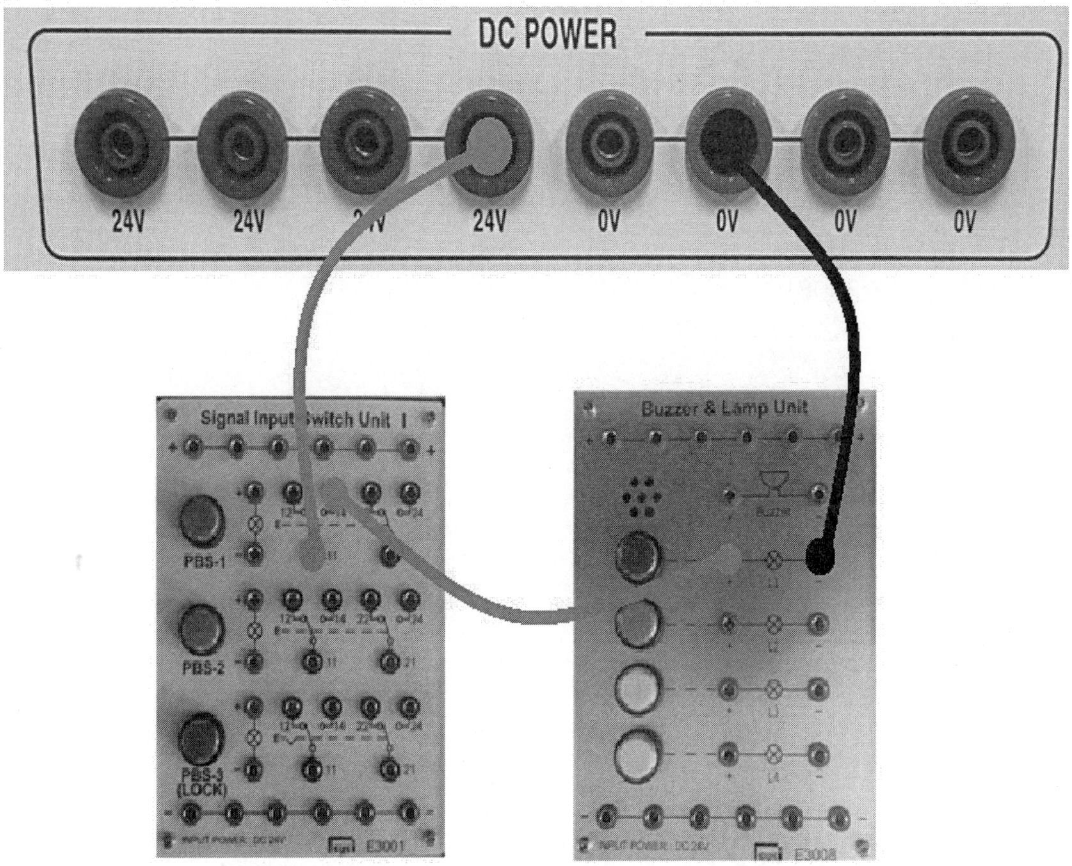
DC POWER
24V
24V
24V
0V
0V
0V
0V
Signal Input Switch Unit I
PBS-1
PBS-2
PBS-3
(LOCK)
E3001
Buzzer & Lamp Unit
E3008

2) b접점 누름 스위치 동작

1) 실험목적
- 푸쉬버튼을 이용해서 파일럿 램프를 소등 할 수 있다.

2) 사용모듈
(1) DC Power Supply (N2210)
(2) Push Button (E3001)
(3) Pilot Lamp (E3008)

3) 동작조건
- PB1을 눌렀을 경우 PL1이 소등한다.

4) 시퀀스 도면

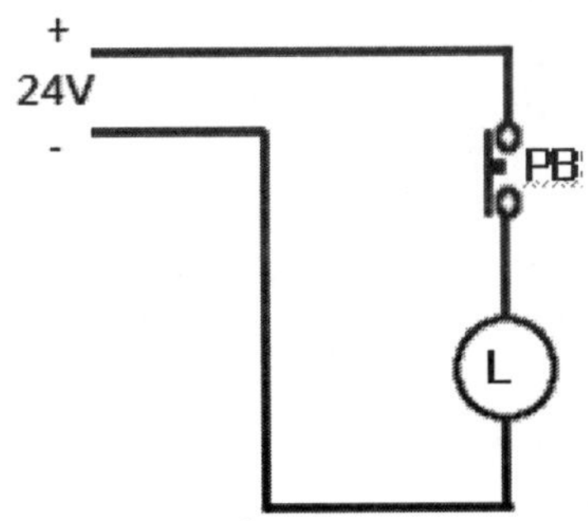

5) 결선도

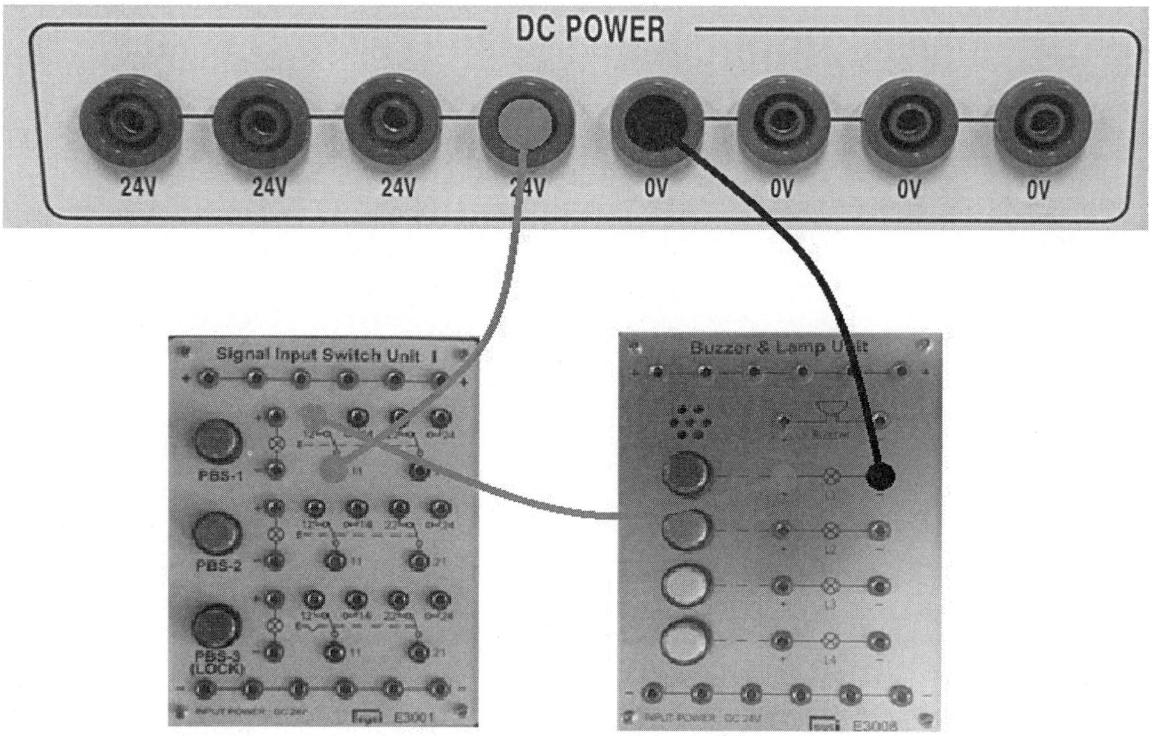
DC POWER
24V
24V
24V
24V
0V
0V
0V
0V
Signal Input Switch Unit I
PBS-1
PBS-2
PBS-3
(LOCK)
E3001
Buzzer & Lamp Unit
E3008

3) AND 회로

1) 실험목적

- 푸쉬버튼과 파일럿 램프를 사용해서 AND회로를 만들 수 있다.

2) 사용모듈

(1) DC Power Supply (N2210)

(2) Push Button (E3001)

(3) Pilot Lamp (E3008)

3) 동작조건

- AND 회로는 PB1와 PB2를 같이 눌렀을 경우에 PL1 이 점등된다.

입력		출력
PB1	PB2	PL1
0	0	0
0	1	0
1	0	0
1	1	1

4) 시퀀스 도면

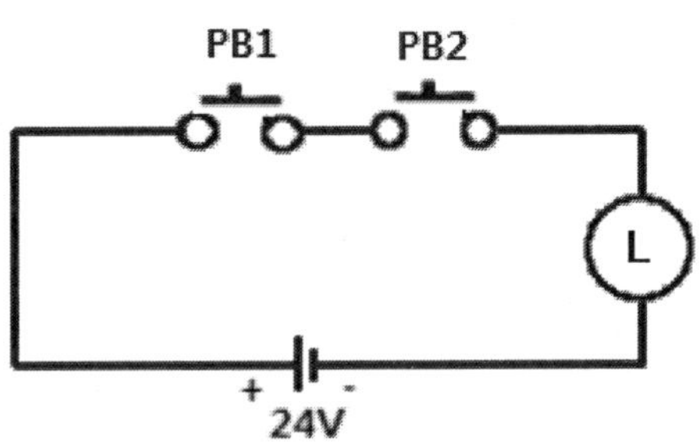

5) 결선도

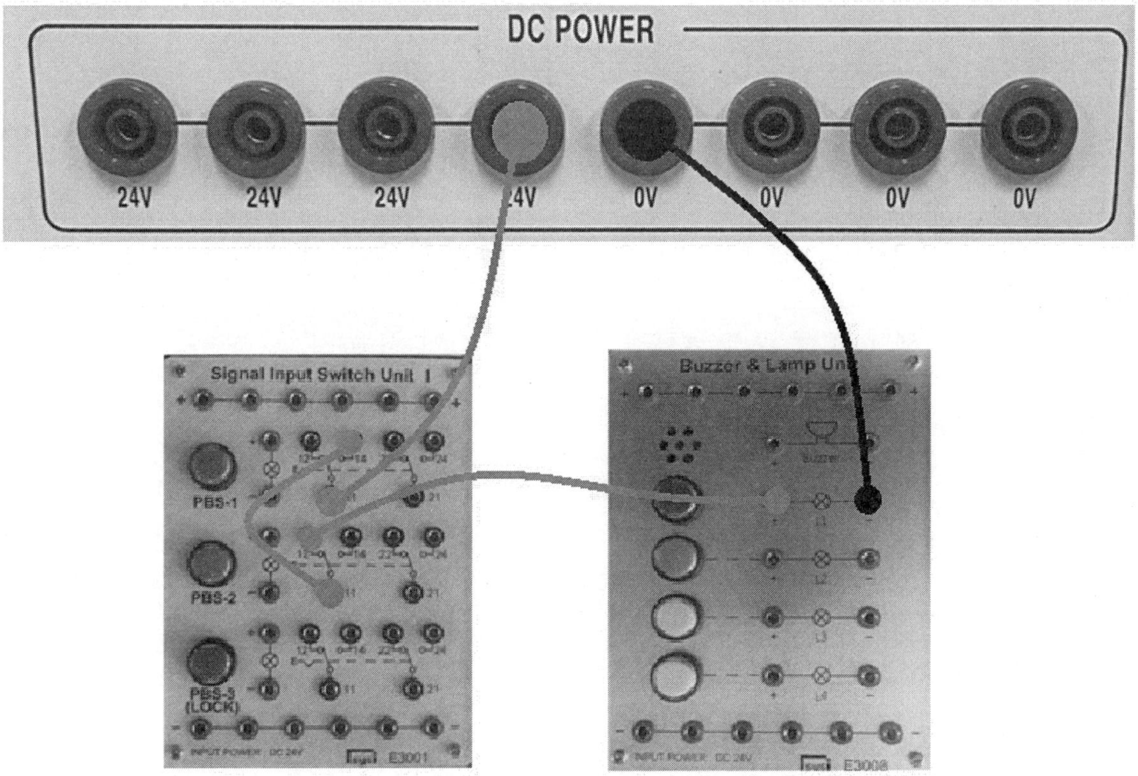
DC POWER
24V
24V
24V
24V
0V
0V
0V
0V
Signal Input Switch Unit I
PBS-1
PBS-2
PBS-3
(LOCK)
E3001
Buzzer & Lamp Unit
E3008

4) OR 회로

1) 실험목적
- 푸쉬버튼과 파일럿 램프를 사용해서 OR회로를 만들 수 있다.

2) 사용모듈
(1) DC Power Supply (N2210)
(2) Push Button (E3001)
(3) Pilot Lamp (E3008)

3) 동작조건
- OR 회로는 PB1나 PB2를 눌렀을 경우에 PL1 이 점등된다.

입력		출력
PB1	PB2	PL1
0	0	0
0	1	1
1	0	1
1	1	1

4) 시퀀스 도면

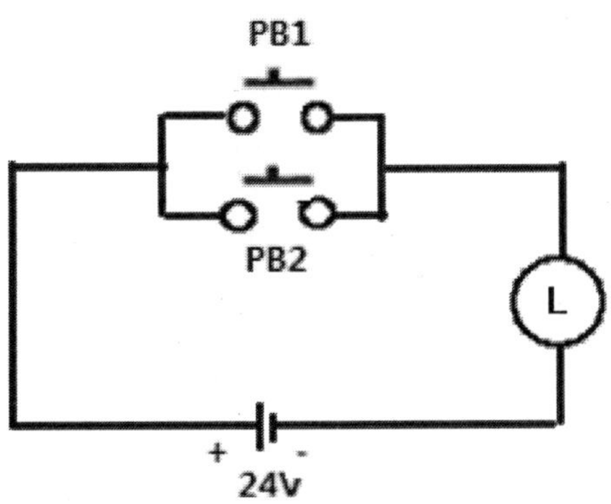

5) 결선도

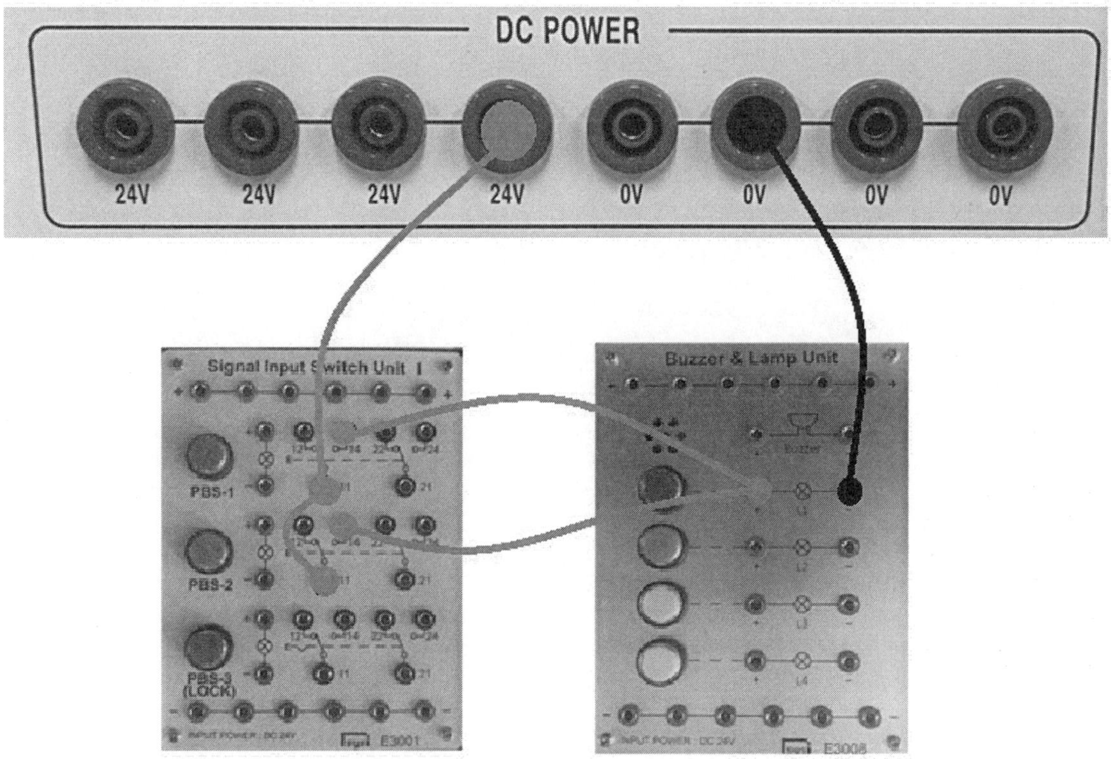
DC POWER
24V
24V
24V
24V
0V
0V
0V
0V
Signal Input Switch Unit I
PBS-1
PBS-2
PBS-3
(LOCK)
E3001
Buzzer & Lamp Unit
E3008

5) 자기 유지 회로-1

1) 실험목적
- 푸쉬버튼과 파일럿 부저를 사용해서 자기유지회로를 만들 수 있다.

2) 사용모듈
(1) DC Power Supply (N2210)
(2) Push Button (E3001)
(3) Buzzer (E3008)
(4) Relay (E3004)

3) 동작조건
- PB1을 누르고 때도 릴레이에 전원이 공급된다.
- 릴레이가 동작을 하면 BZ가 동작한다.
- PB2를 눌리면 릴레이에 전원이 공급되지 않고 BZ가 정지한다.

4) 시퀀스 도면

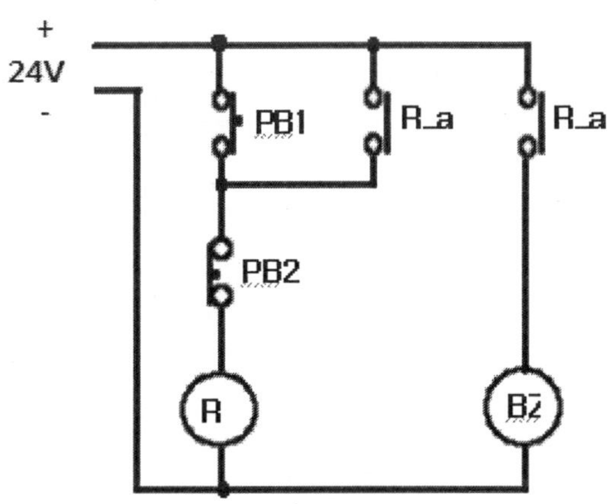

5) 결선도

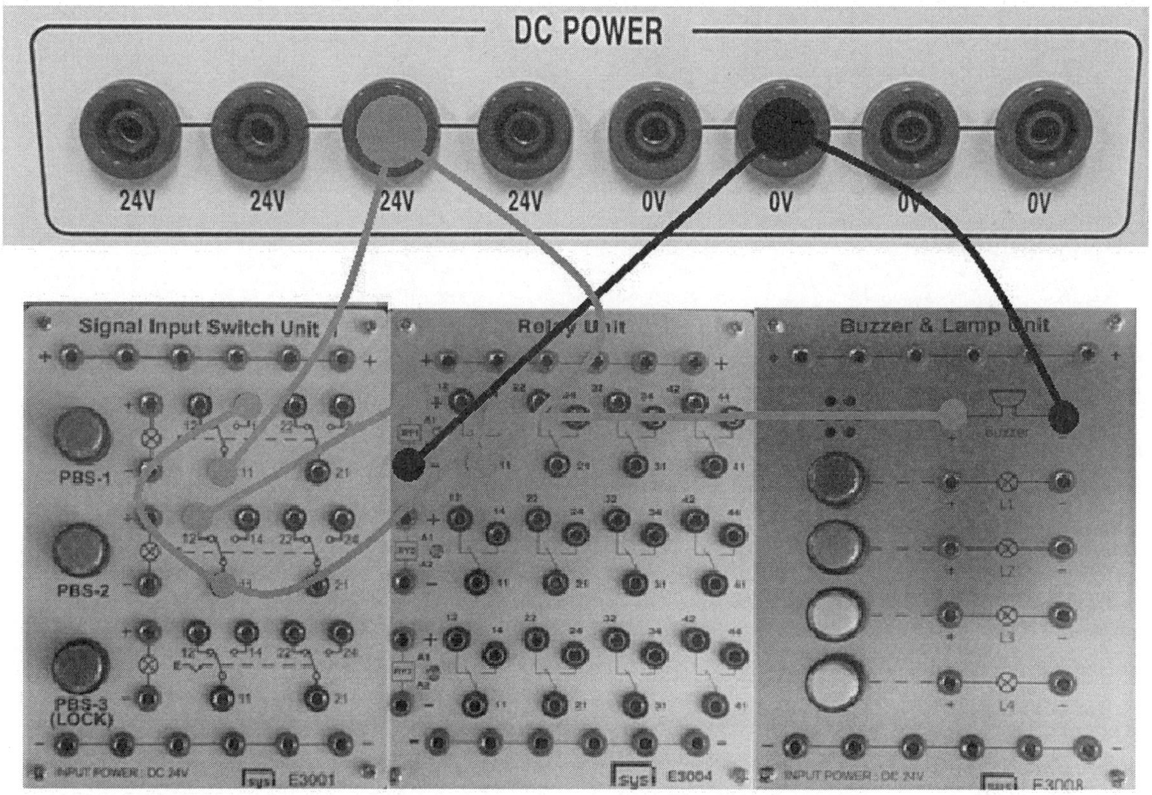
DC POWER
24V
24V
24V
24V
0V
0V
0V
0V
Signal Input Switch Unit
PBS-1
PBS-2
PBS-3
(LOCK)
INPUT POWER : DC 24V
E3001
Relay Unit
E3004
Buzzer & Lamp Unit
INPUT POWER : DC 24V
E3008

6) 자기 유지 회로-2

1) 실험목적
- 푸쉬버튼과 파일럿 램프를 사용해서 자기유지회로를 만들 수 있다.

2) 사용모듈
(1) DC Power Supply (N2210)
(2) Push Button (E3001)
(3) Pilot Lamp (E3008)
(4) Relay (E3004)

3) 동작조건
- 전원이 공급되면 PL2가 점등한다.
- PB1을 누르고 때도 릴레이에 전원이 공급된다.
- 릴레이가 동작을 하면 PL1은 점등 하고 PL2는 소등한다.
- PB2를 눌리면 릴레이에 전원이 공급되지 않고 PL1은 소등하고 PL2는 점등한다.

4) 시퀀스 도면 및 릴레이 내부 접점

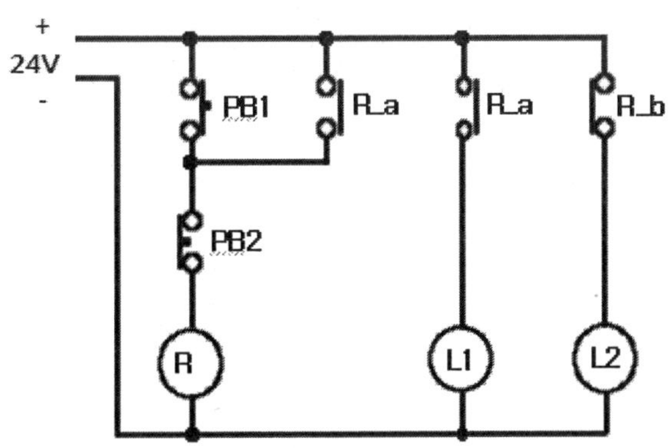

5) 결선도

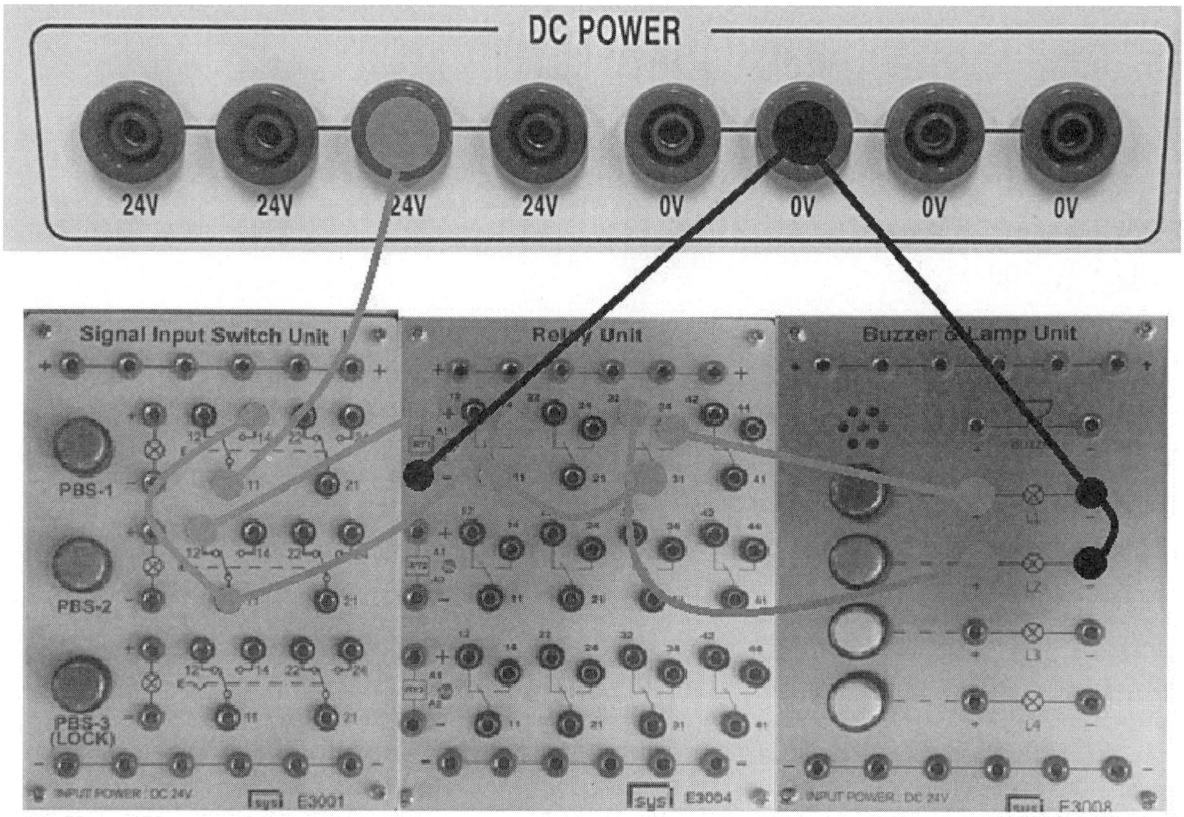
DC POWER
24V
24V
24V
24V
0V
0V
0V
0V
Signal Input Switch Unit
PBS-1
PBS-2
PBS-3
(LOCK)
INPUT POWER : DC 24V
E3001
E3004
INPUT POWER : DC 24V

7) 인터록 회로

1) 실험목적

- 푸쉬버튼과 파일럿 램프를 사용해서 인터록을 만들 수 있다.

2) 사용모듈

(1) DC Power Supply (N2210)

(2) Push Button (E3001)

(3) Pilot Lamp (E3008)

(4) Relay (E3004)

3) 동작조건

- PB1를 눌리면 PL1이 점등한다.
- PB2를 눌리면 PL2가 점등한다.
- PB0를 눌리면 PL1과 PL2가 소등한다.
- PL1이 점등되어 있으면 PL2가 점등되지 않는다.
- PL2가 점등되어 있으면 PL1이 점등되지 않는다.

4) 시퀀스 도면 및 릴레이 내부 접점

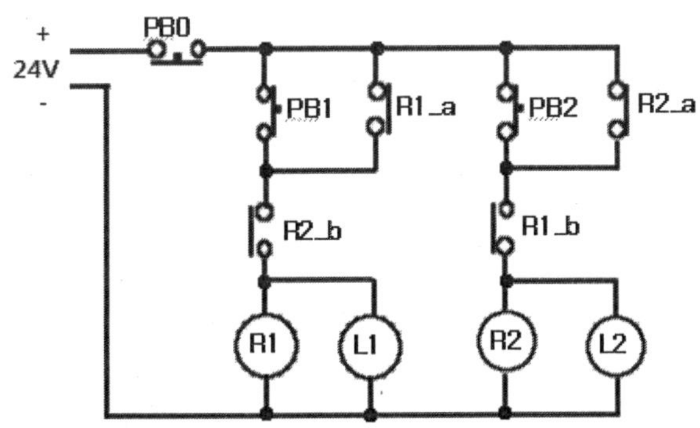

5) 결선도

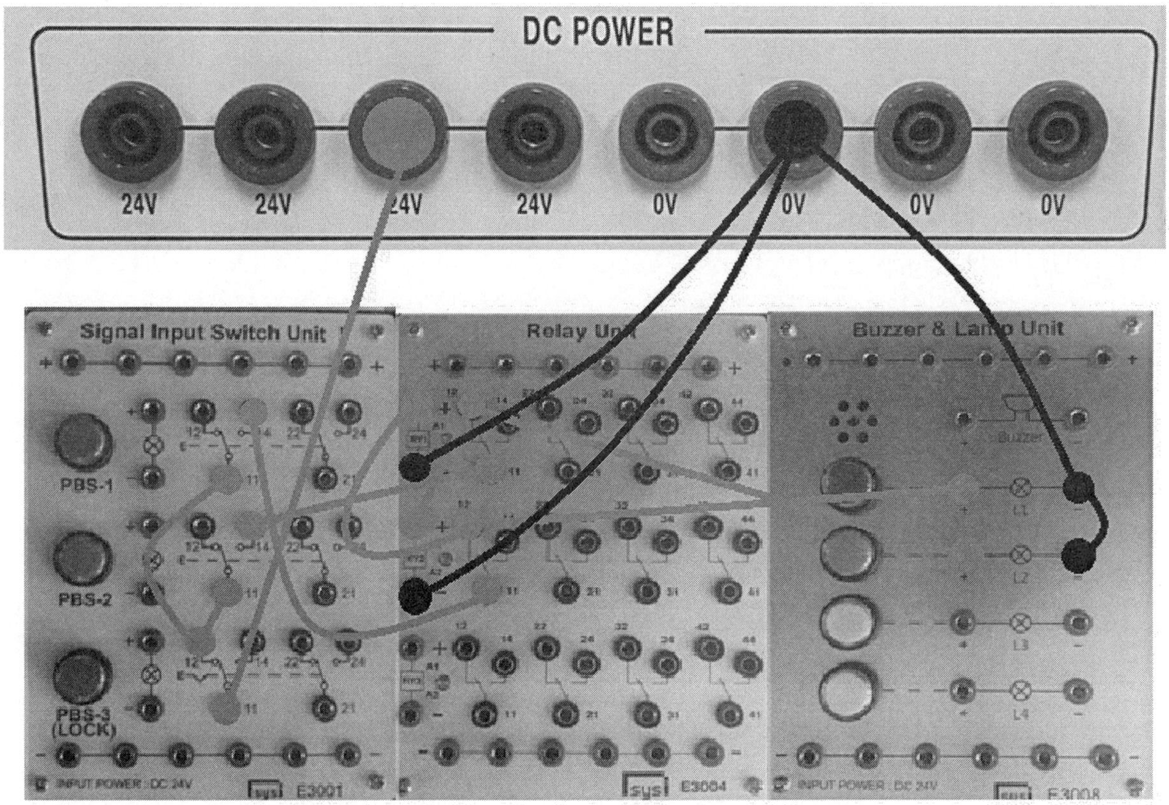
DC POWER
24V
24V
24V
0V
0V
0V
0V
Signal Input Switch Unit
PBS-1
PBS-2
PBS-3
(LOCK)
E3004

나. 전기 공압

1) 복동 실린더의 제어회로 실습-1

1) 실험목적

- 전자 밸브에 의한 복동 실린더 제어 회로의 구성을 익힌다.

2) 사용모듈

(1) DC Power Supply (N2210)
(2) AIR SERVIC (P1003)
(3) AIR DISTRIBUTOR (P1004)
(4) DOUBLE ACTING CYLINDER WITH REED SWITCH (P1104)
(5) 5/2-WAY SOLENOID VALVE (P1304)
(6) Push Button (E3001)
(7) Relay (E3004)

3) 회로도

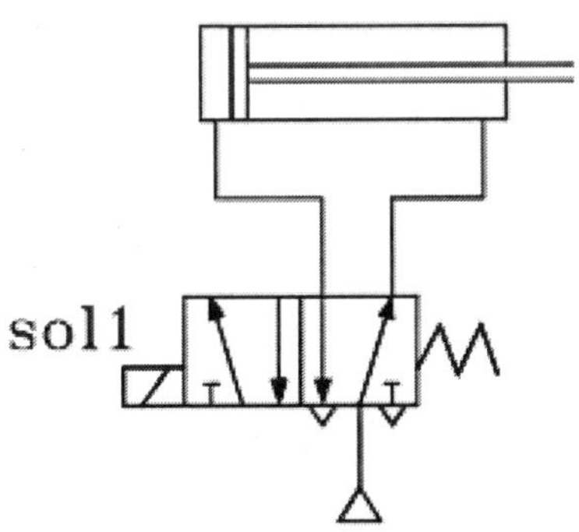

공압 회로도

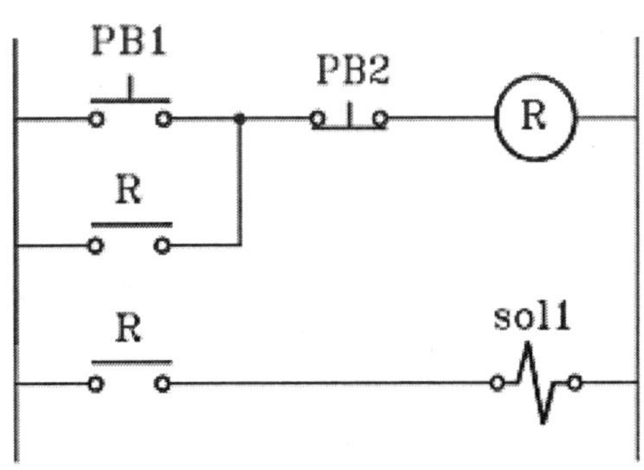

제어 회로

4) 동작조건

- 공압 복동 실린더를 제어 하려면 4포트 밸브나 5포트 밸브가 필요하다.

공압 회로도는 5포트 2위치 편측 전자 밸브로 복동 실린더를 제어 하는 구성도이다 누름버튼 스위치 PB1을 누르면 릴레이에 의해 자기유지 되고 실린더가 전진한다. 복귀는 PB2를 ON시켜 자기유지를 해제하면 밸브가 원위치 되고 실린더가 후진하게 된다. 이와 같이 편측 전자 밸브로 실린더를 제어 하려면 자기유지 회로가 필요하다

5) 결선도

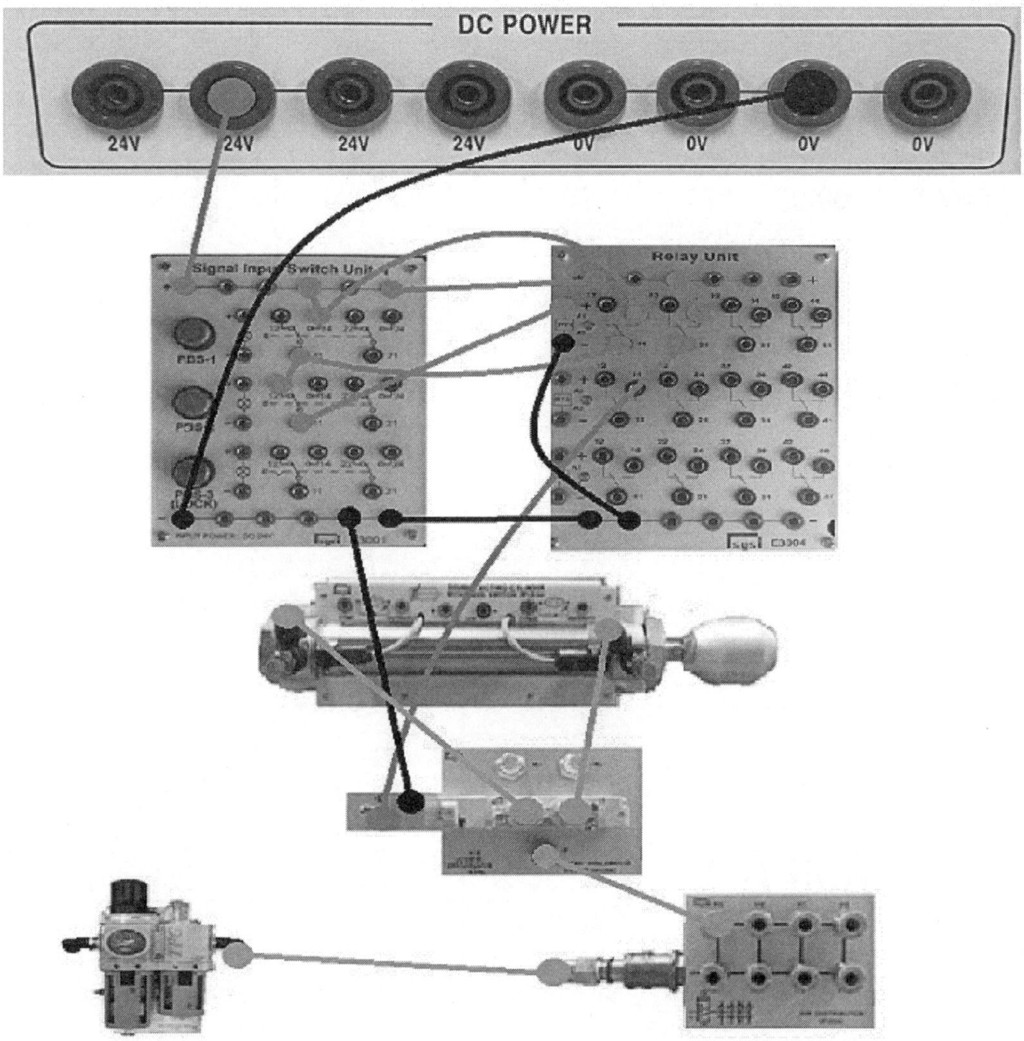
DC POWER
24V
24V
24V
24V
0V
0V
0V
0V
Signal Input Switch Unit
PBS-1
Relay Unit

2) 복동 실린더의 제어회로 실습-2

1) 실험목적

- 양측(double) 전자 밸브에 의한 복동 실린더 제어회로의 구성을 익힌다.

2) 사용모듈

(1) DC Power Supply (N2210)
(2) AIR SERVIC (P1003)
(3) AIR DISTRIBUTOR (P1004)
(4) DOUBLE ACTING CYLINDER WITH REED SWITCH (P1104)
(5) 5/2-WAY SOLENOID VALVE (P1306)
(6) Push Button (E3001)
(7) Relay (E3004)

3) 회로도

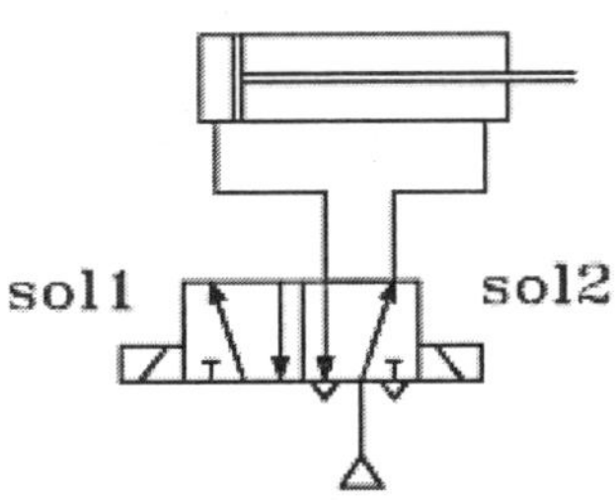

공압 회로도

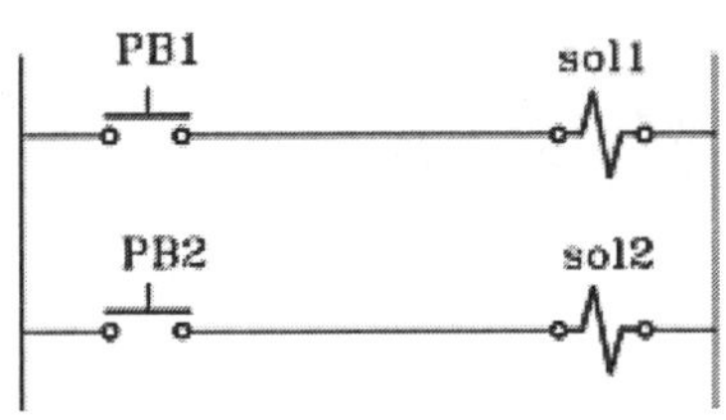

직접 제어회로

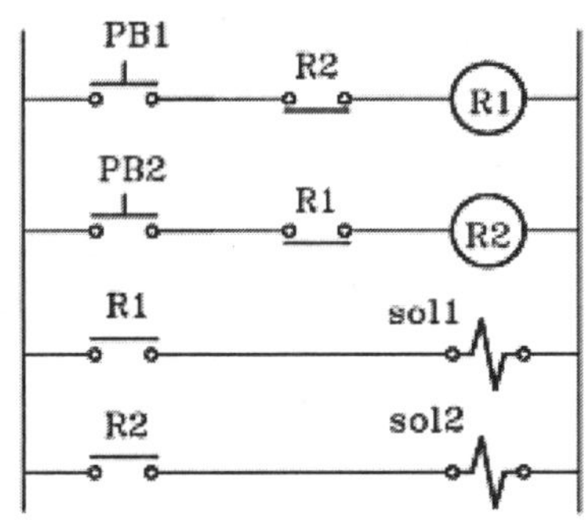

간접 제어회로

4) 동작조건

- 공압 실린더를 제어하는 전자 밸브가 양측인 경우는 신호를 주었다 제거해도 밸브는 반대 신호를 줄때까지 그 상태를 유지하므로, 편측 전자 밸브에서와 같이 반드시 자기유지 회로를 구성할 필요가 없다. 직접제어 회로는 누름버튼 스위치 PB1을 누르면 실린더가 전진하고 PB2를 누르면 실린더가 후진하는 회로이다. 그러나 이 회로는 만일 PB1과 PB2가 동시에 눌려진다면 전자 밸브의 양측 솔레노이드가 여자되고 실린더는 그 상태대로 있으나, 통전시간이 길어지면 솔레노이드가 타버리는 일이 발생된다. 이것을 방지하기 위해서는 인터록 회로를 구성해야 한다. 즉 R1이 ON되어있는 동안은 R2가 여자될 수 없고, 반대로 R2가 ON되어 있는 동안은 R1이 동작할 수 없도록 인터록을 취한 회로이다. 다만 위의 두 회로에서 누름 버튼을 누르고 있는 조작시간은 솔레노이드가 여자되어 밸브가 위치 전환시킬 시간만큼 충분히 길어야 한다는 것이다.

5) 결선도

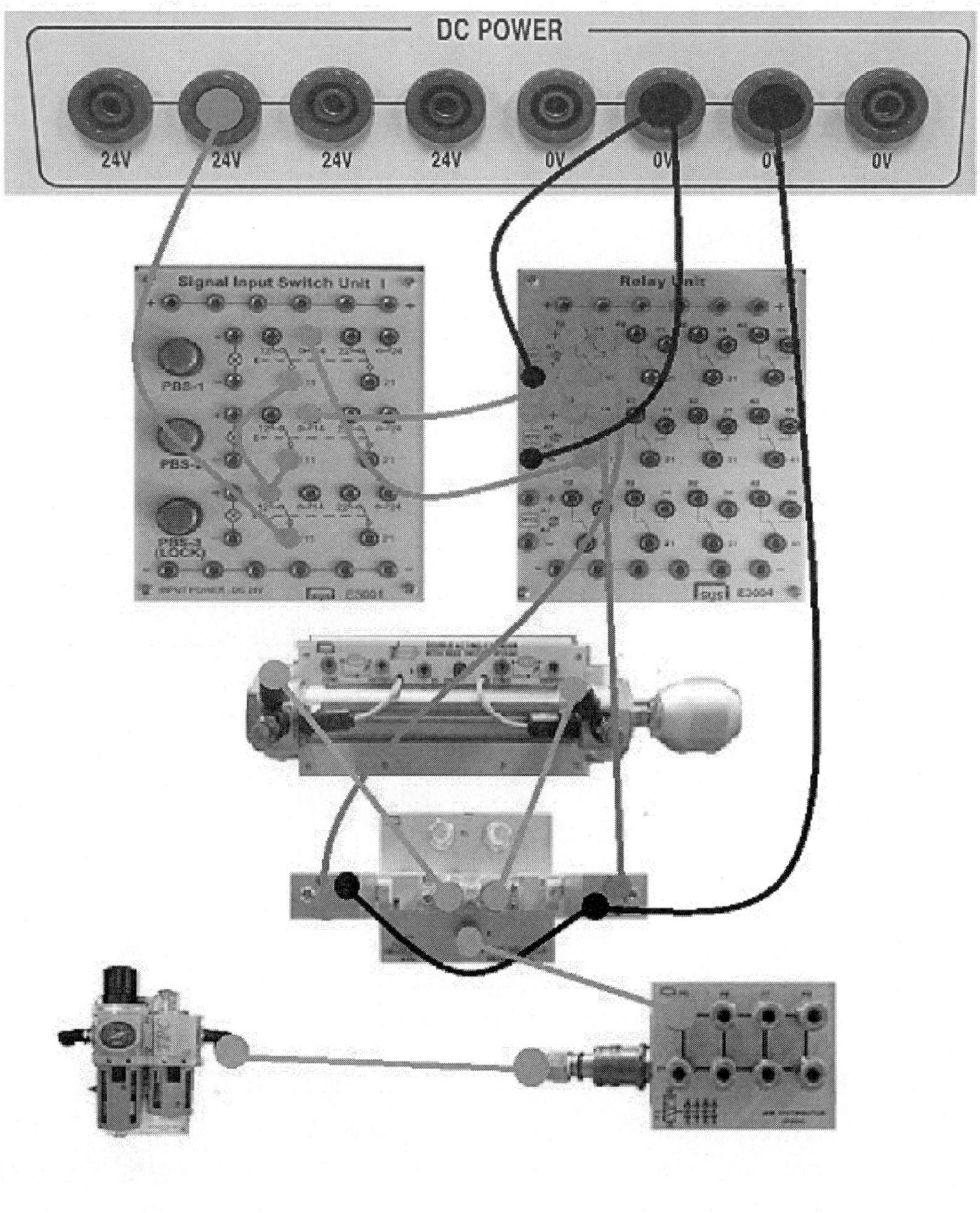
DC POWER
24V
24V
24V
24V
0V
0V
0V
0V
Signal Input Switch Unit I
Relay Unit
PBS-1
PBS-3
(LOCK)
E3001
E3004

3) 복동 실린더의 자동 복귀회로-1

1) 실험목적
- 실린더의 자동복귀 회로에 대해 알아본다.
- 리밋 스위치의 구조 원리를 이해한다.

2) 사용모듈
(1) DC Power Supply (E3015)
(2) AIR SERVIC (P1003)
(3) AIR DISTRIBUTOR (P1004)
(4) DOUBLE ACTING CYLINDER WITH REED SWITCH (P1104)
(5) 5/2-WAY SOLENOID VALVE (P1304)
(6) Push Button (E3001)
(7) Relay (E3004)
(8) MICRO SWITCH (CU-3010-11)

3) 회로도

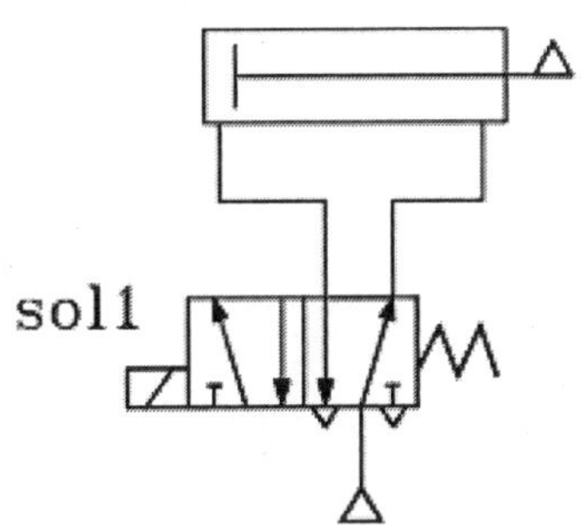

공압 회로

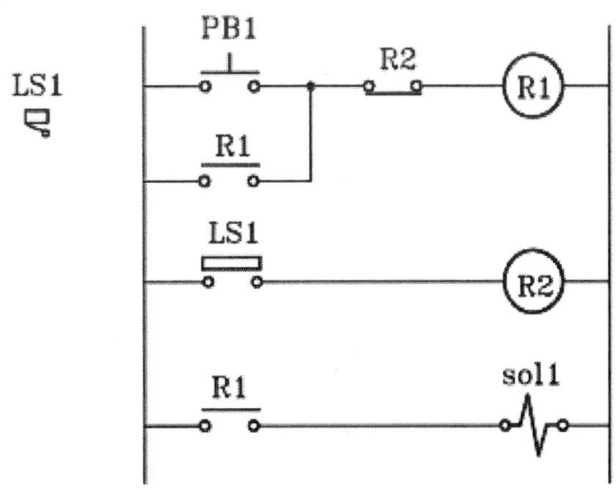

제어회로

4) 동작조건
- 공압 회로를 작동시키는 제어회로로서 누름버튼 스위치 PB1을 누르면 R1 릴레이가 여자되고 자기유지 되며, 동시에 솔레노이드 코일에 통전시켜 실린더를 전진시킨다. 실린더의 피스톤이 전진 완료되어 LS1 리밋 스위치를 ON시키면, R2 릴레이가 여자되어 솔레노이드에 통전하고 있는 R1릴레이를 복귀시킴에 따라 5포트 밸브가 스프링에 의해 원위치 되고 실린더가 후진한다. 다시 실린더를 전진시키려면 누름버튼 스위치를 눌러야 된다.

5) 결선도

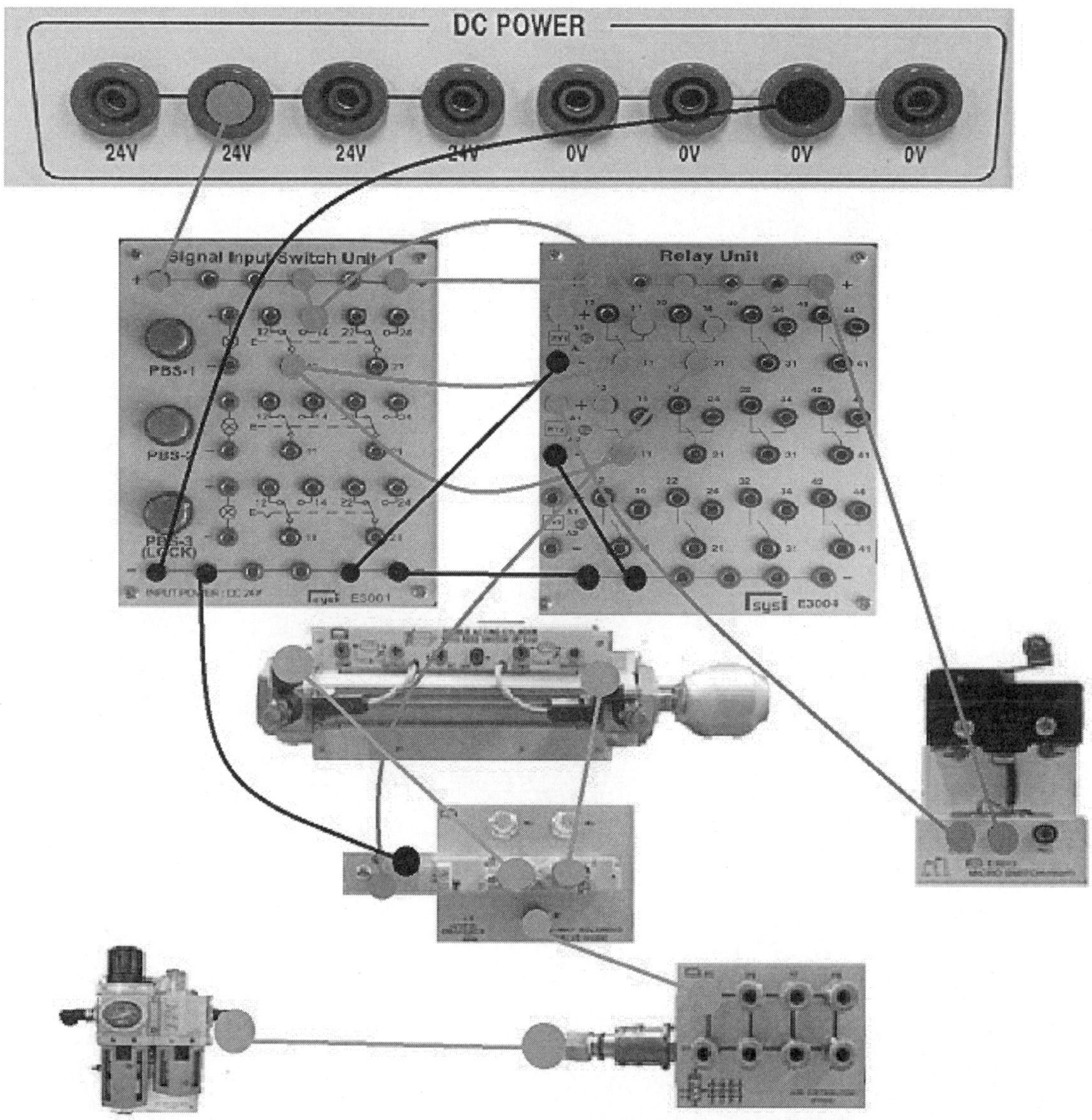
DC POWER
24V
24V
24V
24V
0V
0V
0V
0V
Signal Input Switch Unit 1
PBS-1
PBS-2
PBS-3
(LOCK)
INPUT POWER : DC 24V
E3001
Relay Unit
E3004

4) 복동 실린더의 자동 복귀회로-2

1) 실험목적
- 실린더의 자동복귀 회로에 대해 알아본다.
- 리밋 스위치의 구조 원리를 이해한다.

2) 사용모듈
(1) DC Power Supply (N2210)
(2) AIR SERVIC (P1003)
(3) AIR DISTRIBUTOR (P1004)
(4) DOUBLE ACTING CYLINDER WITH REED SWITCH (P1104)
(5) 5/2-WAY SOLENOID VALVE (P1304)
(6) Push Button (E3001)
(7) Relay (E3004)
(8) MICRO SWITCH (E3013)

3) 회로도

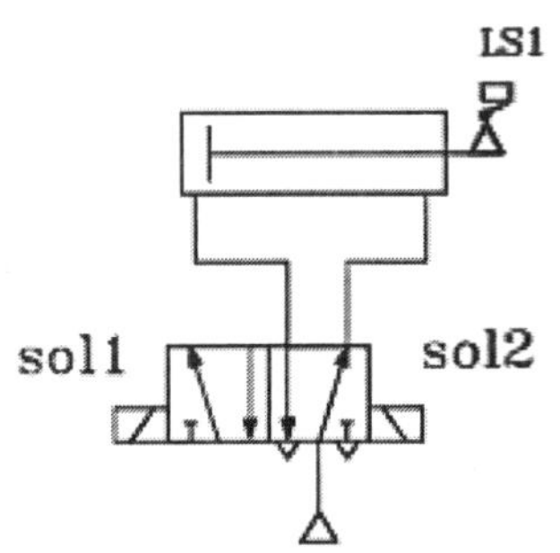

공압 회로

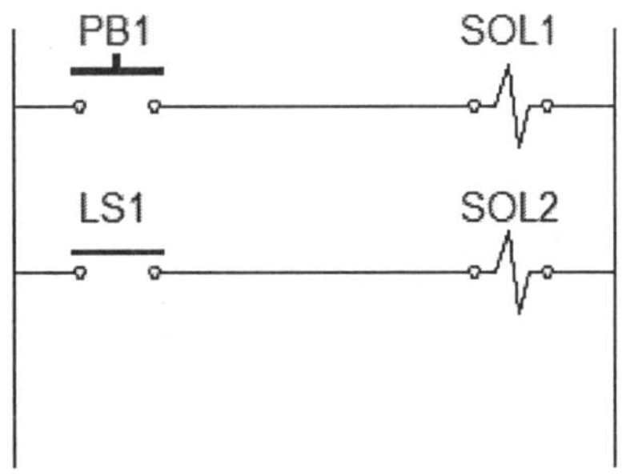

제어회로

4) 동작조건
- PB1을 누르면 SOL1이 여자가 되어 실린더가 전진을 한다.
  실린더가 전진을 완료하면 리밋스위치가 눌러지게 되고 SOL2이 여자가 되어 실린더는 후진을 하게 된다.

5) 결선도

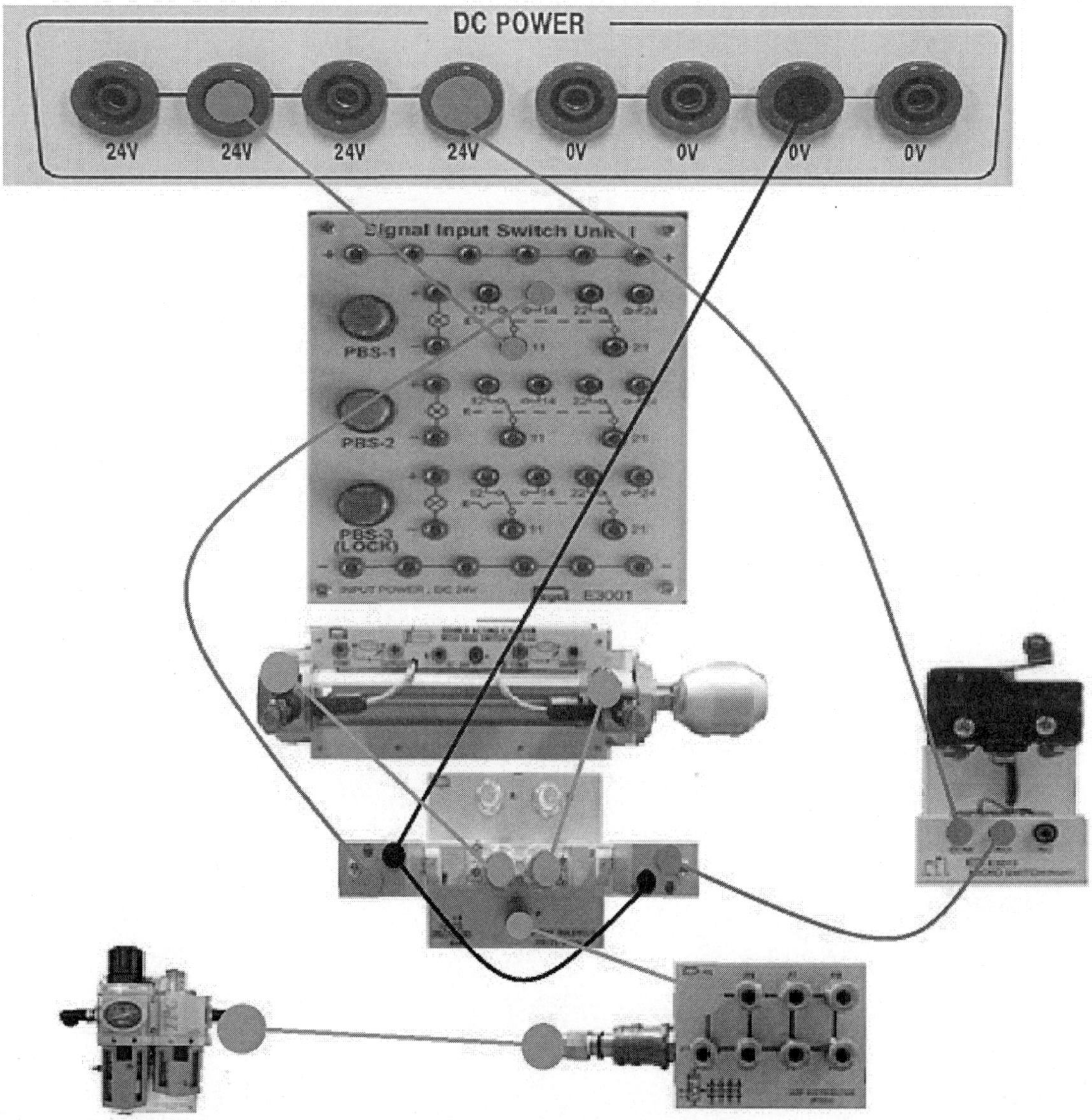
DC POWER
24V
24V
24V
24V
0V
0V
0V
0V
Signal Input Switch Unit I
PBS-1
PBS-2
PBS-3
(LOCK)
INPUT POWER : DC 24V
E3001

5) 복동 실린더의 연속왕복 작동 회로-1

1) 실험목적
- 실린더의 연속 왕복 작동 회로의 구성에 대해 알아본다.

2) 사용모듈
(1) DC Power Supply (E3015)
(2) AIR SERVIC (P1003)
(3) AIR DISTRIBUTOR (P1004)
(4) DOUBLE ACTING CYLINDER WITH REED SWITCH (P1104)
(5) 5/2-WAY SOLENOID VALVE (P1304)
(6) Push Button (E3001)
(7) Relay (E3004)
(8) MICRO SWITCH (CU-3010-11)

3) 회로도

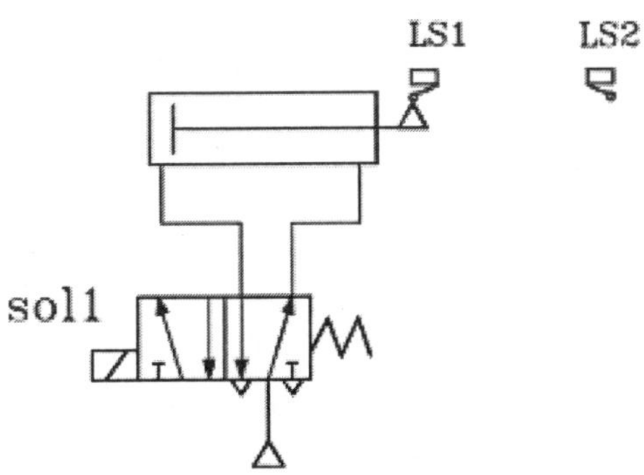

공압 회로

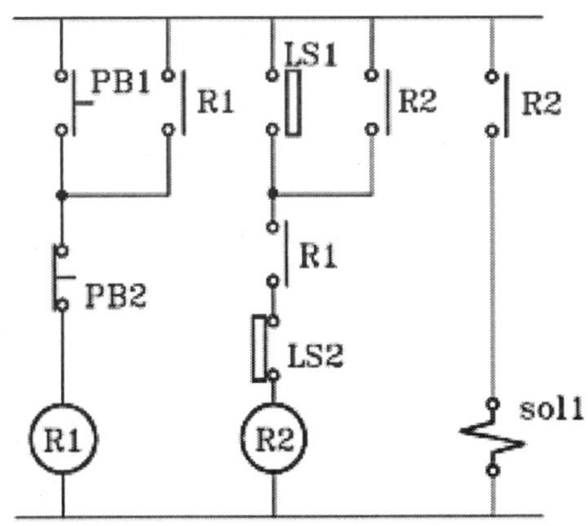

제어회로

4) 동작조건
- PB1은 기동 스위치이고 PB2는 정지 스위치이다. 먼저 PB1 누름버튼 스위치를 누르면 릴레이 R1이 여자되고 자기유지 된다. 이때 실린더가 후진되어 있어 LS1이 ON 상태이므로 R2가 여자되고 자기유지 되며, 솔레노이드 sol1에 통전시켜 밸브가 위치 전환되고 실린더가 전진한다. 실린더가 전진완료 되어 전진끝단에 설치되어 있는 리밋 스위치 LS2가 ON되면 릴레이 R2 코일 위의 LS2가 b접점이므로 끊어져 R2의 자기유지를 해제 시킨다. 따라서 R2릴레이 a접점에 의해 sol1에 통전하던 전류가 끊기므로 밸브가 내장된 스프링에 의해 원위치 되고 실린더가 후진한다. 실린더가 후진하면서 LS2에서 떨어지면 LS2가 OFF되므로 LS2 b접점은 다시 원위치 되며, 실린더가 완전히 복귀하여 LS1 리밋 스위치를 ON시키면 다시 R2가 여자되어 자기

유지 되고 실린더가 전진한다. 즉 이와 같이 R1이 ON되어있는 동안은 실린더가 전진과 후진 운동을 반복하고, 정지시키기 위해서는 R1의 자기유지를 해제하는 PB2를 ON시키면 된다.

5) 결선도

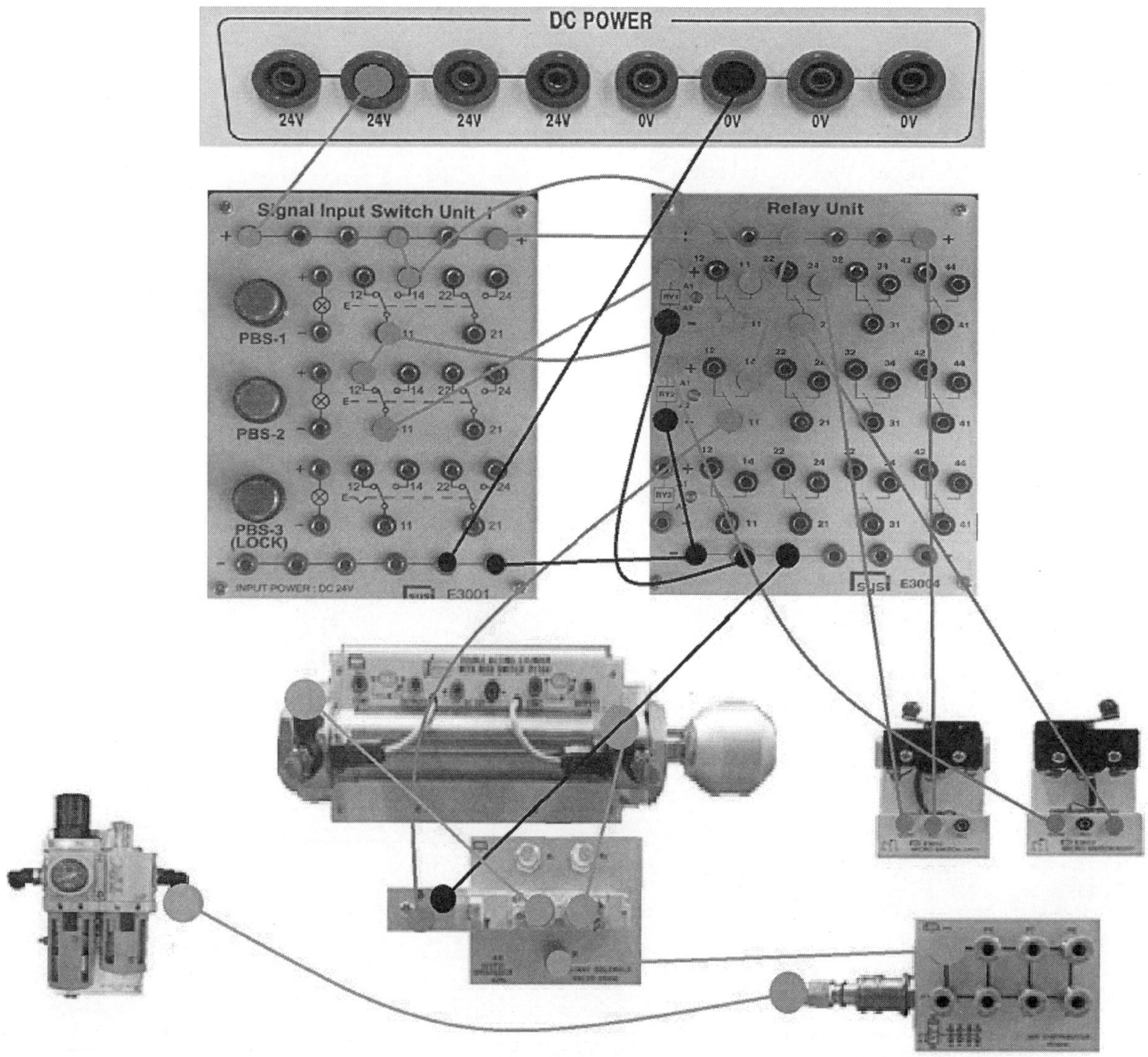

6) 복동 실린더의 연속왕복 작동 회로 -2

1) 실험목적

- 실린더의 연속 왕복 작동 회로의 구성에 대해 알아본다.

2) 사용모듈

(1) DC Power Supply (N2210)
(2) AIR SERVIC (P1003)
(3) AIR DISTRIBUTOR (P1004)
(4) DOUBLE ACTING CYLINDER WITH REED SWITCH (P1104)
(5) 5/2-WAY SOLENOID VALVE (P1304)
(6) Push Button (E3001)
(7) Relay (E3004)
(8) MICRO SWITCH (E3013)

3) 회로도

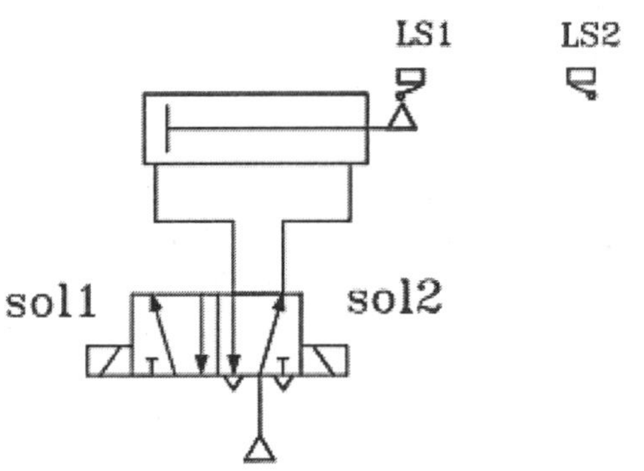

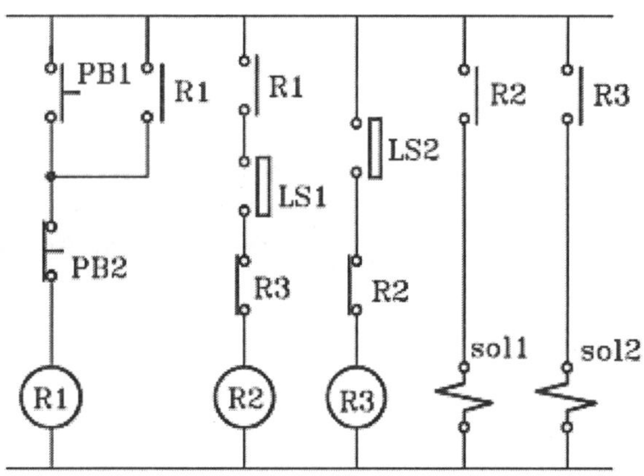

공압 회로 제어회로

4) 동작조건

- PB1을 누르면 R1이 자기 유지가 된다.
  R1이 자기유지가 되고 실린더가 후진 상태이면 R2가 여자되고 SOL1이 동작하여 실린더는 전진을 하게 된다.
  실린더가 전진을 하면 LS2가 신호를 받아 R3이 여자가 되고 SOL2가 동작을 하여 실린더는 후진을 한다.
  다시 실린더가 후진을 하면 LS1이 신호를 받아 SOL1이 동작하여 실린더는 전,후진 반복을 한다. PB2를 누르면 실린더는 정지한다.

5) 결선도

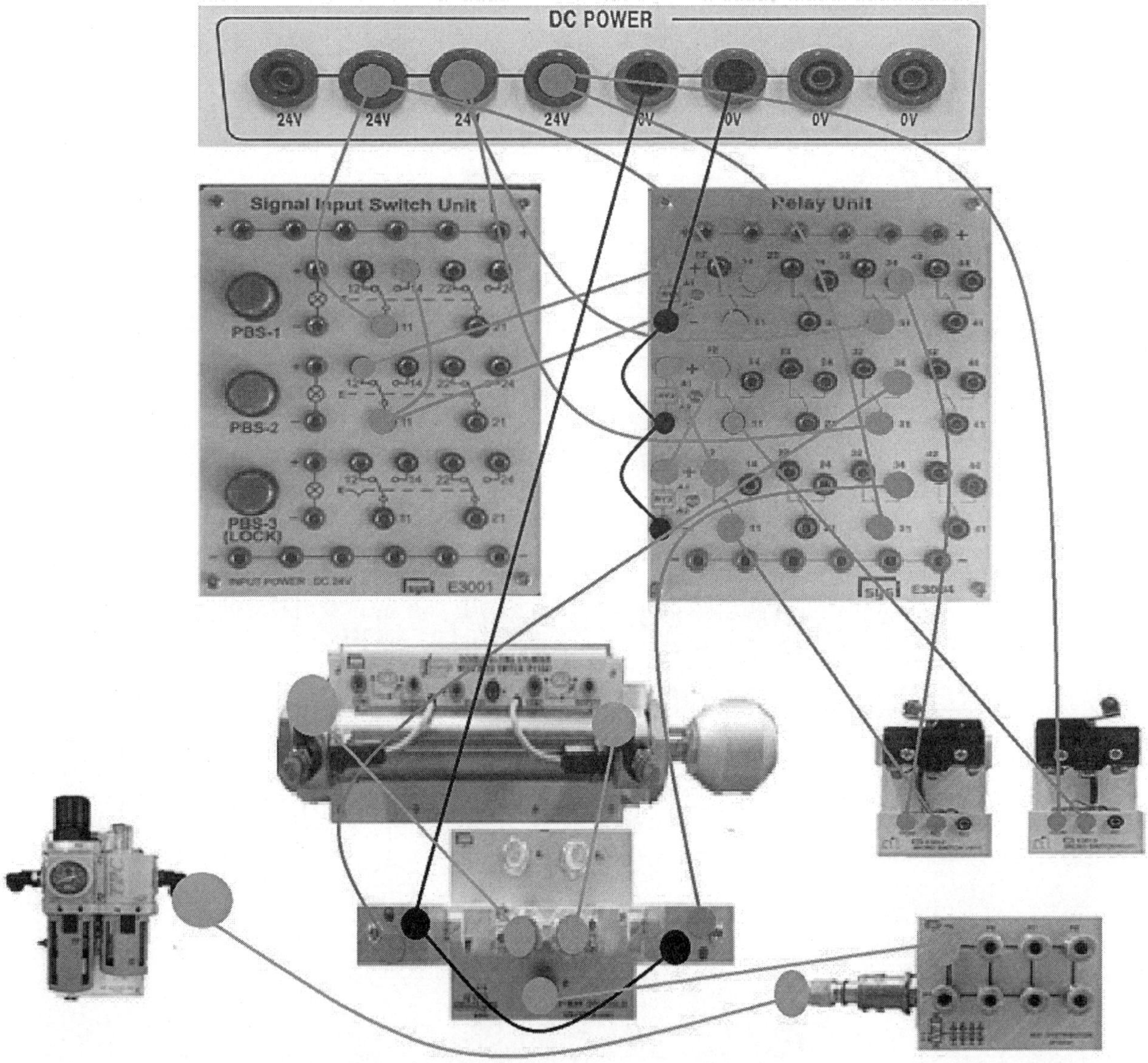
DC POWER
24V
24V
24V
24V
0V
0V
0V
0V
Signal Input Switch Unit
PBS-1
PBS-2
PBS-3
(LOCK)
INPUT POWER : DC 24V
E3001
Relay Unit
E3004

5. 시스템/소프트웨어 구성

가. 시스템 구성

산업자동화 제어장비는 아래와 같이 1대의 장비로 2대의 PC에서 사용할 수 있도록 구성되어 있으며, PLC와 HMI는 USB 연결을 통해 장비와 연결 가능하며, 장비에 부착된 선택기를 누름으로 인해 실습 PC와의 연결/해제가 가능하다.

PLC와 HMI는 Ethernet/IP를 통해 서로 통신을 주고받으며, 각각의 IP, Subnet Mask, Gate Way를 설정하여야 한다.

AC 모터와 인버터는 PLC에서 입출력을 주고받으며, 인버터의 외부 입력 신호는 하드웨어 단자를 통해 연결되고, 인버터 파라미터를 조작하여 모터의 설정을 변경할 수 있다.

1축 로봇(서보모터)과 서보앰프는 PLC의 특수 모듈인 위치결정 카드와 EtherCAT 통신으로 데이터를 주고받으며, 파라미터를 조작하여 1축 로봇을 제어할 수 있다.

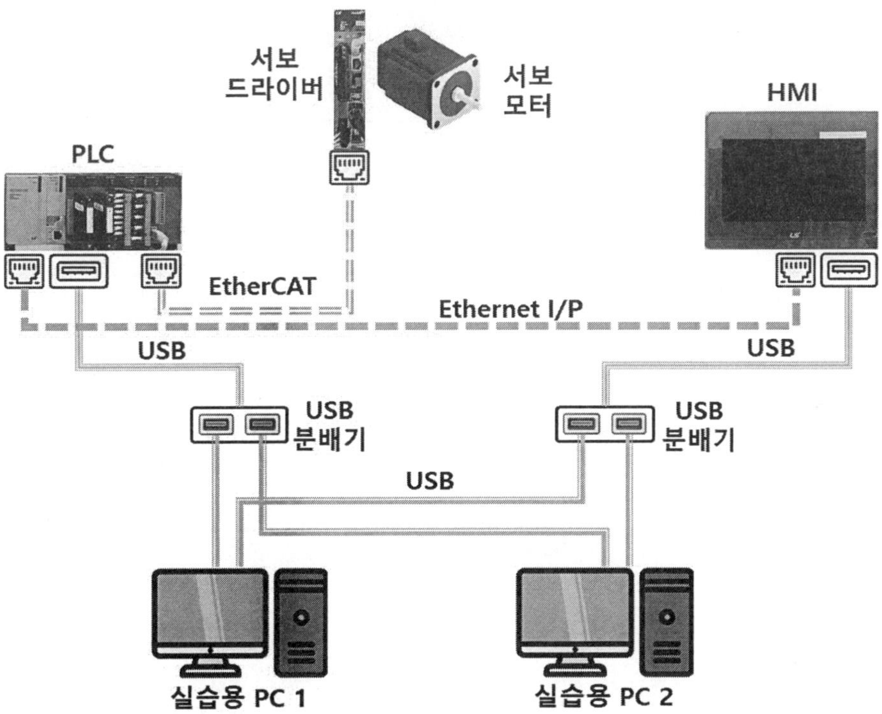

▷ PLC 및 HMI 실습 PC에 연결하는 방법

- 아래 그림과 같이 PLC에 프로그램을 작성하거나 모니터링할 때, HMI의 작화 프로그램을 HMI에 전송할 때 본인 PC와 접속되어 있어야 한다. 그렇기에 장비에 부착된 선택기에 본인 PC와 같은 버튼이 눌려져있는지 확인하도록 한다.

나. 소프트웨어 구성

소프트웨어로 제어하는 기기는 주로 PLC와 HMI, 서보앰프가 있으며, PLC와 서보앰프는 XG5000 프로그램을 사용하여 제어한다. XG5000은 PLC 시리즈에 대해서 프로그램을 작성하고 디버깅하는 소프트웨어 툴이다. HMI는 XP-Builder 프로그램을 사용하며, HMI는 그래픽 기반 프로그램을 사용하여, 터치패널에 가상의 스위치, 램프, 숫자 표시기, 메시지 표시기등을 그린 뒤, 객체에 주소를 매핑(연결)하여 프로그램과 통신을 통해 제어 신호가 주고받는다.

5. 하드웨어 결선하기

가. 입출력 배선도

입력		출력	
PLC 할당	설명	PLC 할당	설명
P00	PB1/TG1	P20	PL1
P01	PB2/TG2	P21	PL2
P02	PB3/TG3	P22	PL3
P03	PB4/TG4	P23	PL4
P04	PB5/TG5	P24	PL5
P05	PB6/TG6	P25	PL6
P06	PB7/TG7	P26	PL7
P07	PB8/TG8	P27	PL8
P08	DIP 1	P28	FND 1
P09	DIP 2	P29	FND 2
P0A	DIP 4	P2A	FND 4
P0B	DIP 8	P2B	FND 8
P0C	DIP 10	P2C	FND 10
P0D	DIP 20	P2D	FND 20
P0E	DIP 40	P2E	FND 40
P0F	DIP 80	P2F	FND 80
P10	Photo Sensor	P30	BUZZER
P11	Inductive Sensor	P31	DC Motor
P12	Capacitive Sensor	P32	S_A
P13	DC Motor Sensor	P33	S_A`
P14	Step Motor Sensor	P34	S_B
P15	슬라이드 전진감지	P35	S_B`
P16	슬라이드 후진감지	P36	MOTOR CW
P17	Select S/W N.O.	P37	MOTOR CCW
P18	Select S/W N.C.	P38	A'Cyl 전진
P19	A'Cyl 후진감지	P39	A'Cyl 후진
P1A	A'Cyl 전진감지	P3A	B'Cyl 전진
P1B	B'Cyl 후진감지	P3B	인버터 P1 단자
P1C	B'Cyl 전진감지	P3C	인버터 P2 단자
P1D		P3D	인버터 P3 단자
P1E		P3E	인버터 P4 단자
P1F		P3F	인버터 P5 단자

나. PLC COM 결선

① DC POWER의 24V 단자와 LS ELE. INPUT 16 POINTS의 COM 단자를 연결한다. (COM을 1개만 연결하더라도 32개 접점을 전부 사용할 수 있다.)

② DC POWER의 0V 단자와 LS ELE. OUTPUT 16 POINTS의 COM 단자를 연결한다. (COM을 1개만 연결하더라도 32개 접점을 전부 사용할 수 있다.)

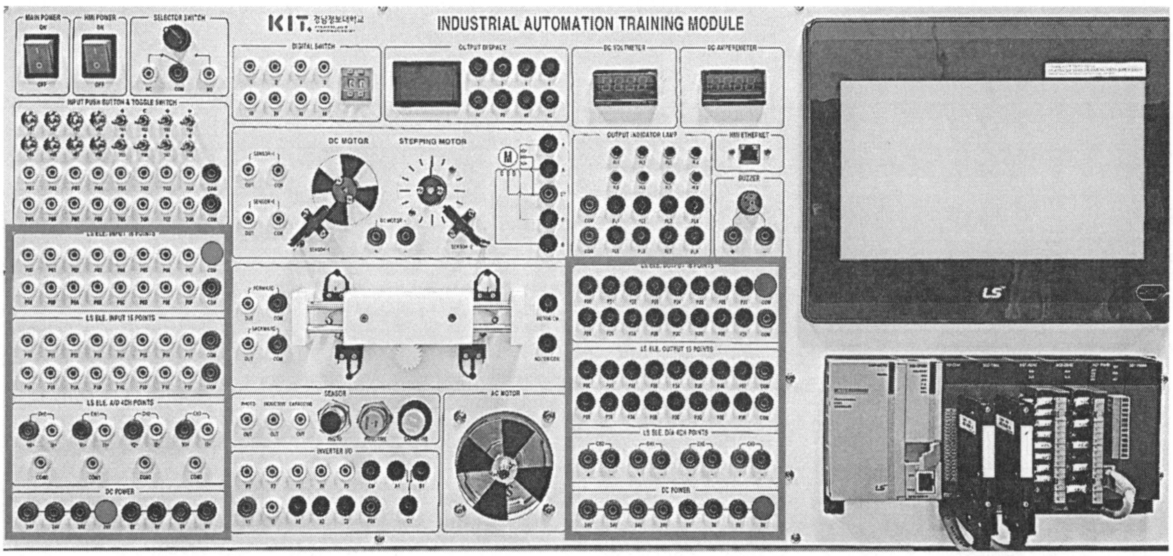

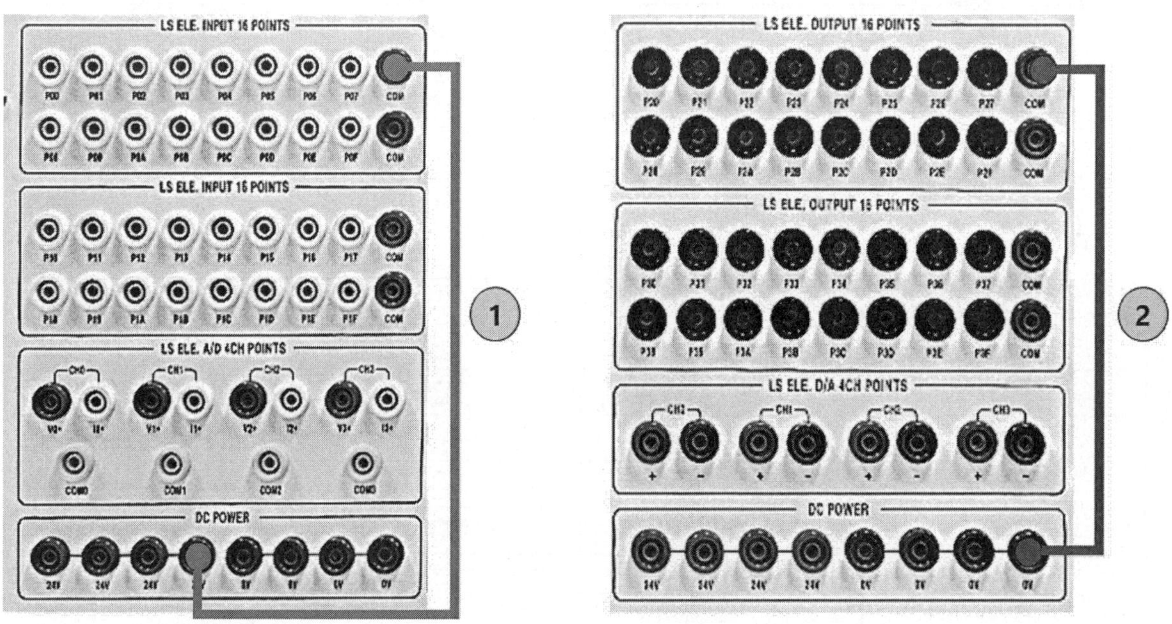

다. 스위치 결선

① DC POWER의 0V 단자와 INPUT PUSH-BUTTON SWITCH의 COM 단자를 연결한다.
(COM을 1개만 연결하더라도 스위치 접점을 전부 사용할 수 있다.)

② INPUT PUSH-BUTTON SWITCH의 PB1 단자와 LS ELE. INPUT 16 POINTS의 P00 단자를 연결한다.
(같은 방법으로 나머지 스위치를 연결한다. 푸시 버튼을 쓰는 경우와 토글스위치를 쓰는 경우가 있으므로, 실습에 맞춰 하드웨어 결선을 변경하도록 한다.)

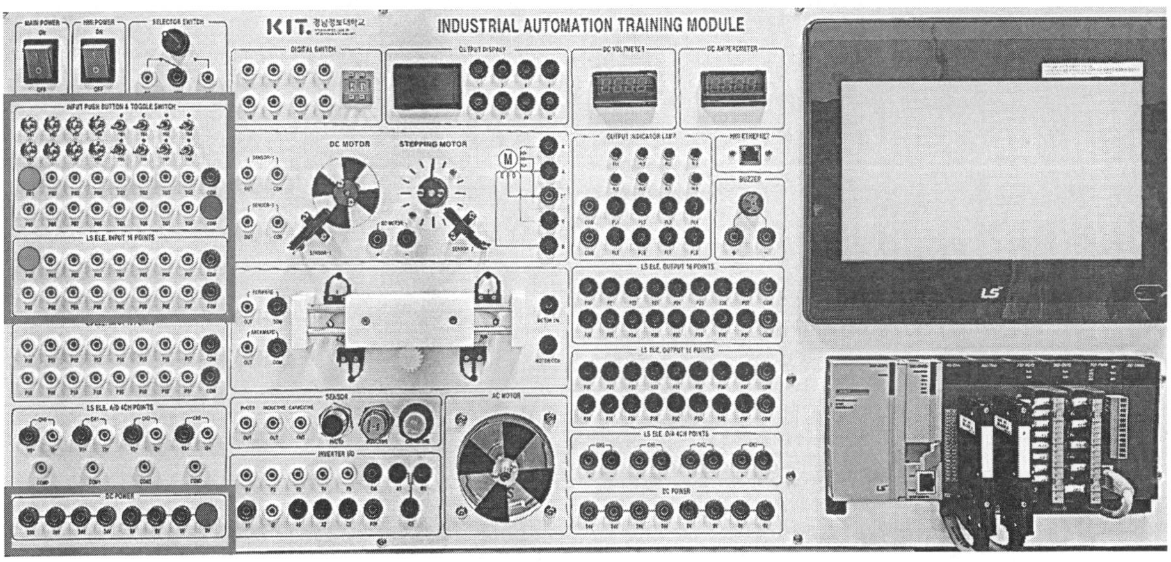

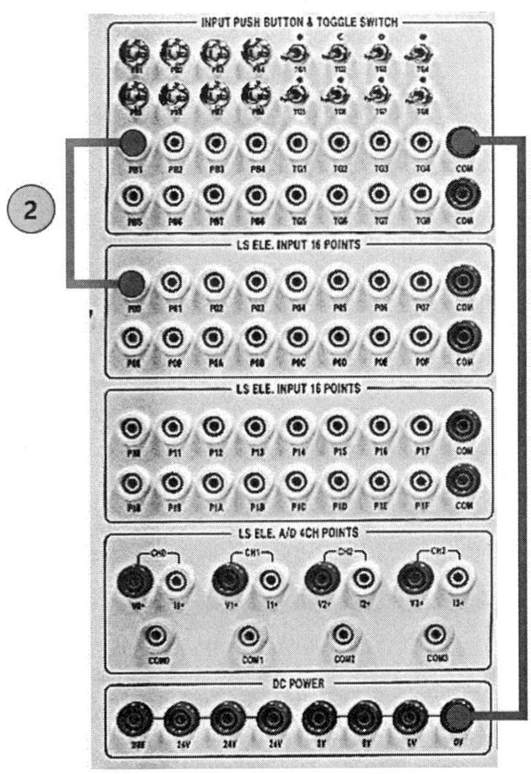

라. 램프 결선

① DC POWER의 24V 단자와 OUTPUT INDICATOR LAMP의 COM 단자를 연결한다. (COM을 1개만 연결하더라도 램프 접점을 전부 사용할 수 있다.)

② OUTPUT INDICATOR LAMP의 PL1 단자와 LS ELE. OUTPUT 16 POINTS의 P20 단자를 연결한다. (같은 방법으로 나머지 램프를 연결한다.)

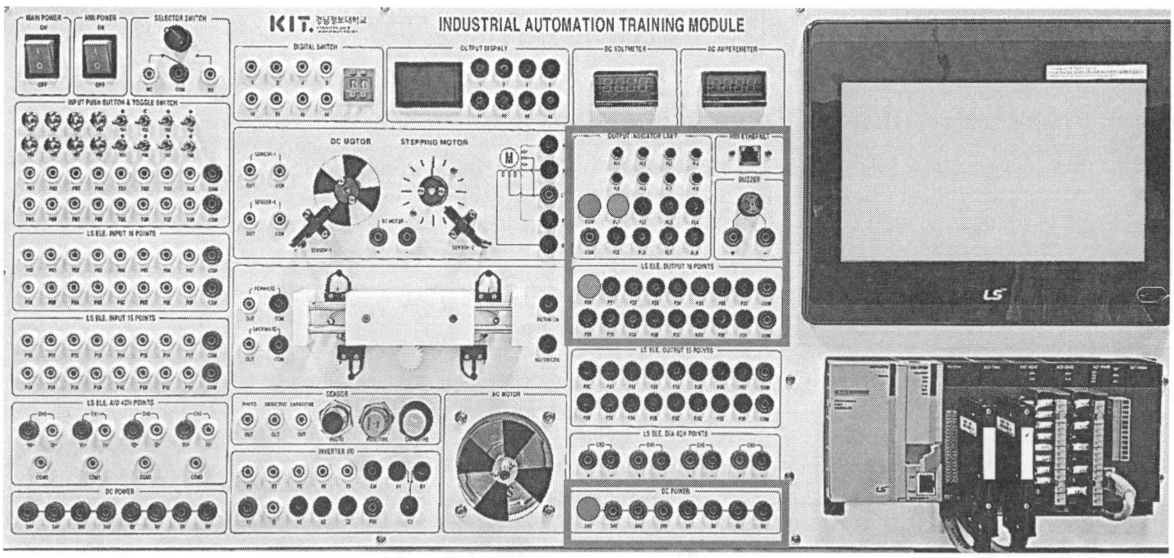

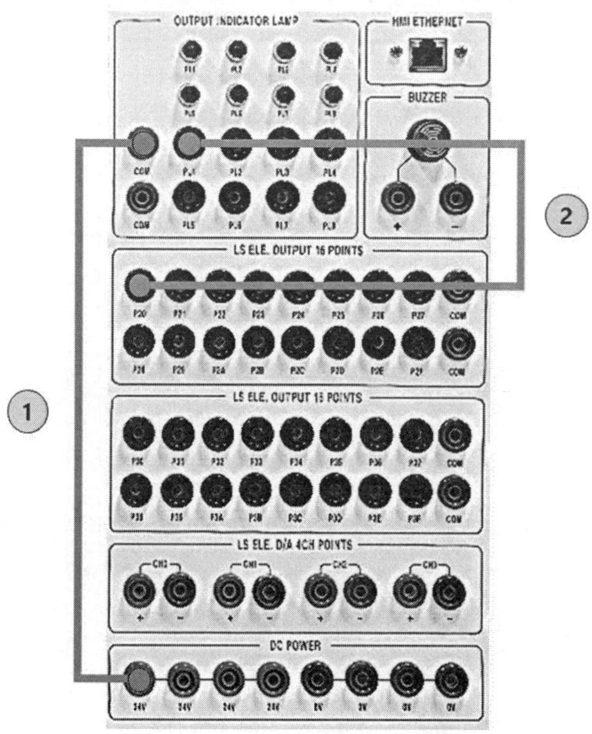

마. DIP 스위치 결선

① DIGITAL SWITCH의 1번 단자와 LS ELE. INPUT 16 POINTS의 P08 단자를 연결한다.
② DIGITAL SWITCH의 2번 단자와 LS ELE. INPUT 16 POINTS의 P09 단자를 연결한다.
③ DIGITAL SWITCH의 4번 단자와 LS ELE. INPUT 16 POINTS의 P0A 단자를 연결한다.
④ DIGITAL SWITCH의 8번 단자와 LS ELE. INPUT 16 POINTS의 P0B 단자를 연결한다.
⑤ DIGITAL SWITCH의 10번 단자와 LS ELE. INPUT 16 POINTS의 P0C 단자를 연결한다.
⑥ DIGITAL SWITCH의 20번 단자와 LS ELE. INPUT 16 POINTS의 P0D 단자를 연결한다.
⑦ DIGITAL SWITCH의 40번 단자와 LS ELE. INPUT 16 POINTS의 P0E 단자를 연결한다.
⑧ DIGITAL SWITCH의 80번 단자와 LS ELE. INPUT 16 POINTS의 P0F 단자를 연결한다.

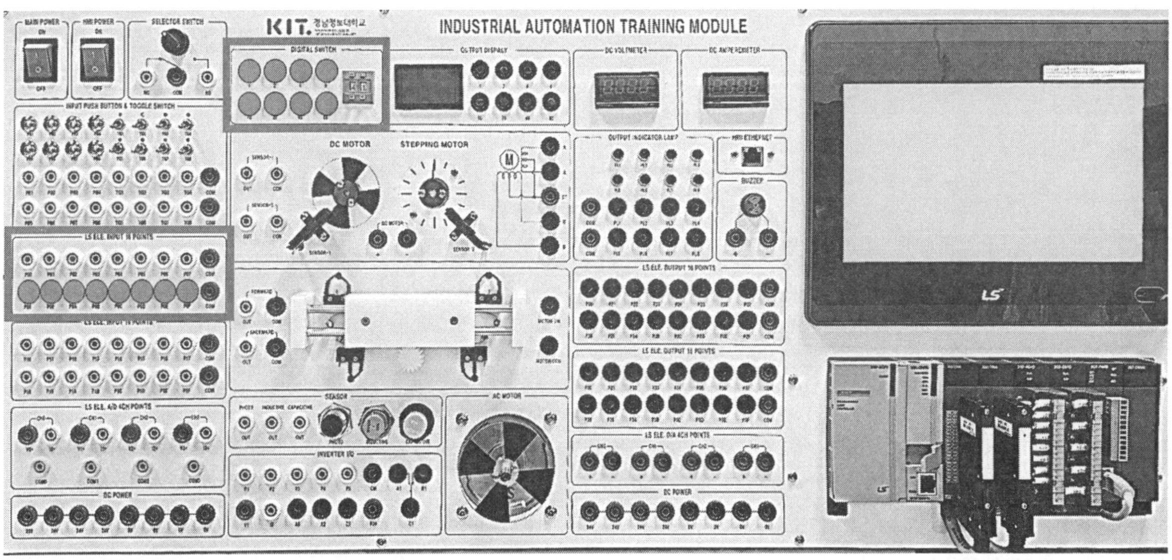

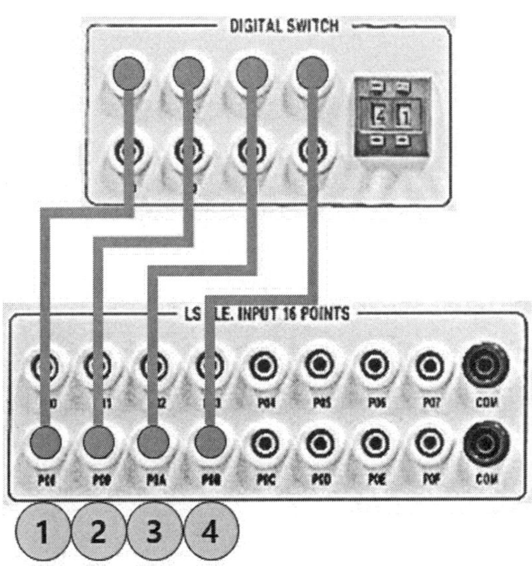

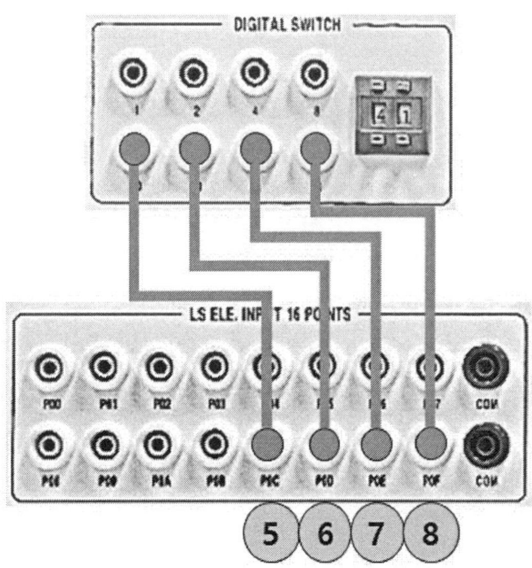

바. FND 결선

① OUTPUT DISPLAY의 1번 단자와 LS ELE. OUTPUT 16 POINTS의 P28 단자를 연결한다.
② OUTPUT DISPLAY의 2번 단자와 LS ELE. OUTPUT 16 POINTS의 P29 단자를 연결한다.
③ OUTPUT DISPLAY의 4번 단자와 LS ELE. OUTPUT 16 POINTS의 P2A 단자를 연결한다.
④ OUTPUT DISPLAY의 8번 단자와 LS ELE. OUTPUT 16 POINTS의 P2B 단자를 연결한다.
⑤ OUTPUT DISPLAY의 10번 단자와 LS ELE. OUTPUT 16 POINTS의 P2C 단자를 연결한다.
⑥ OUTPUT DISPLAY의 20번 단자와 LS ELE. OUTPUT 16 POINTS의 P2D 단자를 연결한다.
⑦ OUTPUT DISPLAY의 40번 단자와 LS ELE. OUTPUT 16 POINTS의 P2E 단자를 연결한다.
⑧ OUTPUT DISPLAY의 80번 단자와 LS ELE. OUTPUT 16 POINTS의 P2F 단자를 연결한다.

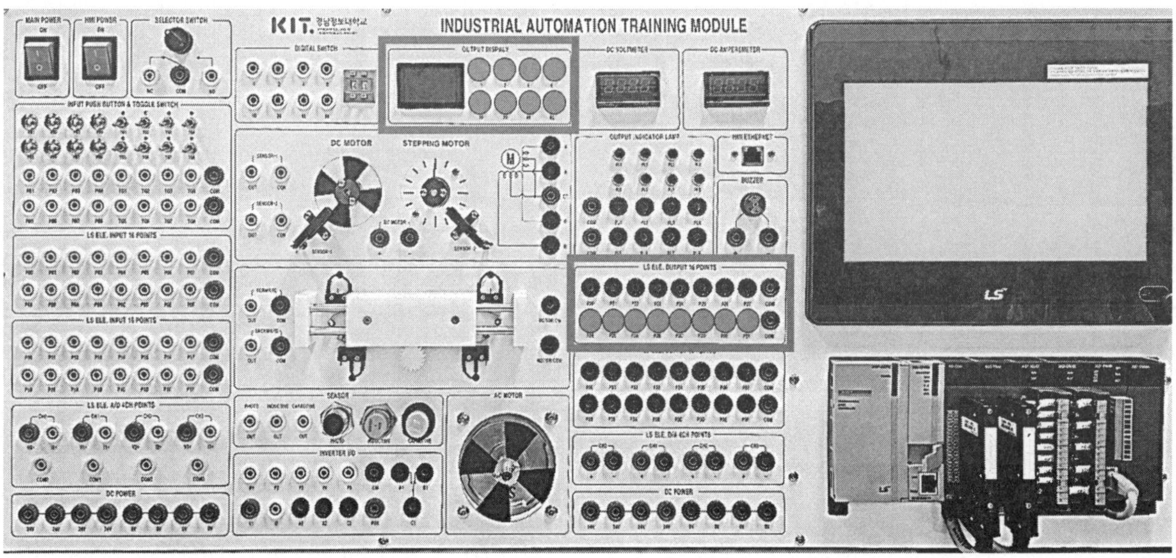

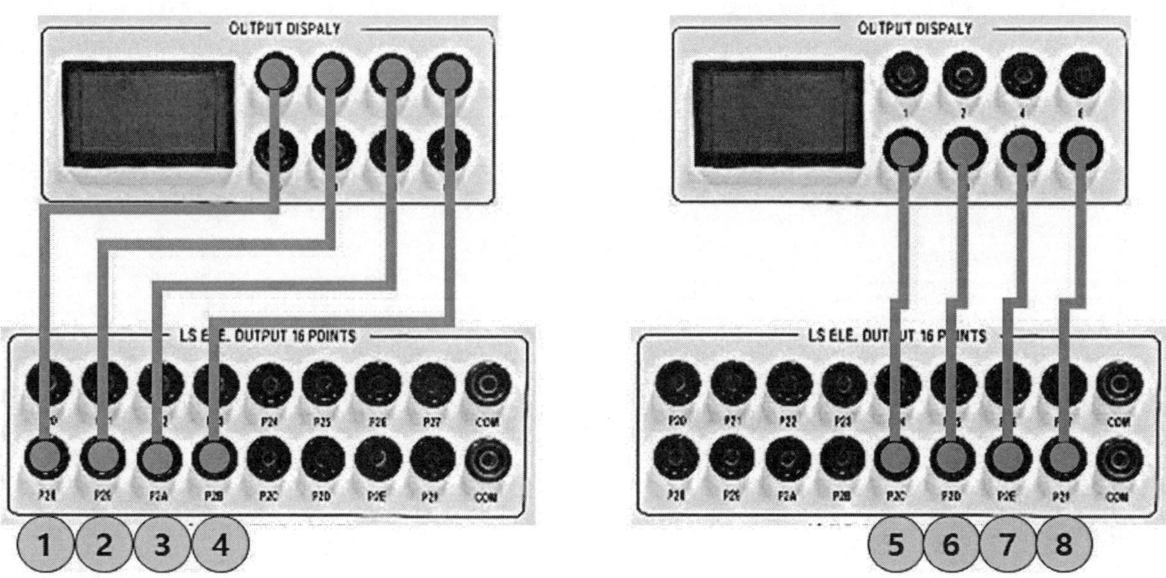

사. 센서 결선

① SENSOR의 PHOTO OUT 단자와 LS ELE. INPUT 16 POINTS의 P10 단자를 연결한다.
② SENSOR의 INDUCTIVE OUT 단자와 LS ELE. INPUT 16 POINTS의 P11 단자를 연결한다.
③ SENSOR의 CAPACITIVE OUT단자와 LS ELE. INPUT 16 POINTS의 P12 단자를 연결한다.

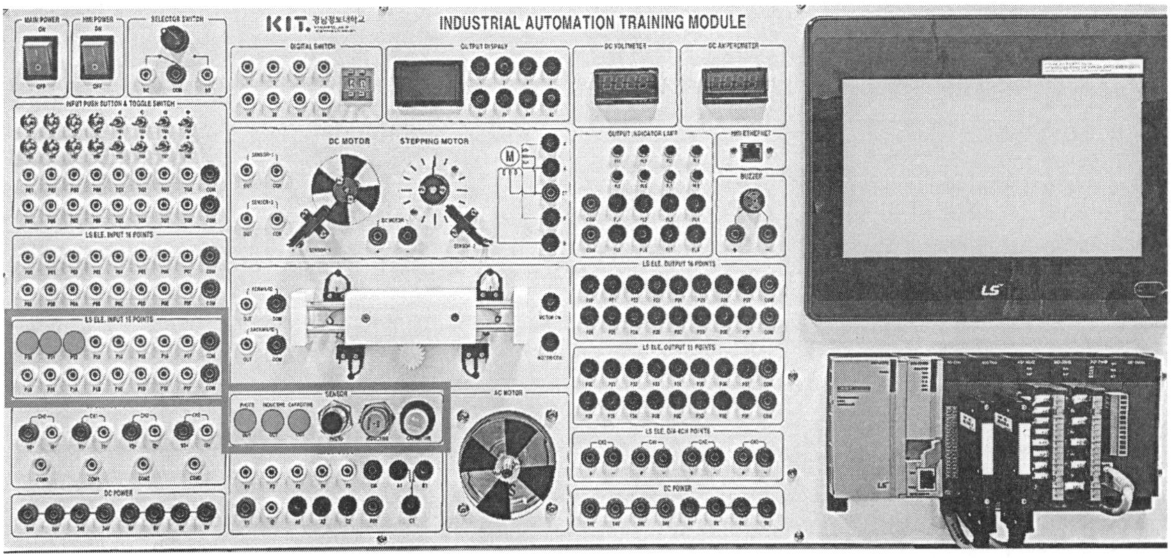

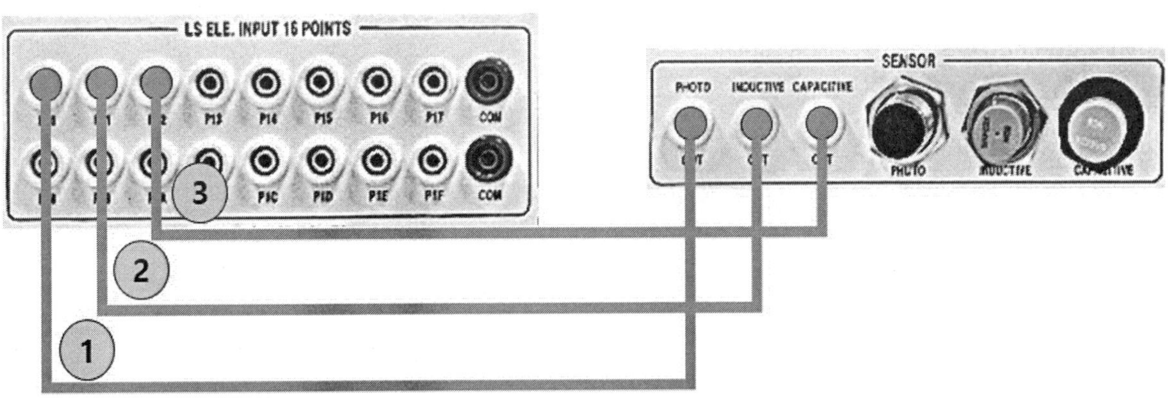

④ DC MOTOR의 SENSOR – 1 OUT 단자와 LS ELE. INPUT 16 POINTS의 P13 단자를 연결한다.

⑤ STEPPING MOTOR의 SENSOR – 2 OUT 단자와 LS ELE. INPUT 16 POINTS의 P14 단자를 연결한다.

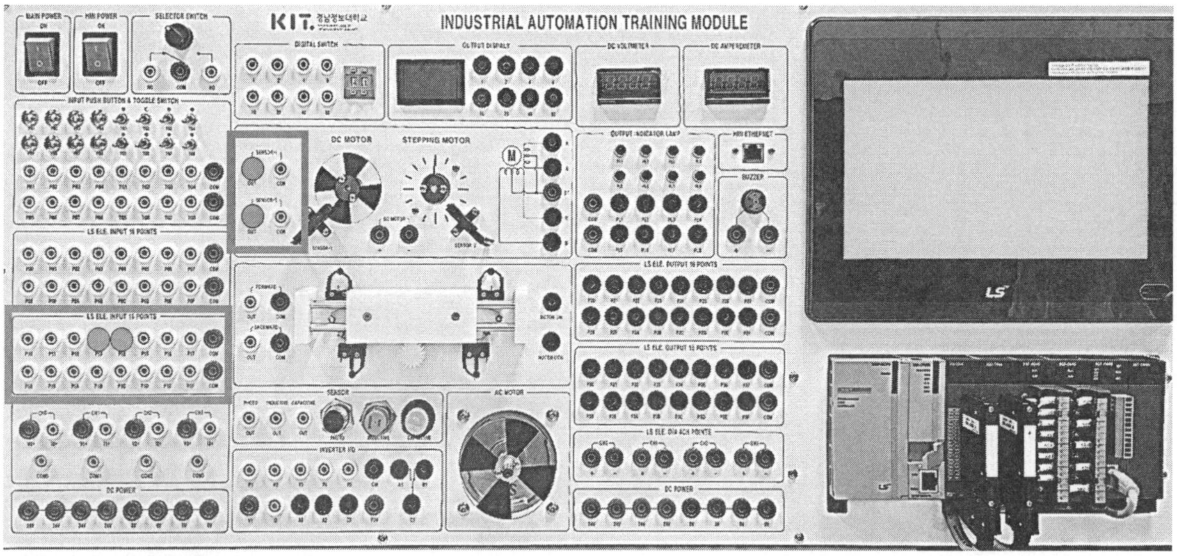

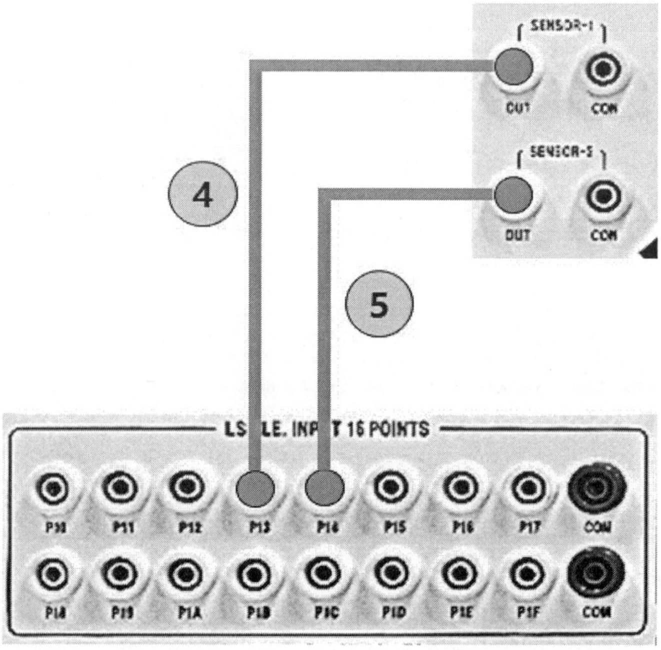

⑥ 슬라이딩 모듈의 FORWARD OUT 단자와 LS ELE. INPUT 16 POINTS의 P15 단자를 연결한다.

⑦ 슬라이딩 모듈의 BACKWARD OUT 단자와 LS ELE. INPUT 16 POINTS의 P16 단자를 연결한다.

⑧ DC POWER의 0V 단자와 슬라이딩 모듈 FORWARD SENSOR의 COM 단자를 연결한다.

⑨ DC POWER의 0V 단자와 슬라이딩 모듈 BACKWARD SENSOR의 COM 단자를 연결한다.

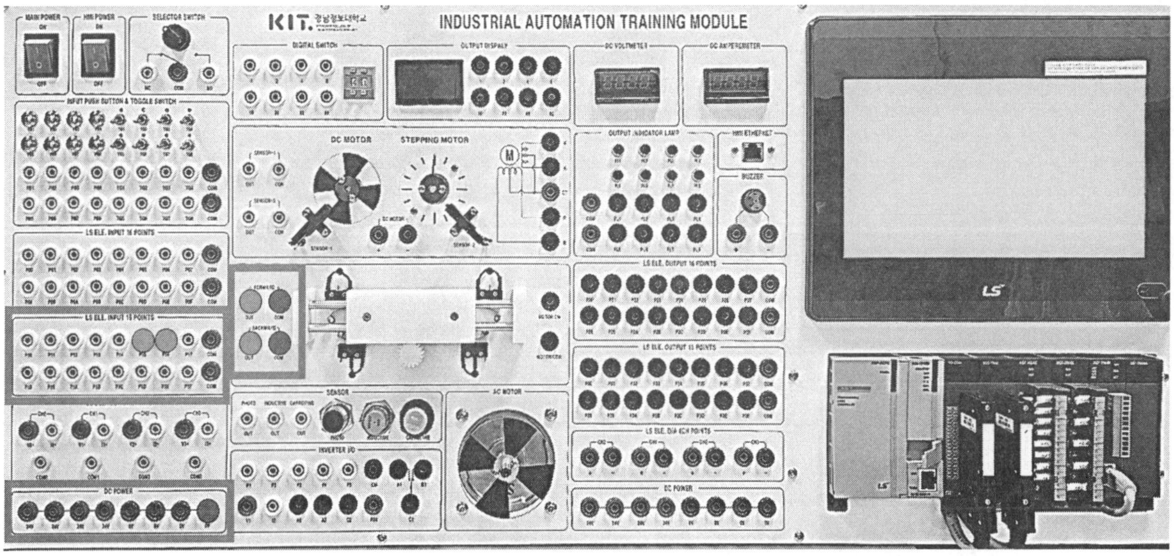

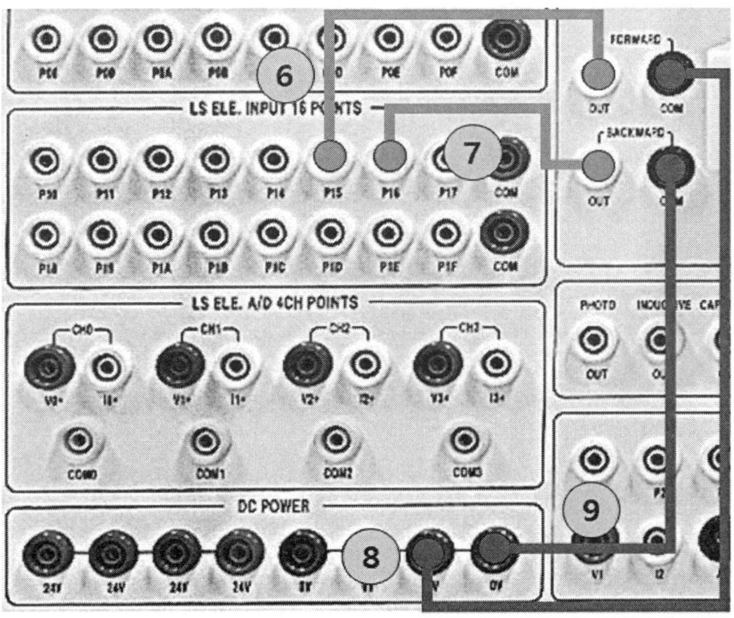

아. 부저 결선

① DC POWER의 24V 단자와 BUZZER의 (+) 단자를 연결한다.

② BUZZER의 (-) 단자와 LS ELE. INPUT 16 POINTS의 P30 단자를 연결한다.

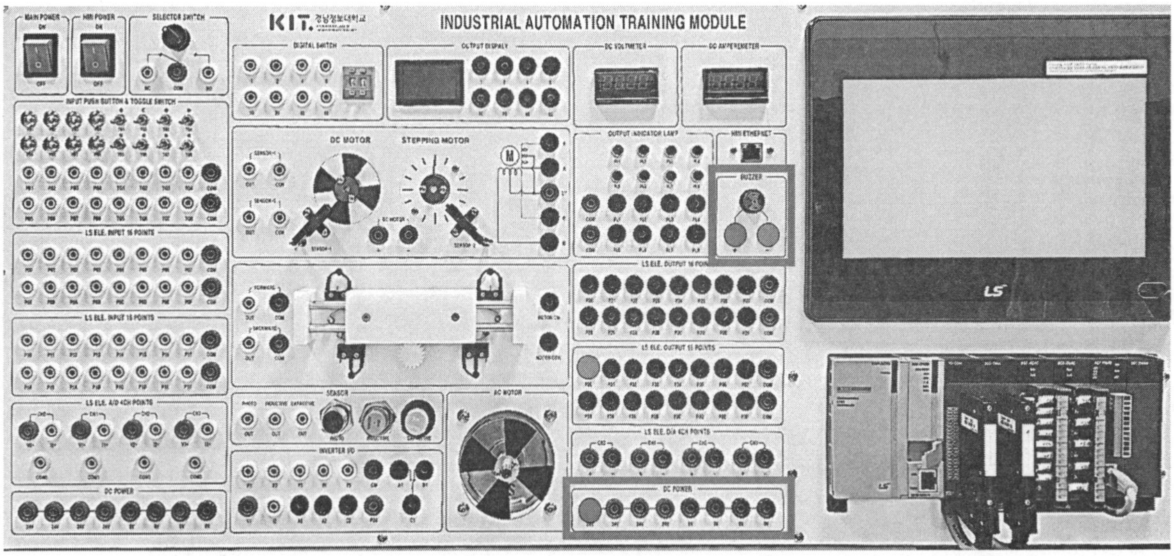

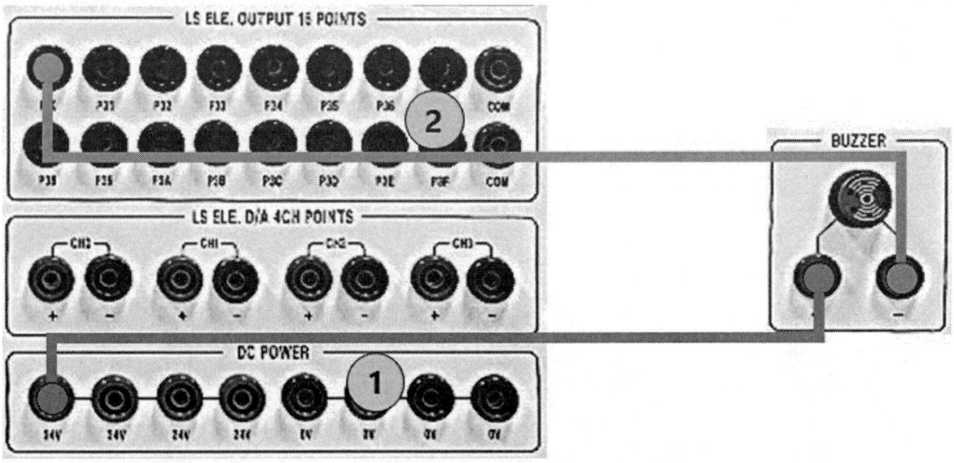

자. 선택 스위치 결선

① DC POWER의 0V 단자와 SELECTOR SWITCH의 COM 단자를 연결한다.

② SELECTOR SWITCH의 NO 단자와 LS ELE. INPUT 16 POINTS의 P17 단자를 연결한다.

③ SELECTOR SWITCH의 NC 단자와 LS ELE. INPUT 16 POINTS의 P18 단자를 연결한다.

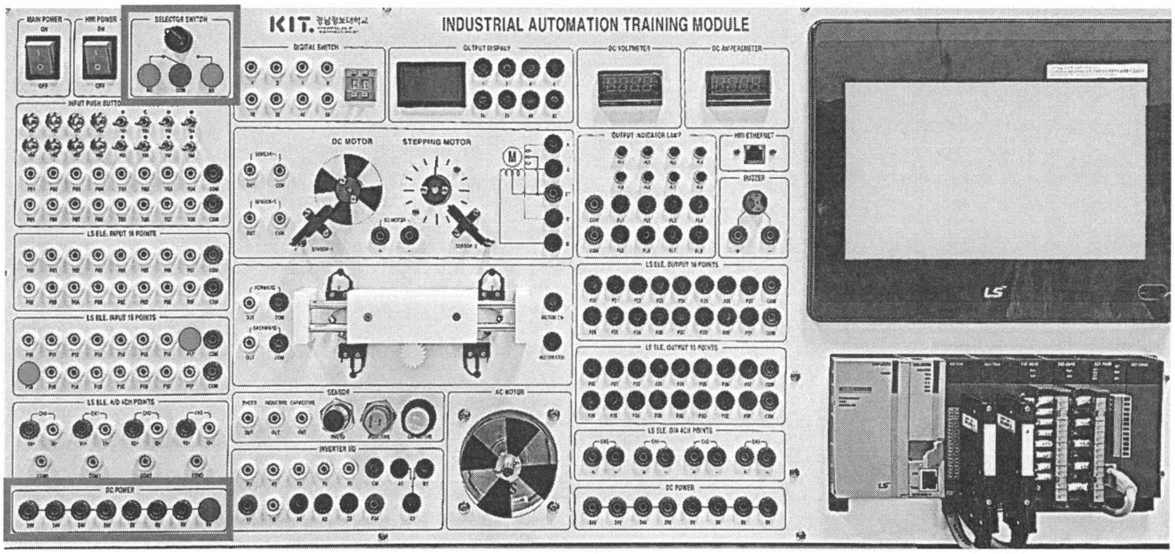

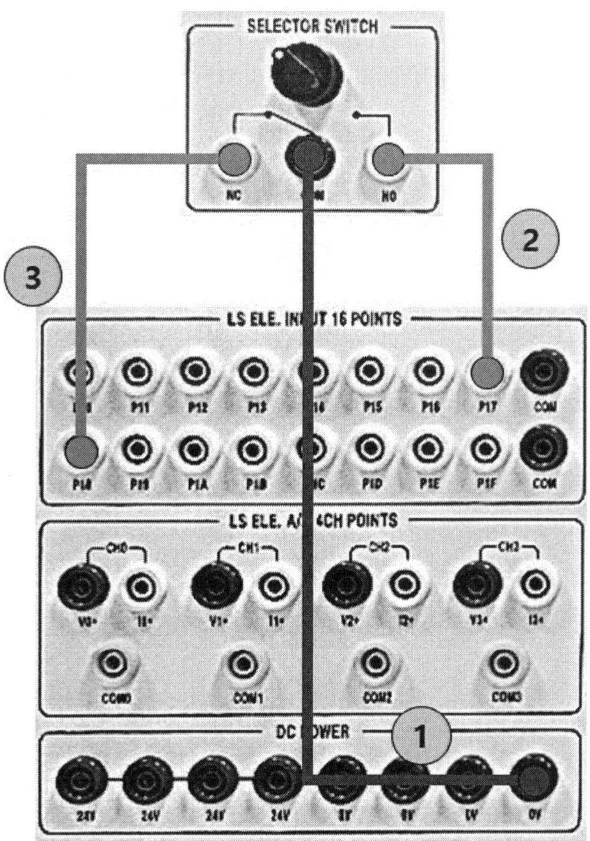

차. 모터 결선

① DC MOTOR의 (+) 단자와 DC POWER의 24V 단자를 연결한다.

② LS ELE. OUTPUT 16 POINTS의 P31 단자와 DC MOTOR의 (-) 단자를 연결한다.

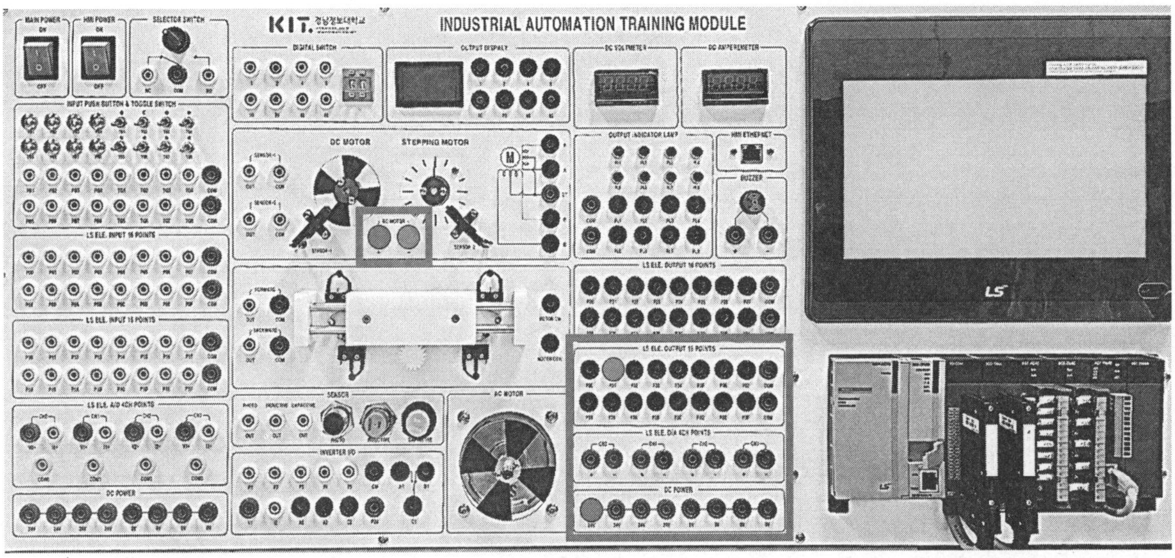

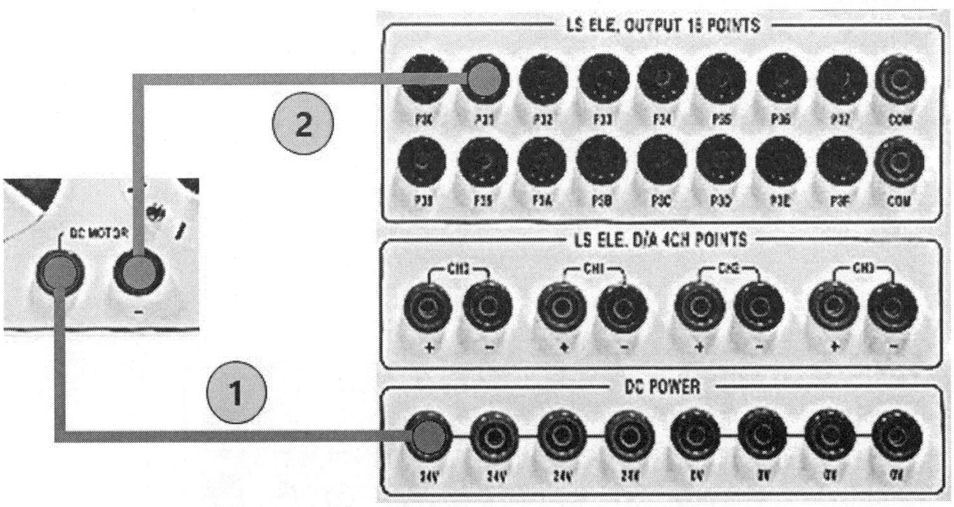

③ STEPPING MOTOR의 A 단자와 LS ELE. OUTPUT 16 POINTS의 P32 단자를 연결한다.
④ STEPPING MOTOR의 $\overline{A}$ 단자와 LS ELE. OUTPUT 16 POINTS의 P33 단자를 연결한다.
⑤ STEPPING MOTOR의 B 단자와 LS ELE. OUTPUT 16 POINTS의 P34 단자를 연결한다.
⑥ STEPPING MOTOR의 $\overline{B}$ 단자와 LS ELE. OUTPUT 16 POINTS의 P35 단자를 연결한다.
⑦ STEEPING MOTOR의 CT 단자와 DC POWER의 24V 단자를 연결한다.

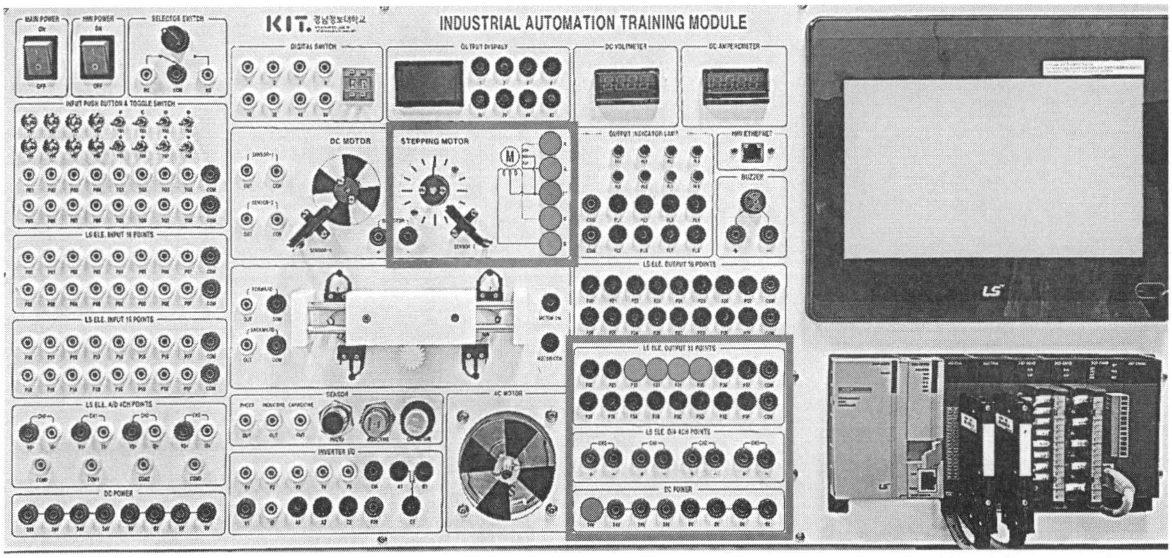

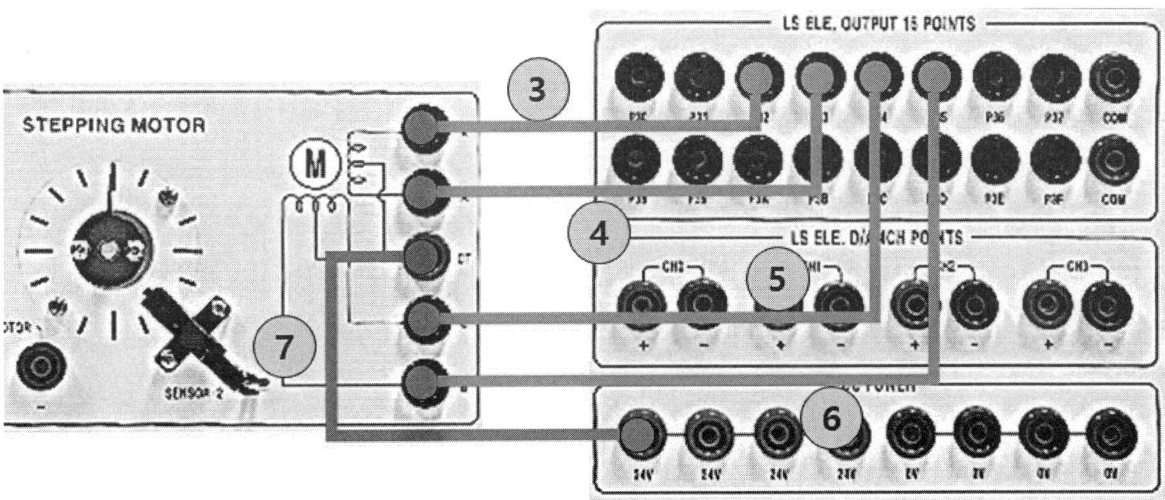

⑧ 슬라이딩 모듈의 MOTOR CW 단자와 LS ELE. OUTPUT 16 POINTS의 P36 단자를 연결한다.

⑨ 슬라이딩 모듈의 MOTOR CCW 단자와 LS ELE. OUTPUT 16 POINTS의 P37 단자를 연결한다.

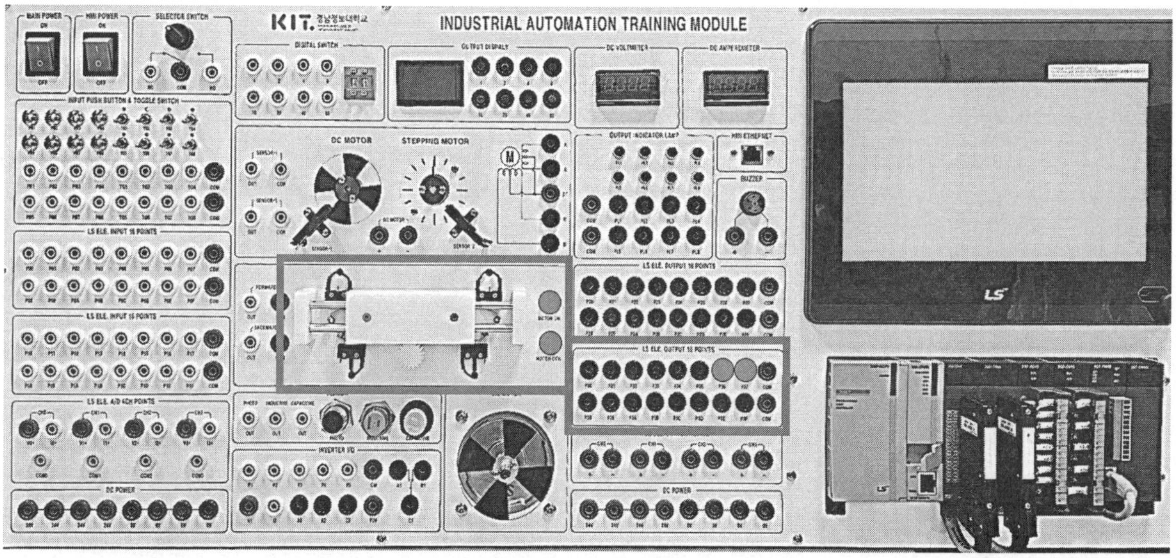

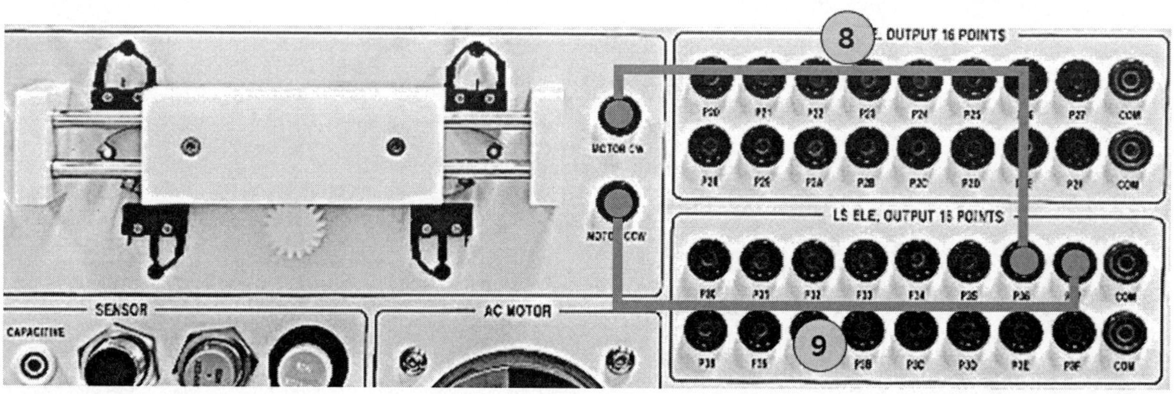

카. 공압 구성기기 배치

① A 복동 실린더와 리드 스위치를 실린더의 스트로크에 맞게 배치하고 양측 솔레노이드 밸브를 배치한다.

② B 복동 실린더와 리드 스위치를 실린더의 스트로크에 맞게 배치하고 편측 솔레노이드 밸브를 배치한다.

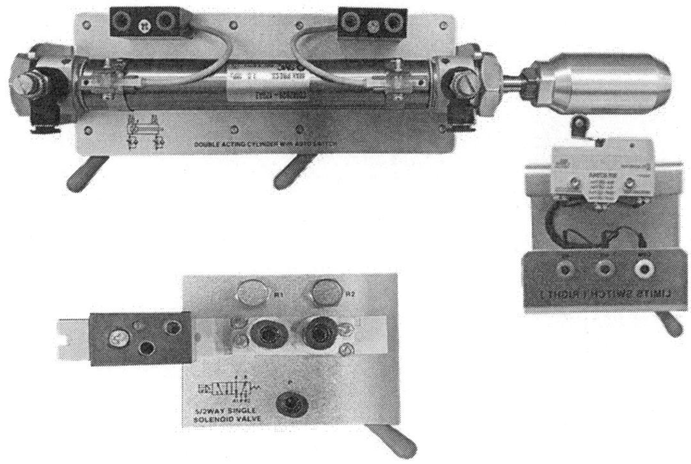

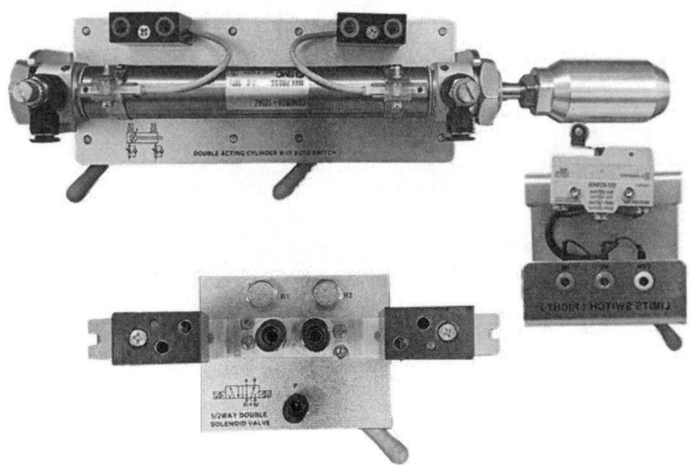

타. 실린더 공압 결선

① 공압 호스를 사용하여 공압 분배기 한 포트와 양측솔레노이드밸브 A 입력 포트를 연결한다.
② 양측솔레노이드밸브 A 출력포트와 복동 실린더 A 좌측 포트를 연결한다.
③ 양측솔레노이드밸브 A 출력포트와 복동 실린더 A 우측 포트를 연결한다.

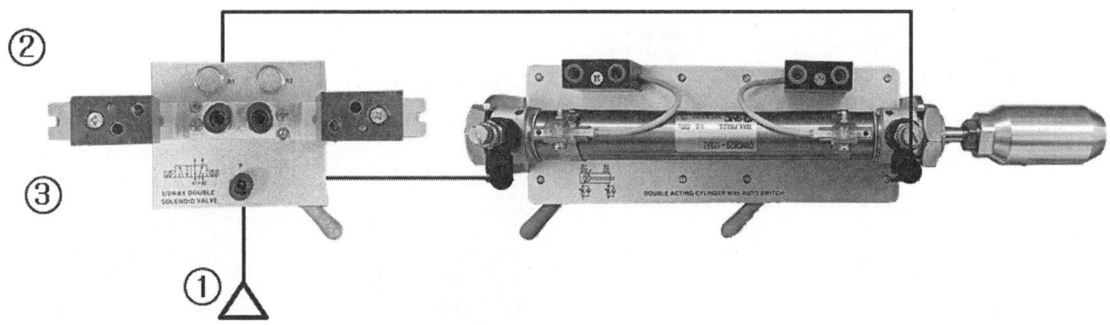

④ 공압 호스를 사용하여 공기압력분배기 포트와 편측솔레노이드밸브 입력 포트를 연결한다.
⑤ 편측솔레노이드밸브 출력 포트와 복동 실린더 좌측 포트를 연결한다.
⑥ 편측솔레노이드밸브 출력 포트와 복동 실린더 우측 포트를 연결한다.

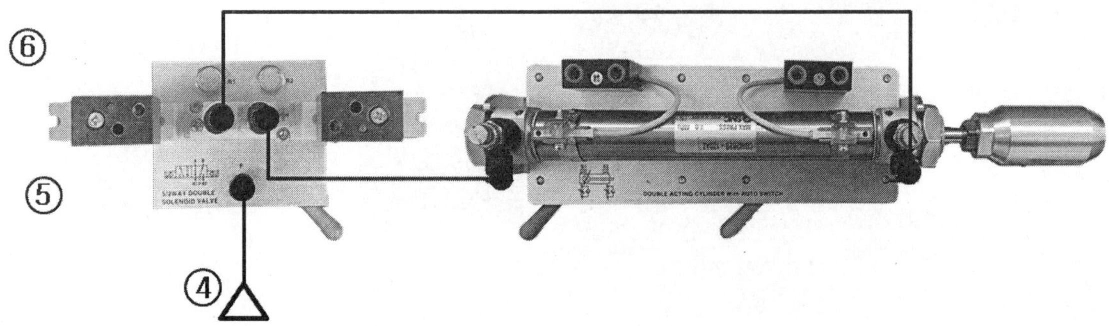

파. 솔레노이드밸브 결선

① DC POWER의 24V 단자와 양측 솔레노이드 밸브의 1 +단자를 연결한다.

② DC POWER의 24V 단자와 양측 솔레노이드 밸브의 2 + 단자를 연결한다.

③ 양측솔레노이드밸브의 1 - 단자와 LS ELE. OUTPUT 16 POINTS의 P38 단자를 연결한다.

④ 양측솔레노이드밸브의 2 - 단자와 LS ELE. OUTPUT 16 POINTS의 P39 단자를 연결한다.

⑤ 편측솔레노이드밸브의 1 - 단자와 LS ELE. OUTPUT 16 POINTS의 P40 단자를 연결한다.

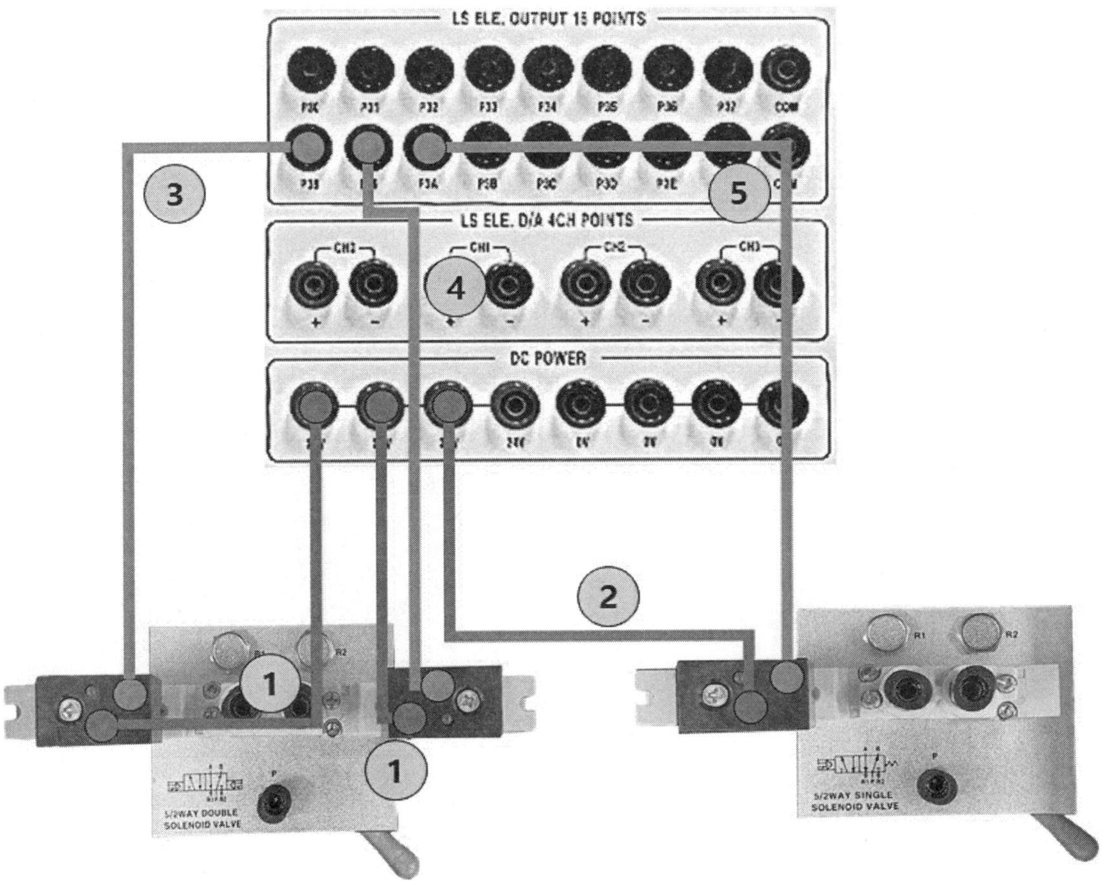

하. 리드 스위치 결선

① DC POWER의 24V 단자와 LS1~LS4의 COM 단자를 연결한다.
② LS1의 N.O. 단자와 LS ELE. INPUT 16 POINTS의 P19 단자를 연결한다.
③ LS2의 N.O. 단자와 LS ELE. INPUT 16 POINTS의 P1A 단자를 연결한다.
④ LS3의 N.O. 단자와 LS ELE. INPUT 16 POINTS의 P1B 단자를 연결한다.
⑤ LS4의 N.O. 단자와 LS ELE. INPUT 16 POINTS의 P1C 단자를 연결한다.

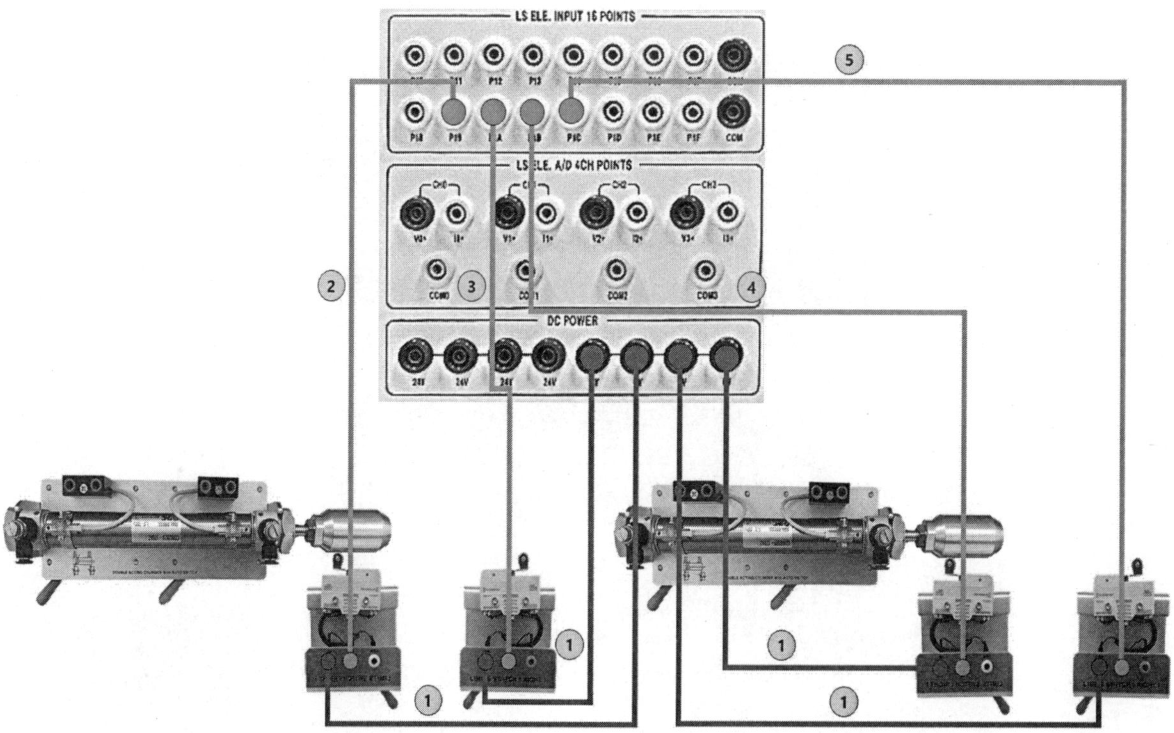

거. 인버터 결선

① DC POWER의 0V 단자와 INVERTER I/O의 CM 단자를 연결한다.
② INVERTER I/O의 P1 단자와 LS ELE. OUTPUT 16 POINTS의 P3B 단자를 연결한다.
③ INVERTER I/O의 P2 단자와 LS ELE. OUTPUT 16 POINTS의 P3C 단자를 연결한다.
④ INVERTER I/O의 P3 단자와 LS ELE. OUTPUT 16 POINTS의 P3D 단자를 연결한다.
⑤ INVERTER I/O의 P4 단자와 LS ELE. OUTPUT 16 POINTS의 P3E 단자를 연결한다.
⑥ INVERTER I/O의 P5 단자와 LS ELE. OUTPUT 16 POINTS의 P3F 단자를 연결한다.

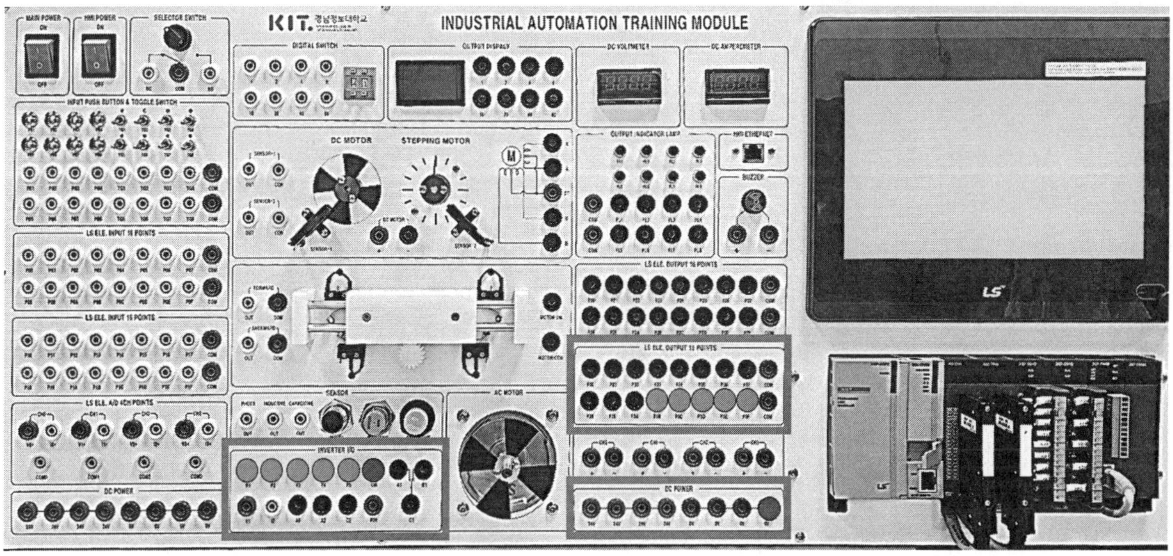

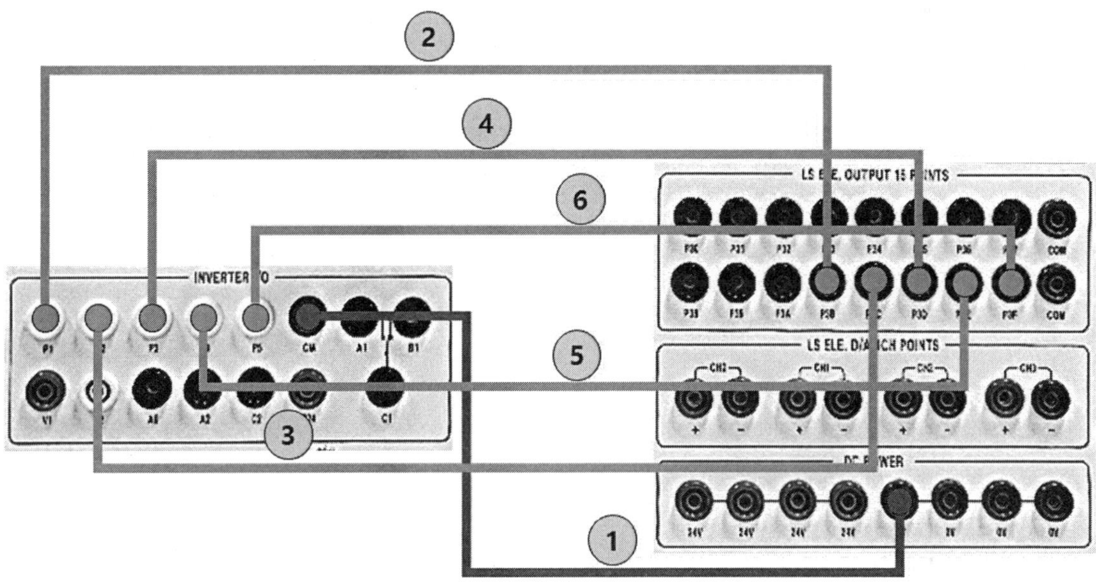

너. 아날로그/디지털 모듈 결선

① DC POWER의 0V 단자와 LS ELE. A/D 4CH. POINTS의 COM0 단자를 연결한다.

② INVERTER I/O의 A0 단자와 LS ELE. A/D 4CH. POINTS의 CH0 V0+ 단자를 연결한다.

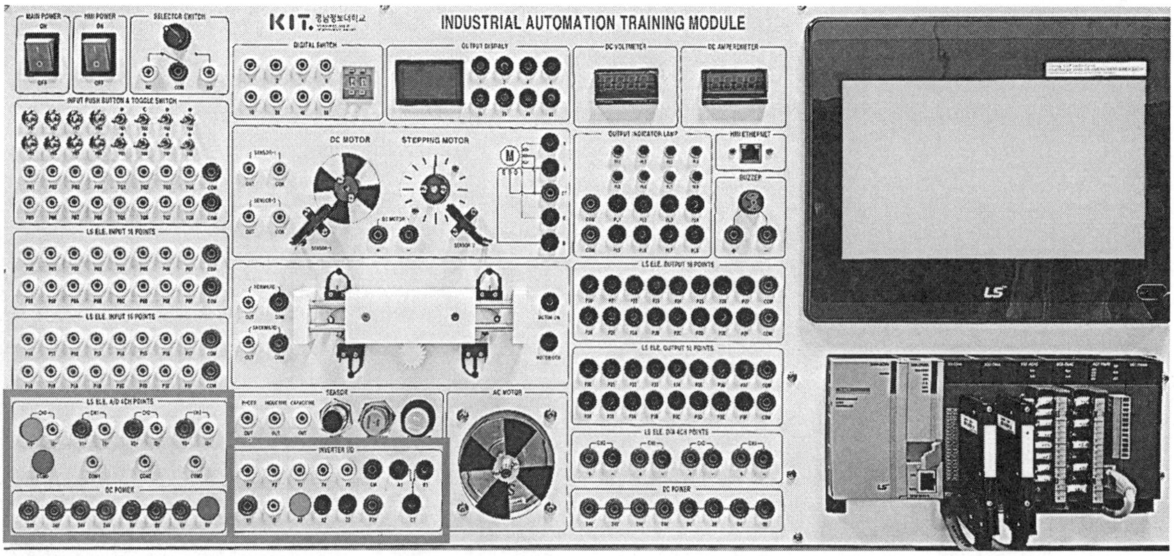

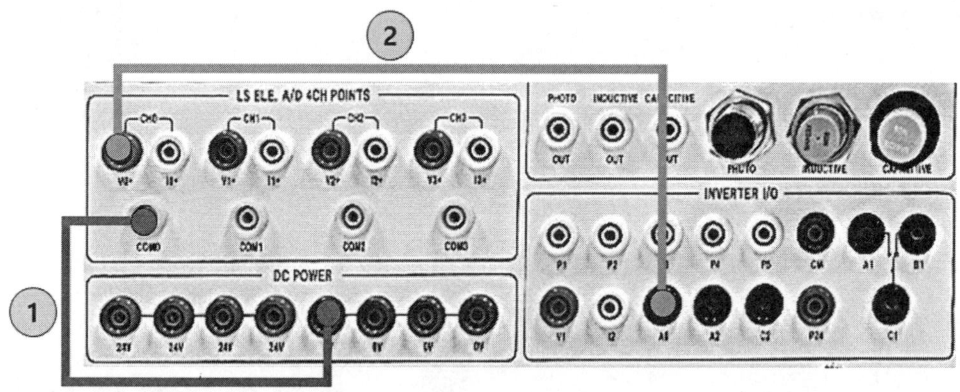

③ DC POWER의 0V 단자와 LS ELE. D/A 4CH POINTS의 CH0 (-) 단자와 연결한다.
④ DC POWER의 0V 단자와 LS ELE. D/A 4CH POINTS의 CH1 (-) 단자와 연결한다.
⑤ INVERTER I/O의 V1 단자와 LS ELE. D/A 4CH POINTS의 CH0 (+) 단지외 연결한다.
⑥ INVERTER I/O의 I2 단자와 LS ELE. D/A 4CH POINTS의 CH1 (+) 단자와 연결한다.

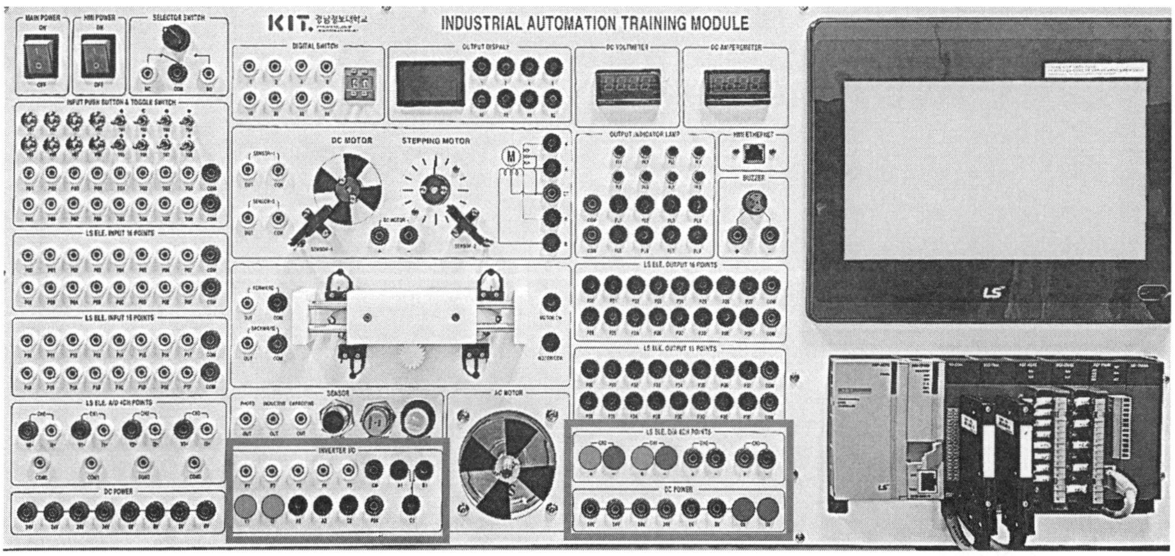

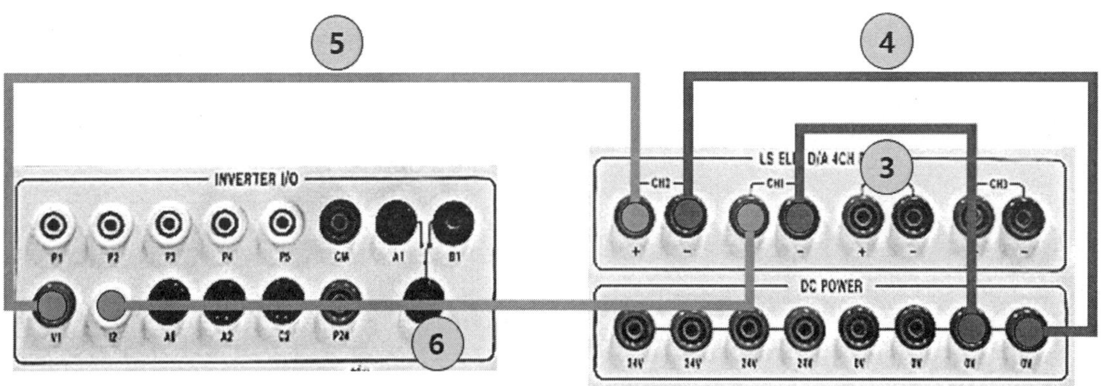

6. 프로그램 설치하기

가. XG5000 설치하기

- 실습 PC에 프로그램이 설치된 경우에는 재설치할 필요가 없으며, 프로그램 오류 또는 초기화 시 설치한다. 아래 경로를 인터넷에 입력하여 설치파일을 다운로드한다.

https://sol.ls-electric.com/kr/ko/product/document/2201

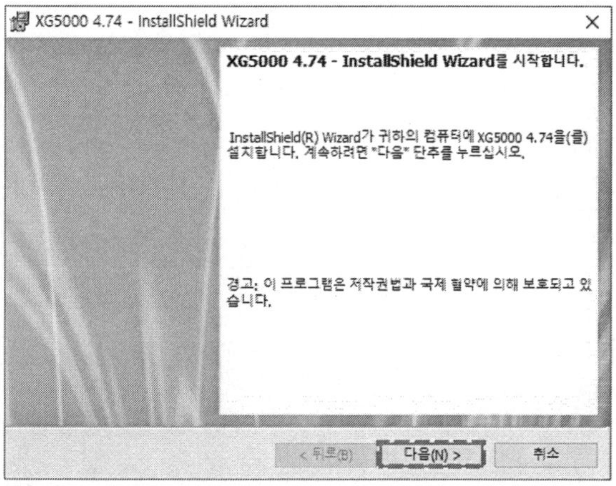

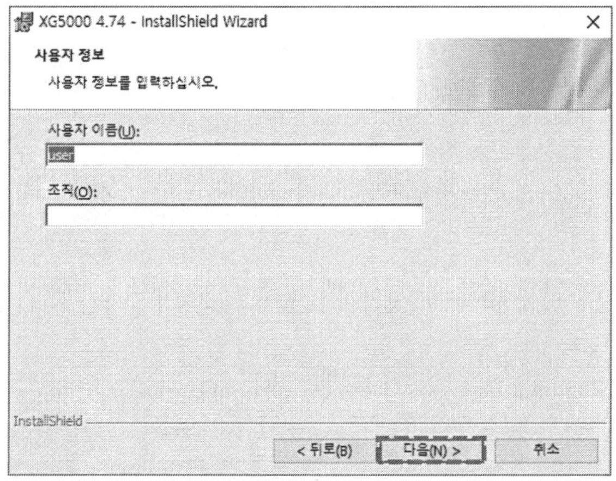

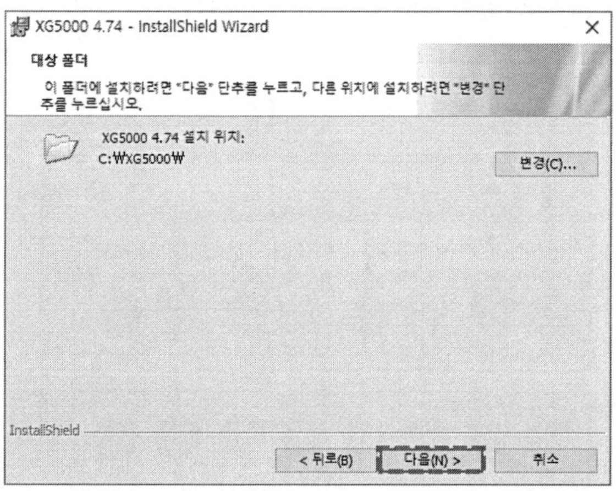

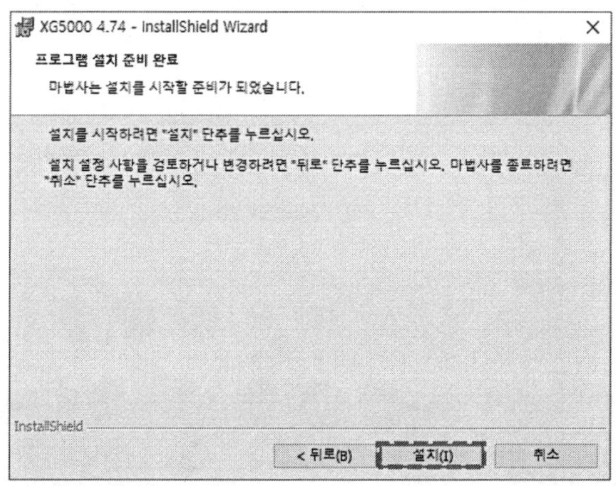

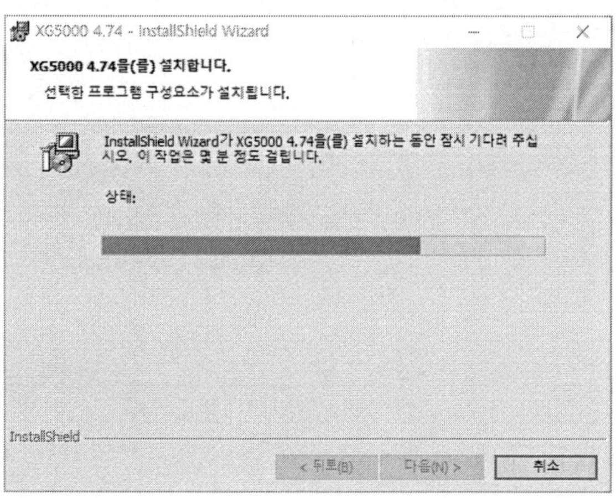

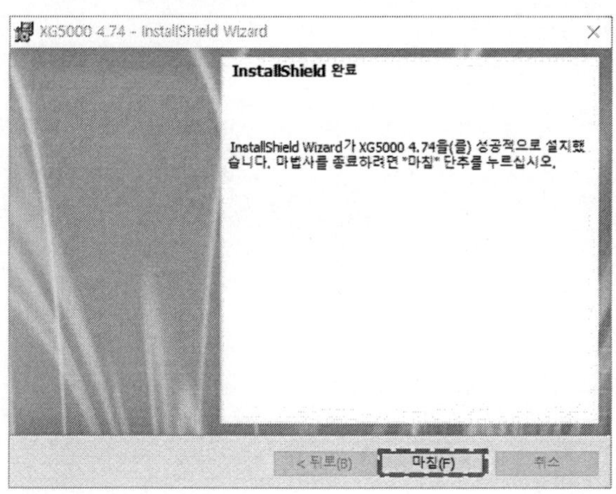

나. XP-Builder 설치하기

- 실습 PC에 프로그램이 설치된 경우에는 재설치할 필요가 없으며, 프로그램 오류 또는 초기화 시 설치한다. 아래 경로를 인터넷에 입력하여 설치파일을 다운로드한다.

https://sol.ls-electric.com/kr/ko/product/document/2204

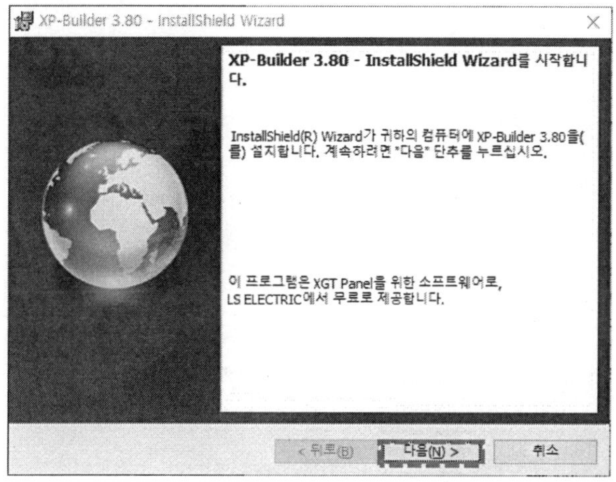

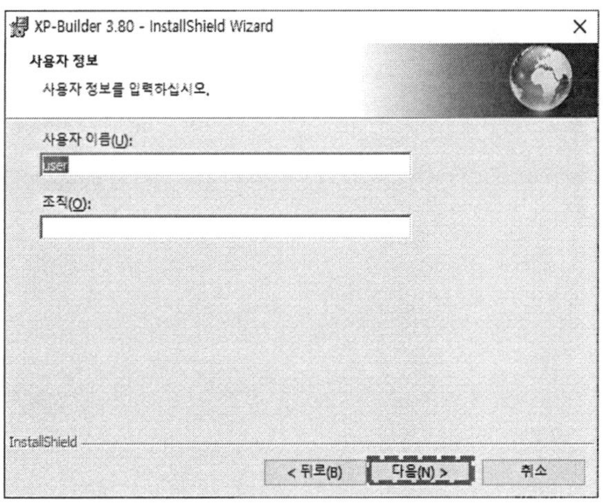

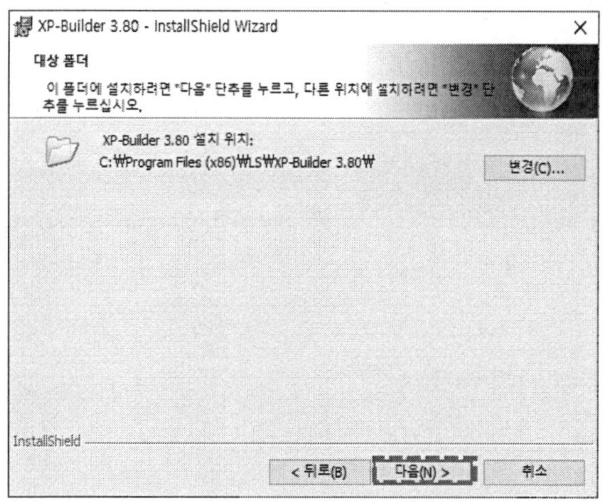

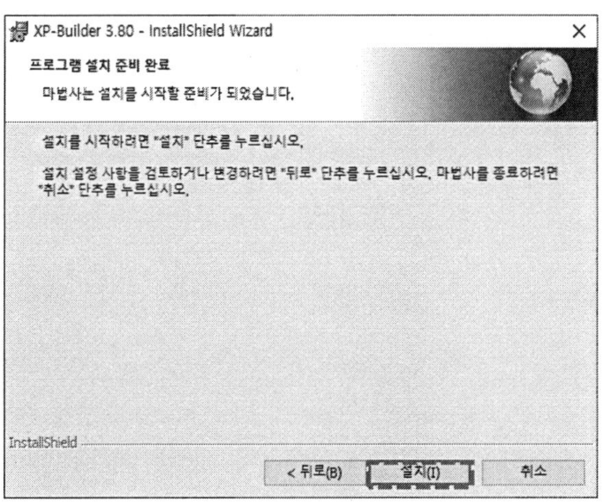

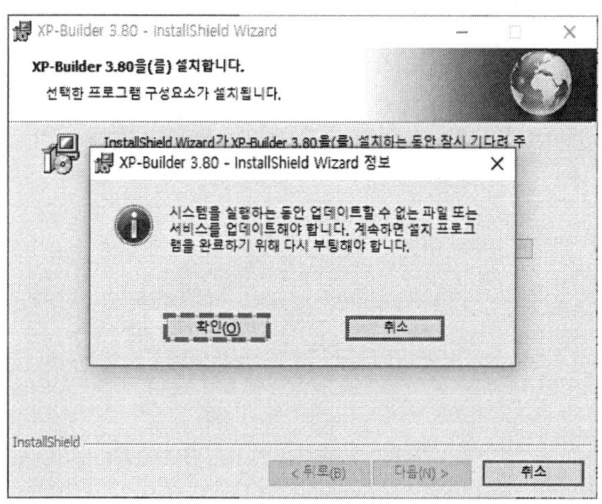

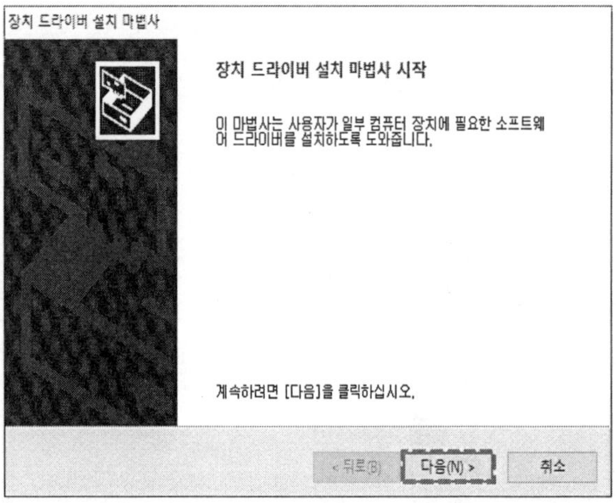
장치 드라이버 설치 마법사
장치 드라이버 설치 마법사 시작
이 마법사는 사용자가 일부 컴퓨터 장치에 필요한 소프트웨어 드라이버를 설치하도록 도와줍니다.
계속하려면 [다음]을 클릭하십시오.
< 뒤로(B)
다음(N) >
취소

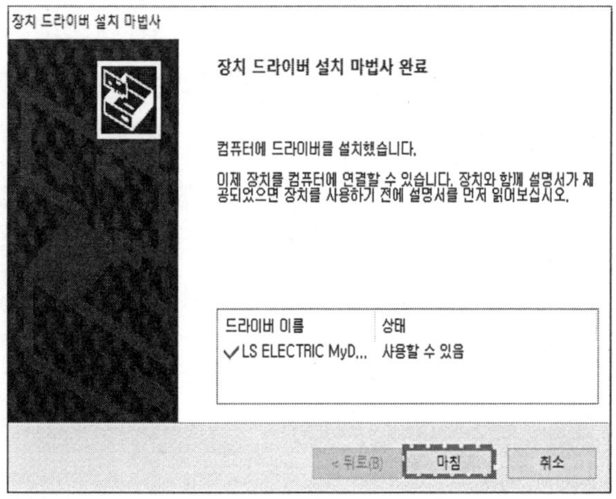
장치 드라이버 설치 마법사
장치 드라이버 설치 마법사 완료
컴퓨터에 드라이버를 설치했습니다.
이제 장치를 컴퓨터에 연결할 수 있습니다. 장치와 함께 설명서가 제공되었으면 장치를 사용하기 전에 설명서를 먼저 읽어보십시오.
드라이버 이름
상태
LS ELECTRIC MyD...
사용할 수 있음
< 뒤로(B)
마침
취소

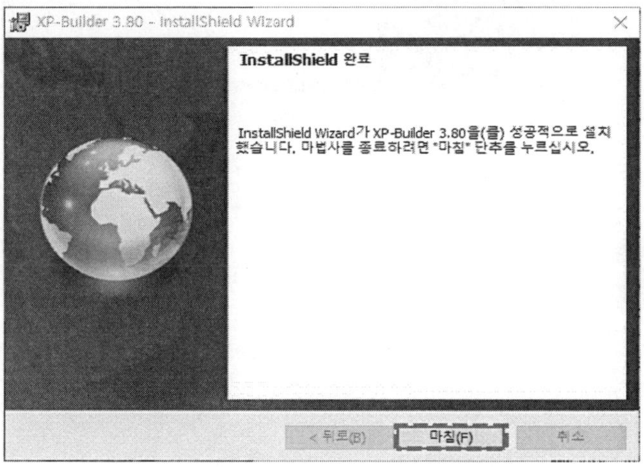
XP-Builder 3.80 - InstallShield Wizard
InstallShield 완료
InstallShield Wizard가 XP-Builder 3.80을(를) 성공적으로 설치했습니다. 마법사를 종료하려면 "마침" 단추를 누르십시오.
< 뒤로(B)
마침(F)
취소

XP-Builder 3.80 - InstallShield Wizard 정보
변경된 구성 설정을 XP-Builder 3.80에 적용하려면 시스템을 다시 시작해야 합니다. 지금 다시 시작하려면 "예"를 누르고, 나중에 수동으로 다시 시작하려면 "아니오"를 누르십시오.
예(Y)
아니오(N)

Chap2. PLC 제어 개요

1. PLC 개요

가. PLC의 정의 및 적용분야

1) PLC의 정의

PLC(Programmable Logic Controller)란, 종래에 사용하던 제어반 내의 릴레이, 타이머, 카운터 등의 기능을 반도체 소자로 대체시켜, 기본적인 시퀀스 제어 기능에 수치 연산 기능을 추가하여 프로그램 제어가 가능하도록 한 자율성이 높은 제어장치이다.

2) PLC의 탄생배경

1967 미국 자동차 업체인 GM에서 생산 기종 변경 시 자동차 제조 라인의 배선교체 작업을 간단히 하고 교체 비용과 시간 등을 절약하기 위하여 새로운 제어 기기의 조건을 제시하여 탄생한 기기가 PLC이다. 당시에 10가지 조건을 제시하고 이에 가장 부합되는 기기를 만들어 줄 것을 주문하였는데 이 조건이 다음에 기술한 GM의 10가지 조건이다.

① 프로그램이 가능하고 프로그램의 작성과 변경이 용이할 것
② 열악한 산업 환경에서도 작동 가능할 것
③ 입력은 AC 120V 신호 입력이 가능할 것
④ 출력은 액추에이터를 직접 구동 가능할 것
⑤ 경제성이 있을 것
⑥ 확장성이 용이할 것
⑦ 소형화가 가능 할 것
⑧ 신뢰성 및 유지 및 보수가 용이할 것
⑨ 통신이 가능 할 것
⑩ 4K 스텝 이상의 프로그램이 가능한 메모리를 가질 것

3) PLC의 적용 분야

설비의 자동화와 고 능률화의 요구에 따라 PLC의 적용 범위는 확대되고 있다. 특히 공장 자동화와 FMS(Flexible Manufacturing System)에 따른 PLC의 요구는 과거 중규모 이상의 릴레이 제어반 대체 효과에서 현재 고기능화, 고속화의 추세로 소규모 공작기계에서 대규모 시스템 설비에 이르기까지 적용되고 있다.

분야	제어대상
식료 산업	컨베이어 총괄 제어, 생산라인 자동제어
제철, 제강산업	작업장 하역 제어, 원료 수송 제어, 압연 라인 제어
섬유, 화학공업	원료 수입 출하제어, 직조 염색 라인 제어
자동차 산업	전송라인 제어, 자동 조립 라인 제어, 도장 라인 제어
기계산업	산업용 로봇제어, 공작기계 제어, 송 · 배수펌프 제어
물류 산업	자동 창고 제어, 하역 설비제어, 반송라인 제어

나. PLC의 구조

1) 하드웨어 구조

PLC는 마이크로프로세서(microprocessor) 및 메모리를 중심으로 구성되어 인간의 두뇌 역할을 하는 중앙처리장치(CPU), 외부 기기와의 신호를 연결시켜 주는 입·출력부, 각 부에 전원을 공급하는 전원부, PLC 내의 메모리에 프로그램을 기록하는 주변장치로 구성되어 있다.

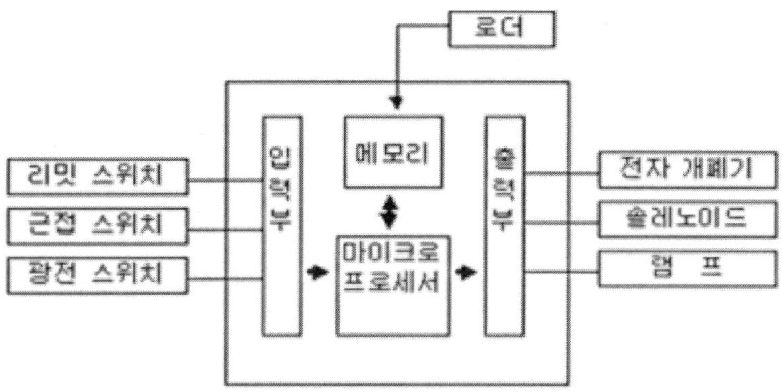

▷ PLC의 연산부

PLC의 두뇌에 해당하는 부분으로서 메모리에 저장되는 프로그램을 해독하여 실행한다. CPU는 매우 빠른 속도로 반복 실행되며, 모든 정보는 2진수로 처리된다.

▷ PLC의 입력부

외부 기기로부터의 신호를 CPU의 연산부로 전달해주는 역할을 한다. 입력의 종류로는 DC2 24V, AC 100~240V 등이 있고, 그 밖의 특수 입력 모듈로는 아날로그 입력(A/D)모듈, 고속 카운터(High Speed Counter) 모듈 등이 있다.

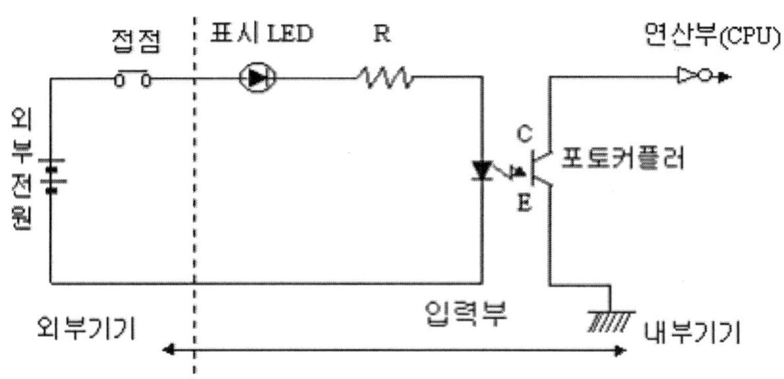

▷ PLC의 출력부

내부 연산의 결과를 외부에 접속된 전자 접촉기나 솔레노이드에 전달하여 구동시키는 부분이다. 출력의 종류에는 릴레이 출력, 트렌지스터 출력, SSR 출력 등이 있고, 그 밖의 출력 모듈로는 아날로그 출력(D/A) 모듈, 위치 결정 모듈 등이 있다.

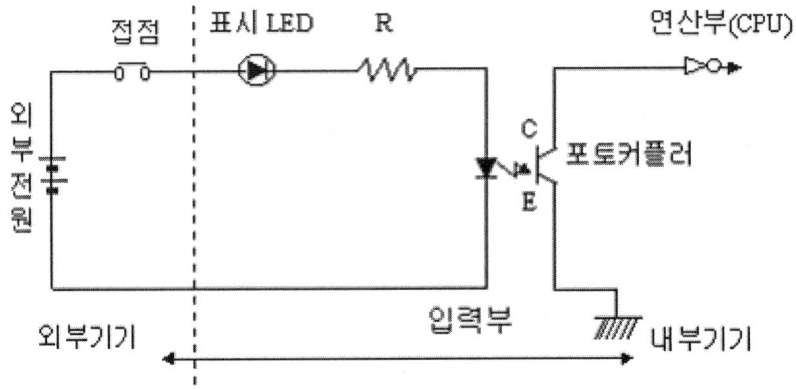

2) 릴레이 시퀀스와 PLC 프로그램

PLC는 전자 부품의 집합으로 릴레이 시퀀스와 같은 접점이나 코일은 존재하지 않으며, 접점이나 코일을 연결하는 동작은 소프트웨어로 처리되므로 실제로 눈에 보이는 것이 아니다.

또, 동작도 코일 접점이 닫혀 회로가 활성화되는 릴레이 시퀀스와는 달리 메모리에 프로그램을 기억시켜 놓고 순차적으로 내용을 읽어서 그 내용에 따라 동작하는 방식이다.

PLC 제어는 프로그램의 내용에 의하여 좌우된다. 따라서 사용자는 자유자재로 원하는 제어를 할 수 있도록 프로그램의 작성 능력이 요구된다.

PLC는 아래 그림에서 보는 바와 같이 맨 위 좌측의 명령어부터 우측으로, 그리고 다시 아래 방향으로 한 명령어 씩 실행하게 된다. 이러한 방법으로 모든 명령어를 실행하고 나면 맨 마지막으로 END 명령을 만나게 된다. END 명령은 자기진단기능, 타이머, 카운터 처리, 통신, 입출력 리프레쉬를 하고서 프로그램 실행 순서를 맨 처음으로 되돌려 주는 역할을 한다. 따라서 프로그램 시작 부분으로 되돌아가면서 동일한 방법으로 반복해서 프로그램을 연속하여 실행하게 된다.

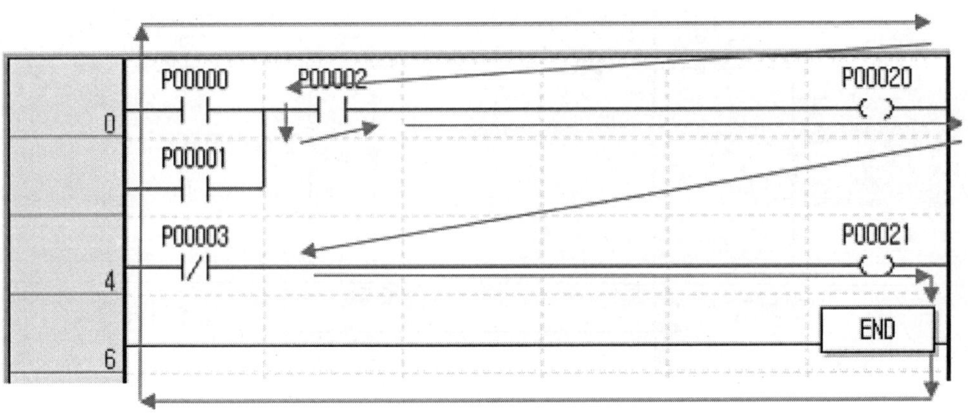

2. XGK 개요

가. CPU 표시 사양과 명칭

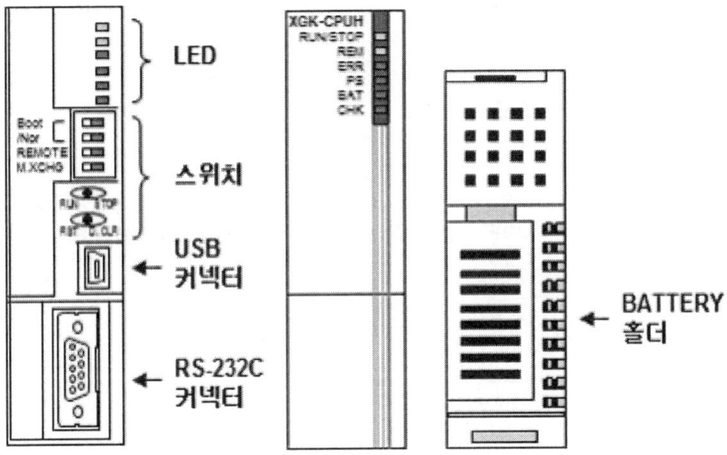

No.	명 칭	용 도
①-a	RUN/STOP LED	CPU 모듈의 동작 상태를 나타냅니다. • 녹색 점등: 'RUN' 모드 상태로 운전 중 을 표시 ▶ RUN/STOP 모드 스위치에 의해 'RUN' 운전 중 ▶ RUN/STOP 모드 스위치가 'STOP' 인 상태에서 '리모트 RUN' 운전 중 • 녹색 점멸: RUN 운전 중에 경고 또는 에러 표시 • 적색점등: 'STOP' 모드 상태로 운전 중을 표시 ▶ RUN/STOP 모드 스위치에 의해 'STOP' 운전 중 ▶ 모드 스위치가 'STOP' 인 상태에서 리모트 'STOP' 운전 중 • 적색점멸: 'STOP' 운전 중에 경고 또는 에러 표시 ▶ 운전을 정지하는 에러를 검출한 경우
①-b	REM LED	• 점등(황색): 리모트 허용 상태임을 표시 ▶ 'REMOTE' 스위치가 'On' 인 경우 • 소등: 리모트 금지 상태임을 표시 ▶ 'REMOTE' 스위치가 'Off' 인 경우
①-c	ERR LED	• 점등(적색): 운전이 불가한 에러가 발생한 경우를 표시 • 소등: 이상 없음을 표시
①-d	PS LED (Programmable Status)	• 점등(적색): ▶ '사용자 지정 플래그' 가 'On' 인 경우 ▶ '에러시 운전 속행' 설정으로 에러 상태에서 운전 중인 경우 ▶ 'M.XCHG' 스위치가 'On' 인 상태에서 모듈을 빼거나 다른 모듈을 장착한 경우 • 소등: 이상 없음을 표시
①-e	BAT LED	• 점등(적색): 배터리 전압이 저하된 경우 • 소등: 배터리 이상 없음

나. XGK PLC 입출력 모듈

8) 디지털 입력 모듈 종류

XGT PLC에 사용하는 입력 모듈의 종류는 DC24V 입력과 AC110/220V용 입력과 특수 모듈용 입력으로 나뉜다. 입력 모듈 종류에 대한 형명을 지정하는 기준은 아래와 같다.

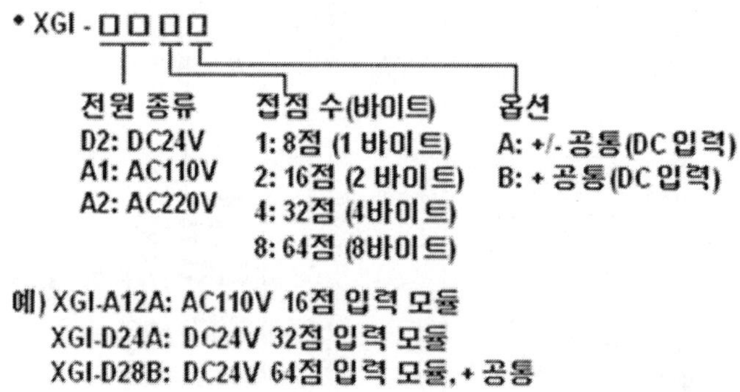

9) 출력 모듈 종류

출력 모듈은 릴레이 출력, 트렌지스터 출력, SSR 출력 등 출력 모듈에 사용되는 접점의 형태에 따라서 구분된다. 출력 모듈에 따라서 사용되는 전류의 용량과 사용 전압이 결정되므로 사용시 주의가 필요하다. 출력 모듈 종류에 대한 형명을 지정하는 기준은 아래와 같다.

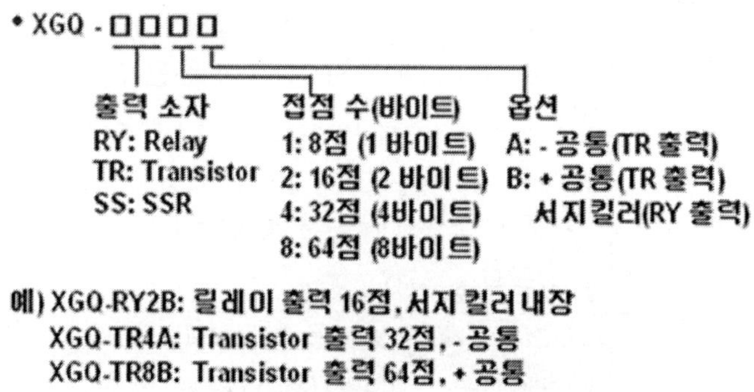

10) 특수 모듈 종류

특수 모듈은 디지털 입·출력 모듈과는 다르게 각각의 모듈마다 마이크로프로세서를 내장하여 CPU 모듈과는 별도로 각 모듈에 맞는 특수기능을 독자적으로 수행한다. 특수 모듈의 종류로는 A/D, D/A, 고속 카운터, 위치결정 모듈, 통신 모듈 등 여러 종류가 있다. 현장의 특수 상황에 따라서 특수 모듈을 선택하여 사용할 수 있다. 단, XGK 시리즈는 별도의 PID 특수 모듈 없이 CPU에 PID 기능이 내장되어 있다.

다. 입출력 메모리 할당

PLC 프로그램 작성, 외부 입출력 결선 및 유지보수에 있어서 PLC 외부 단자대와 PLC 메모리와 대응 관계를 정확히 이해해야 한다. 예를 들어, 아래의 경우, PLC 외부 접점과 메모리와의 정확한 대응 관계를 이해하지 못하면 프로그램의 작성 및 이해가 불가능해지기 때문이다.

1) PLC 외부 입 · 출력 (P)

외부 입출력 번호의 할당은 첨자 (Device 이름) P로 표현하며 형식은 아래와 같다.

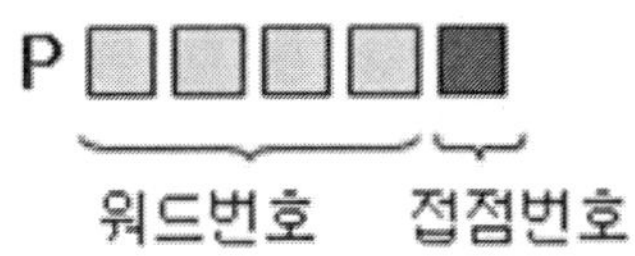

Word 번호: 10진수
접점번호: 16진수 (0~F)

▷ 입출력 메모리 할당

고정식/ 가변식 메모리 할당 방식에 따라 입출력 메모리 할당은 달라진다. 가변식의 경우 입출력 모듈의 점수에 따라 메모리 할당이 달라진다. 예를 들어 32점 모듈의 경우 16점 모듈 2개에 해당하는 접점이 한 슬롯에 설치된 것으로 보면 된다. 아래 그림은 가변식 할당방법에 따른 입출력 메모리 할당의 예시이며, 가변식 메모리 할당은 모듈에 따라 할당되는 P 영역이 다르다.

① 입 · 출력 모듈 : 실제 입출력 모듈 접점만큼 할당이 된다.
② 특수 모듈 : 아날로그 입력(A/D, D/A), 위치결정, 모션 제어 모듈은 16점이 할당된다.
③ 통신모듈 : Cnet, Dnet, Enet (오픈형, 전용), Rnet, Pnet은 16점이 할당된다.

슬롯번호:		0	1	2	3	4	5	6	7
전원	CPU	P0000 ~ P000F	P0010 ~ P002F	P0030 ~ P003F	P0040 ~ P004F	P0050 ~ P005F	P0060 ~ P007F	P0080 ~ P008F	P0090 ~ P009F
		입력	입력	출력	통신	출력	출력	A/D	XPM

고정식으로 할당되는 경우는 각 슬롯마다 64점씩 할당되며 예시는 아래 그림과 같다.

슬롯번호:		0	1	2	3	4	5	6	7
전원	CPU	P0000 ~ P003F	P0040 ~ P007F	P0080 ~ P011F	P0120 ~ P015F	P0160 ~ P019F	P0200 ~ P023F	P0240 ~ P027F	P0280 ~ P031F
		입력	입력	출력	통신	출력	출력	A/D	XPM
메모리 할당(점)		64	64	64	64	64	64	64	64

2) 입 · 출력 영역 (P)

입 · 출력 P는 외부 기기와 대응되는 영역으로서 입력기기로 사용되는 푸시 버튼 스위치, 전환 스위치, 리미트 스위치, 디지털 센서 등의 신호를 받아들이는 입력부와 출력 기기로 사용되는 솔레노이드, 모터, 램프, 부저 등에 연산 결과를 전달하는 출력부로 이루어진 영역이다. 입력부 P에 대해서는 PLC 내부의 메모리에 입력 상태가 보존되므로 a, b 접점 사용이 가능하고 출력부 P 역시 a, b 접점의 출력이 모두 가능하다. P 영역 중 입 · 출력으로 사용되지 않는 부분은 보조 릴레이 M과 동일하게 사용할 수 있다. 명령어에 따라 워드 단위로 사용가능하다.

다음 그림은 입출력 회로의 구성의 예를 보여준다.

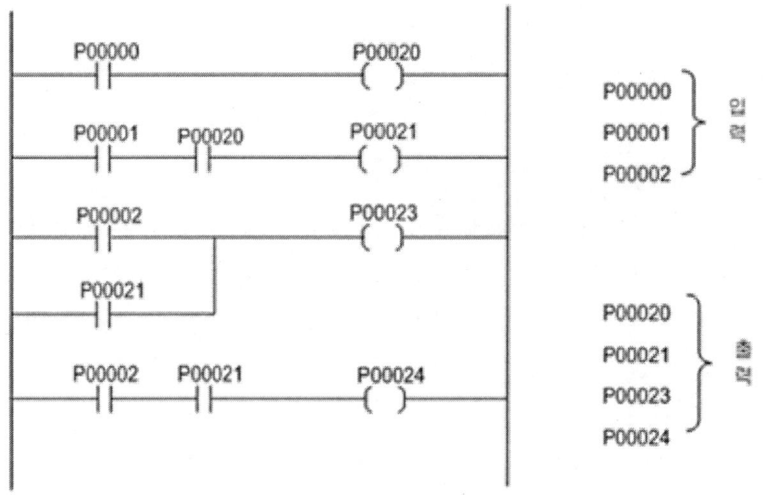

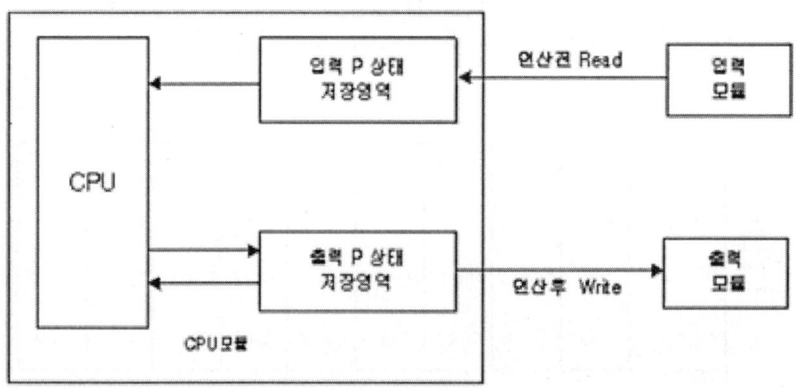

위 그림과 같이 P 영역은 입 · 출력 모듈의 각 접점 하나하나에 대해서 1:1로 대응되는 영역이 있어서, PLC가 스캔 중(연산 중)일 때는 입 · 출력 모듈의 접점 상태와는 관계없이 CPU 내부 메모리(P 영역) 상태를 가지고 연산을 하고, 연산이 끝난 후 출력 접점에 대응되는 내부 메모리 P 영역의 내용을 출력 모듈에 일괄 출력하고, 다음번 연산을 위하여 입력 모듈의 접점 상태를 입력 접점에 대응되는 내부 메모리 P 영역에 저장한다. 입력, 출력의 접점 상태는 구분 없이 모두 P 영역에 할당되므로 프로그래밍 시 입력 P 영역과 출력 P 영역의 혼동에 따른 오류가 없도록 주의한다.

라. 내부 메모리 할당

PLC 외부 입출력에 관계되지 않는, 즉 P 영역을 제외한 모든 메모리 영역을 내부 메모리라고 한다. ON/OFF, Data 등이 외부 입력이나 출력에 직접적으로 의존하지 않고, 오로지 PLC 기동 시 내부에서만 연산이 이루어지는 메모리를 통칭한다. 특히, 접점(Bit)영역으로 사용될 때 릴레이 시퀀스의 보조 릴레이와 동작이 유사하여 보조 접점 혹은 보조 릴레이라고 한다.

1) 내부 메모리 종류

▷ 보조 릴레이 M

PLC 내부 릴레이로서 외부로 직접 출력은 불가능하지만, 입・출력 릴레이와 연결하면 외부 출력이 가능하다. 프로그램 연산 중 내부 정보를 가공할 때 정보를 전달해주는 용도로 사용된다. a, b 접점의 사용이 가능하며, 식별자로서 M의 기호를 사용한다.

▷ 정전 유지 릴레이 K (불휘발성 영역)

보조 릴레이와 사용 용도는 동일하나 PLC 정전 시 정전 이전의 Data를 보존하여 정전 복구 시 Data가 복구된다. (파라미터 설정과 관계없이 배터리 백업)

▷ 특수 릴레이 F

보조 릴레이 M 과 사용 용도는 동일하나 전원 On 시나 RUN 시에는 그전의 데이터를 보존하는 래치 영역으로 기본 파라미터의 래치 영역 1 로 설정한 영역과 같은 동작을 한다. a, b 접점의 사용이 가능하다. 아래와 같은 3가지의 경우에만 데이터가 0으로 지워진다.

- 프로그램을 작성하여 실행
- XG5000 의 PLC 지우기 메뉴 중 메모리 지우기 기능 실행
- CPU 모듈의 리셋 키조작 또는 XG5000 을 통한 Overall 리셋

▷ Data Register D

내부 데이터를 보관하는 곳으로 16비트, 32비트로 읽고 쓰기가 가능할 뿐만 아니라, 비트 표현을 이용하여 한 비트씩 읽고 쓰기도 가능하다. 32 비트 경우에는 (지정된 번호)가 하위 16비트, (지정한 번호+ 1)이 상위 16비트 처리된다. 데이터 레지스터의 비트 표현방법은 "지정된 번호. 지정된 비트"의 형식으로 사용한다. 이때 지정된 비트의 표현은 16진수로 한다. 전원 On 시와 RUN 시작 시에는 파라미터로 지정한 불휘발성 영역을 제외한 부분을 0으로 소거하고 불휘발성 영역은 이전상태를 그대로 유지한다.

(예) 데이터 레지스터 D의 비트 표현

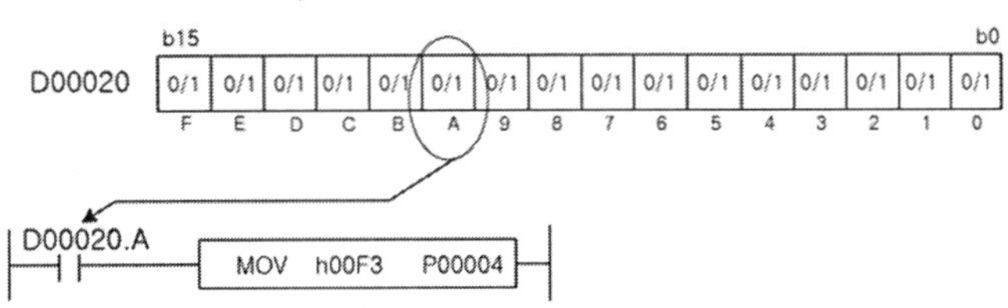

(예) 32비트 명령 사용 시 D10을 지정한 경우

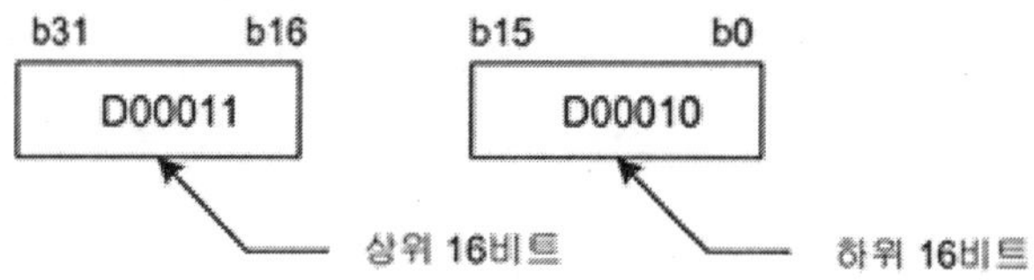

▷ **타이머 T**

시간을 제어하는 용도로 사용되며 타이머 일치 접점과 설정 시간 지난 시간을 저장하는 별도의 영역으로 구성된다.

기본주기 0.1ms(XGB는 지원 안함), 1ms, 10ms, 100ms의 4종류가 있으며 5종의 명령어(TON, TOFF, TMR, TMON, TRTG)에 따라 계수 방법이 각각 다르게 된다.

▷ **카운터 C**

수를 세는 용도로 사용되며 카운터 일치 접점과 설정값 현재값을 저장하는 별도의 영역으로 구성된다.

입력 조건의 Rising Edge (Off→On)에서 카운트하며 Reset 입력에서 카운터의 동작을 중지하고 현재치를 0으로 소거하거나 설정치로 대체한다. 4 종의 명령어 (CTU, CTD, CTUD, CTR)에 따라 각 계수 방법이 다르고 최대 설정치는 hFFFF 까지 가능하다.

▷ **링크 릴레이 L**

통신 모듈 장착 시 해당 통신 모듈의 정보, 서비스 정보, 플래그 정보를 제공하는 영역으로 통신 모듈 전용 플래그 영역이다. 래치 영역 1의 동작 특성과 동일하게 데이터를 유지한다. 통신 모듈을 사용하지 않을 때는 보조 릴레이 M과 동일하게 사용할 수 있다.

▷ **스텝 제어 릴레이 S**

스텝 제어용 릴레이로 명령어 (OUT, SET) 사용에 따라서 후입 우선, 순차 제어로 구분된다. 전원 On 시와 RUN 시작 시에 파라미터로 지정한 영역 이외는 첫 단계인 0으로 초기화된다.

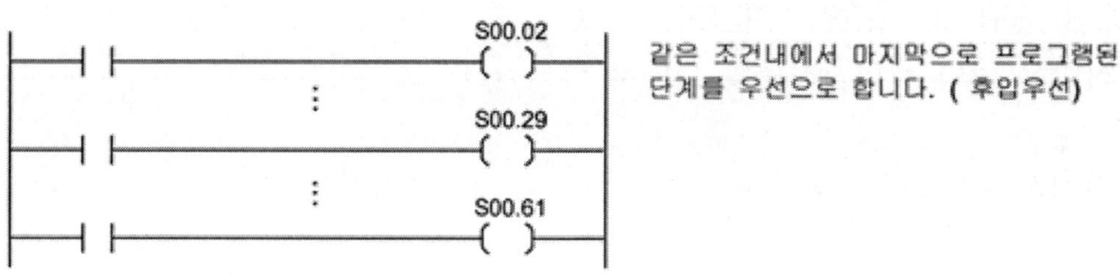

2) 디바이스의 구분

▷ 비트(Bit) 디바이스

- LOAD나 OUT과 같은 기본 명령에 사용할 때, "."없이 비트 표현이 가능한 디바이스
- P, M, K, F, T(비트 접점), C(비트 접점), L, S
- 비트 디바이스에 인덱스 기능을 사용하면 비트의 위치에 인덱스 레지스터의 값을 더한 비트를 가리키게 된다. 단, 비트 디바이스를 응용 명령에서 사용했고, 그 명령어의 오퍼랜드가 워드 데이터일 경우에는 워드로 계산된다.

(예) LOAD P00001[Z1] → Z1=8이면, LOAD P(1+8) = LOAD P00009

(예) MOV P00001[Z1] D00010 → Z1=8이면, MOV P00009 D00010

▷ 워드 (Word) 디바이스

- 디바이스의 기본 표현이 워드 단위로 되는 디바이스
- 디바이스의 번호는 원하는 비트 위치를 결정하고자 하는 경우 "."을 사용

(예) D10의 BIT4의 표현은 D10.4가 된다.

- D, R, U, T(현재값 영역), C(현재값 영역), Z
- 인덱스 기능 사용시 워드 단위의 인덱싱을 한다. 또한, 워드 디바이스의 비트 표현을 한 오퍼랜드에 인덱스를 사용했을 경우 역시 워드 단위로 인덱싱을 한다. 예를 들어, D10.4인 오퍼랜드에 Z10을 사용하고자 할 경우, D10[Z10].4와 같이 표기하고 의미는 D(10+Z10의 값).4와 같다.

3) 내부 메모리의 구조

▷ Bit(접점) 영역 (P, M, L, K, F 영역)

워드	비트															
M00	M0F	M0E	M0D	M0C	M0B	M0A	M09	M08	M07	M06	M05	M04	M03	M02	M01	M00
M01	M1F	M1E	M1D	M1C	M1B	M1A	M19	M18	M17	M16	M15	M14	M13	M12	M11	M10
......	......															
M09	M9F	M9E	M9D	M9C	M9B	M9A	M99	M98	M97	M96	M95	M94	M93	M92	M91	M90
M10	M10F	M10E	M10D	M10C	M10B	M10A	M109	M108	M107	M106	M105	M104	M103	M102	M101	M100
......	......															

▷ Word 영역

워드	비트															
D00	F	E	D	C	B	A	9	8	7	6	5	4	3	2	1	0
D01	F	E	D	C	B	A	9	8	7	6	5	4	3	2	1	0
......	......															
D09	F	E	D	C	B	A	9	8	7	6	5	4	3	2	1	0
D10	F	E	D	C	B	A	9	8	7	6	5	4	3	2	1	0
......	......															

마. 데이터 래치

▷ 데이터 래치 영역 설정

운전에 필요한 데이터 또는 운전 중 발생한 데이터를 PLC가 정지 후 재기동하였을 때도 계속 유지시켜서 사용할 때 데이터 래치를 사용하며, 일부 데이터 디바이스의 일정 영역을 파라미터 설정에 의해서 래치 영역으로 사용할 수 있다.

디바이스	1차 래치	2차 래치	특 성
P	X	X	입출력 접점의 상태를 저장하는 이미지영역
M	O	O	내부 접점 영역
K	X	X	정전 시 접점 상태가 유지되는 접점
F	X	X	시스템 플래그 영역
T	O	O	타이머 관련 영역 (비트/워드 모두 해당)
C	O	O	카운터 관련 영역 (비트/워드 모두 해당)
S	O	O	스텝 제어용 릴레이
D	O	O	일반 워드 데이터 저장 영역
U	X	X	아날로그 데이터 레지스터 (래치 안 됨)
L	X	X	통신 모듈의 고속링크/P2P 서비스 상태 접점(래치 됨)
N	X	X	통신 모듈의 P2P 서비스 주소 영역(래치 됨)
Z	X	X	인덱스 전용 레지스터 (래치 안 됨)
R	X	X	플래시 메모리 전용 영역 (래치 됨)

바. 운전 모드

CPU 모듈의 동작 상태에는 RUN 모드, STOP 모드, DEBUG 모드 등 3종류가 있다. 각 동작 모드 시 연산처리에 관해 설명한다.

1) RUN 모드

프로그램 연산을 정상적으로 수행하는 모드이다.

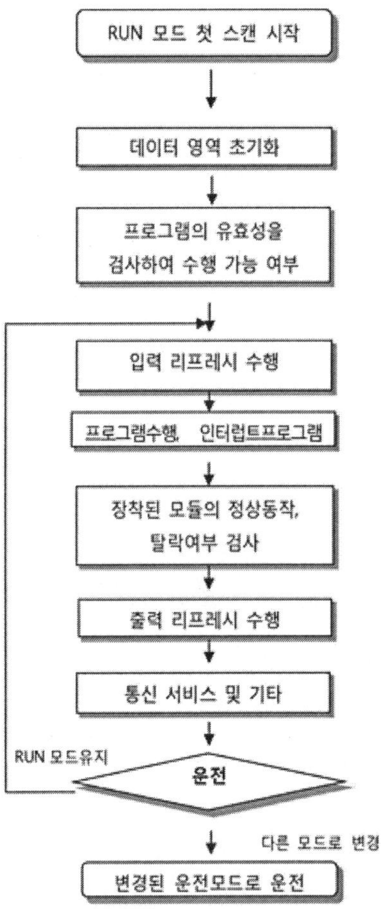

▷ 모드 변경시 처리

시작 시에 데이터 영역의 초기화가 수행되며, 프로그램의 유효성을 검사하여 수행 가능 여부를 판단한다.

▷ 연산 처리 내용

- 입출력 리프레시와 프로그램의 연산을 수행한다.
- 인터럽트 프로그램의 기동 조건을 감지하여 인터럽트 프로그램을 수행한다.
- 장착된 모듈의 정상 동작, 탈락 여부를 검사한다.
- 통신 서비스 및 기타 내부를 처리한다.

2) STOP 모드

프로그램 연산을 하지 않고 정지 상태인 모드이다. 리모트 STOP 모드에서만 XG5000을 통한 프로그램의 전송이 가능하다.

▷ 모드 변경시의 처리

- 출력 이미지 영역을 소거하고 출력 리프레시를 수행한다.

▷ 연산 처리내용

- 입출력 리프레시를 수행한다.
- 장착된 모듈의 정상 동작, 탈락 여부를 검사한다.
- 통신 서비스 및 기타 내부 처리를 한다.

3) DEBUG 모드

프로그램의 오류를 찾거나 연산 과정을 추적하기 위한 모드로 이 모드로의 전환은 STOP 모드에서만 가능하다. 프로그램의 수행 상태와 각 데이터의 내용을 확인해보며 프로그램을 검증할 수 있는 모드이다.

▷ 모드 변경 시의 처리

- 모드 변경 초기에 데이터 영역을 초기화한다.
- 출력 이미지 영역을 소거하고, 입력 리프레시를 수행한다.

▷ 연산 처리내용

- 입출력 리프레시를 수행한다.
- 설정 상태에 따른 디버그 운전을 한다.
- 프로그램의 마지막까지 디버그 운전을 한 뒤, 출력 리프레시를 수행한다.
- 장착된 모듈의 정상 동작, 탈락 여부를 검사한다.
- 통신 등 기타 서비스를 수행한다.

▷ 디버그 운전조건 4가지

운전 조건	동작 설명
한 연산 단위씩 실행(스텝 오버)	운전 지령을 하면 하나의 연산 단위를 실행 후 정지합니다.
브레이크 포인트 (Break Point) 지정에 따라 실행	프로그램에 브레이크 포인트를 지정하면 지정한 포인트에서 정지합니다.
접점의 상태에 따라 실행	감시하고자 하는 접점 영역과 정지하고자 하는 상태지정(Read, Write, Value)을 하면 설정한 접점에서 지정한 동작이 발생할 때 정지합니다.
스캔 횟수의 지정에 따라 실행	운전할 스캔 횟수를 지정하면 지정한 스캔 수만큼 운전하고 정지합니다.

11) 운전 모드 변경

운전 모드의 변경에는 다음과 같은 방법이 있다.

- CPU 모듈의 모드 키에 의한 모드 변경
- 프로그래밍 툴(XG5000)을 CPU의 통신 포트에 접속하여 변경
- CPU의 통신 포트에 접속된 XG5000으로 다른 CPU 모듈의 운전 모드 변경
- 네트워크에 연결된 XG5000, HMI, 컴퓨터 링크 모듈 등을 이용하여 운전 모드 변경
- 프로그램 수행 중 STOP 명령에 의한 변경

▷ 운전 모드의 설정

리모트 모드 변환은 'XGK는 리모트 허용: On', '모드 스위치: STOP' 인 상태에서 가능하며, XGB는 키 스위치가 중지에 있었을 때 가능하다. 리모트 'RUN' 상태에서 스위치에 의해 'STOP'으로 변경하고자 할 경우는 스위치를 STOP → RUN → STOP으로 조작하여야 한다.

운전모드 스위치	XG5000 지령	XGK		XGB
		리모트 허용 스위치	운전모드	운전모드
RUN	X	X	RUN	로컬 런(RUN)
STOP	RUN	On	리모트 RUN	리모트 런(RUN)
	STOP		리모트 STOP	리모트 스톱 (STOP)
	Debug		Debug RUN	디버그(Debug)
	모드 변경 수행	Off	이전 운전 모드	변경된 운전 모드
RUN -> STOP	-	X	STOP	리모트 스톱 (STOP)

3. XG 5000

가. XG5000 개요

XGT PLC를 사용하기 위해 사용자는 프로그램을 작성해야 하며, 이때 사용하는 소프트웨어가 XG5000이다. 즉, XG5000은 XGT PLC에 대해 프로그램을 작성하고 디버깅하는 소프트웨어이다. 여기서는 XG5000을 이용하여 프로젝트를 구성하고, 프로젝트 각 항목에 관해 설명한다. XG5000의 화면은 아래 그림과 같은 구성으로 이루어져 있다.

- 메뉴 : 프로그램을 위한 기본 메뉴이다.
- 도구 모음 : 메뉴를 간편하게 실행할 수 있다.
- 프로젝트 창 : 현재 열려있는 프로젝트의 구성 요소를 나타낸다.
- 메시지 창 : XG5000 사용 중에 발생하는 각종 메시지가 표시된다.

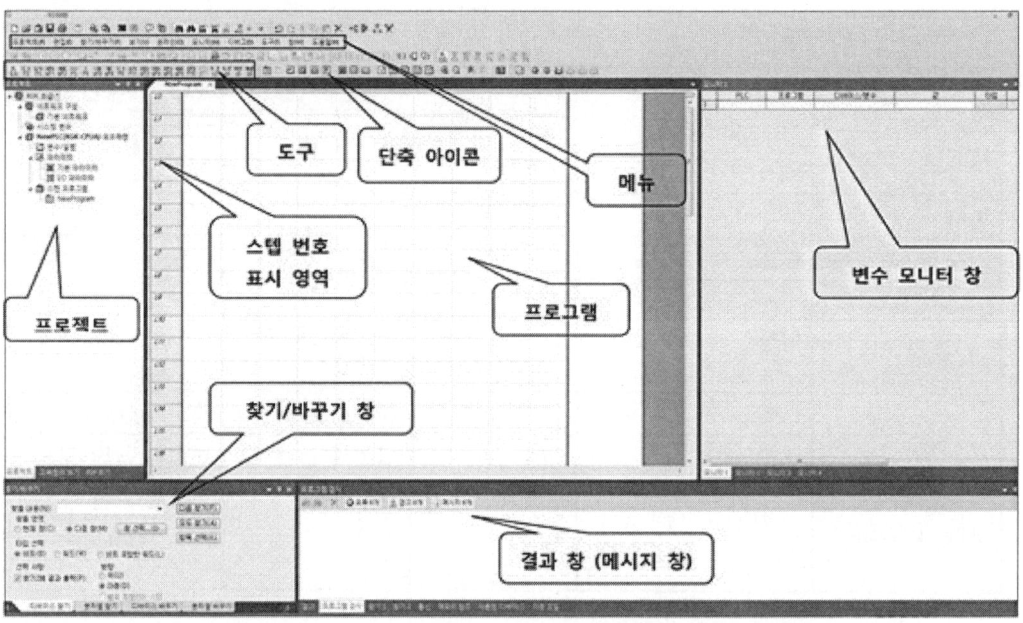

나. XG5000 기본 사용법

XG5000은 XGT 시리즈 PLC의 프로젝트를 작성 및 전송하고, 엔지니어링하는 소프트웨어이다. 여기서는 XG5000을 이용하여 프로젝트를 구성하고, 간단한 프로그램을 작성하여 PLC로 전송하고 간단한 엔지니어링을 통해 XG5000의 사용 방법을 익힌다.

1) 프로젝트의 구성

XG500에서 프로젝트를 구성하는 방법 중 실습에 적용되는 것은 다음의 2가지가 있다.

- 새 프로젝트 : 새로운 프로젝트를 구성한다.
- PLC로부터 열기 : PLC에 저장되어있는 프로젝트를 PC로 읽어(업로드) 프로젝트를 PC에 저장하거나 내용을 수정한다.

아래 그림과 같이 새 프로젝트를 구성하는 방법에 대해 알아보자.

- 프로젝트 매뉴의 “새 프로젝트”를 선택하거나 “새 프로젝트” 아이콘( )을 눌러 “새 프로젝트 구성 대화상자”을 연다.

새 프로젝트 창에서 아래 그림과 같이 각 항목을 입력한다.

- 프로젝트 이름 : 프로젝트 이름을 입력한다.
- 파일 위치 : XG5000은 파일 위치로 지정된 폴더 하부에 프로젝트 이름과 같은 폴더를 만들고 그 폴더에 프로젝트 파일을 저장한다. 파일 위치 폴더는 XG5000의 도구 메뉴 옵션 항목에서 변경할 수 있다.
- PLC 시리즈 및 CPU 종류 : PLC 기종을 선택한 후 CPU 종류를 선택한다.
- 프로그램 이름 : XGT PLC는 한 대의 PLC가 연산할 프로그램을 여러 개로 나누어서 작성할 수 있다. 그 중 첫 번째 프로그램의 이름을 입력한다.
- 프로젝트 설명문 : 프로젝트에 대한 설명문을 입력한다.
- 프로그래밍 형식 : 기존 XGK 프로그래밍 형식과 자동할당 형식을 선택할 수 있다. 자동할당 형식은 XGI처럼 데이터 메모리 중 일부 영역을 자동할당 메모리 영역으로 사용하는 기능이다. XGI처럼 사용자 펑션 / 펑선 블록을 사용할 수 있고, ST나 SFC로 프로그램을 구성할 수 있다. 자동할당할 메모리 영역은 “메모리 자동할당” 파라미터에서 설정할 수 있다.

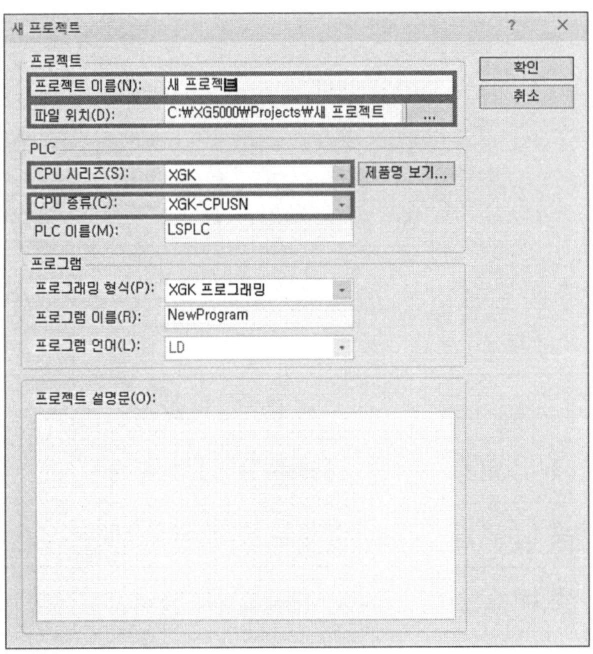

2) I/O 파라미터 설정

I/O 파라미터에서는 현재 PLC에 장착된 모듈들을 설정하는 공간이며, 본 실습 장비에서는 입력 모듈 1개, 출력 모듈 1개, 아날로그 입력 모듈 1개, 아날로그 출력 모듈 1개, 위치결정 모듈 1개가 장착되어 있다. 아래 표시된 곳에 슬롯에 모듈에서 장착된 모듈과 동일한 모델명으로 I/O를 할당하여야 PLC 프로그램을 정상적으로 쓰기 및 실행할 수 있다.

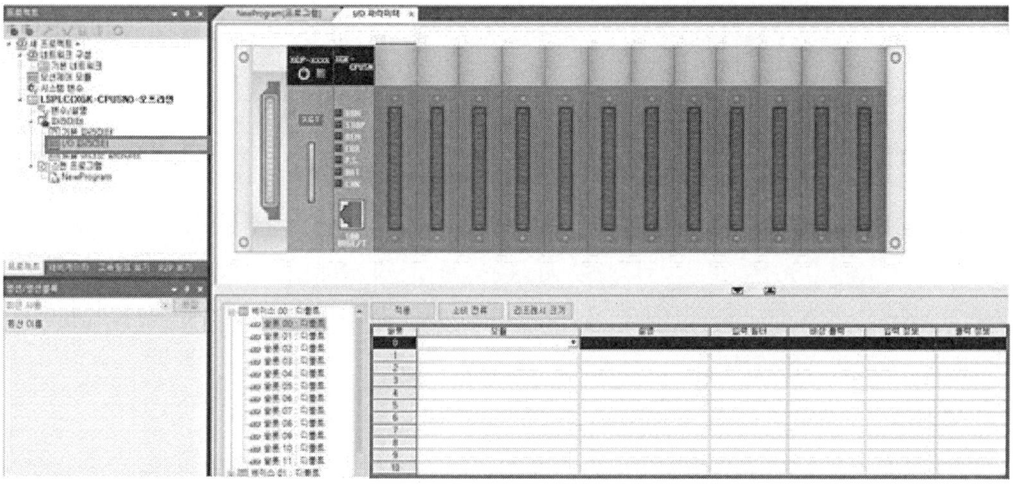

▷ PLC에 장착된 모듈의 모델명 확인 방법

- 현재 장착된 모델명은 아래 표시와 같이 PLC의 모듈의 상단에 기재되어있으며, 대부분의 PLC에는 모델명이 기재되어있다.
- 슬롯 번호는 CPU 기준 오른쪽에서부터 0번으로 시작하여 1씩 증가한다.
- 본 실습 장비의 슬롯 번호와 모듈 및 모델명을 정리하면 아래 표와 같다.

슬롯 No.	모듈 분류	모듈 상세 분류	모델명
0	디지털 모듈	입력 모듈	XGI-D24A
1	디지털 모듈	출력 모듈	XGQ-TR4A
2	특수 모듈	아날로그 입력 모듈	XGF-AD4S
3	특수 모듈	아날로그 출력 모듈	XGF-DV4S
4	특수 모듈	위치결정 모듈	XGF-PN4B

▷ I/O 파라미터 설정 및 적용

- 0번 슬롯에 디지털 입력 모듈 XGI-D24A를 적용하기 위해서는 아래와 같이 모듈 우측의 기호를 클릭하면 아래와 같이 탐색 창이 표시된다. 아래 표시와 같이 모듈을 선택한다.

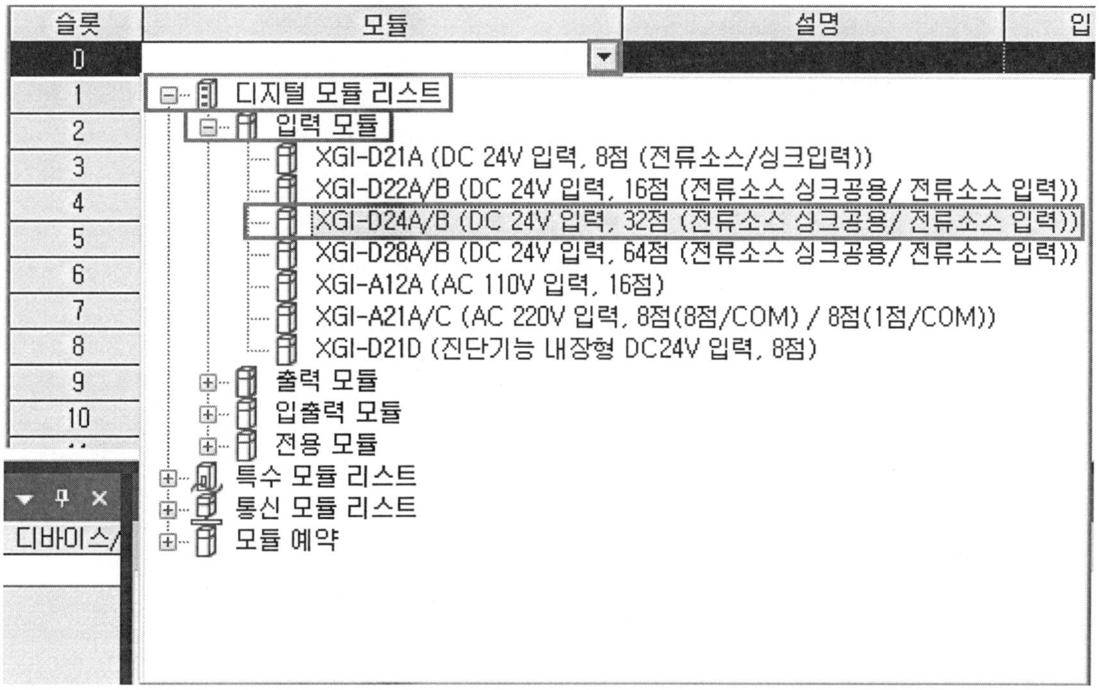

- 모듈을 더블 클릭하여 선택하면 아래와 같이 0번 슬롯에 선택한 모듈이 표시되는 것을 확인할 수 있으며, 표 위의 그림에서도 XGI-D24X 모듈이 추가된 것을 확인할 수 있다.
- 만일 잘못 선택한 경우 모듈을 선택후 Delete 키를 누르면 모듈 정보가 삭제되는 것을 확인할 수 있다.
- 나머지 모듈도 표를 참고하여 모두 설정하도록 한다.

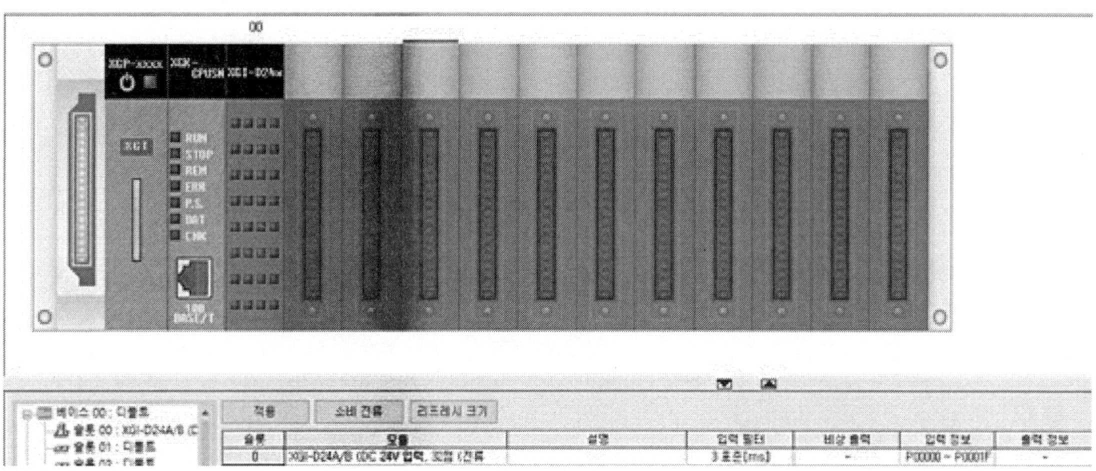

- PLC에 장착된 모든 모듈을 설정하면 아래 그림과 같다.
- 모든 모듈의 할당이 완료되면 표 상단의 적용 버튼을 클릭하여 모듈을 적용한다.

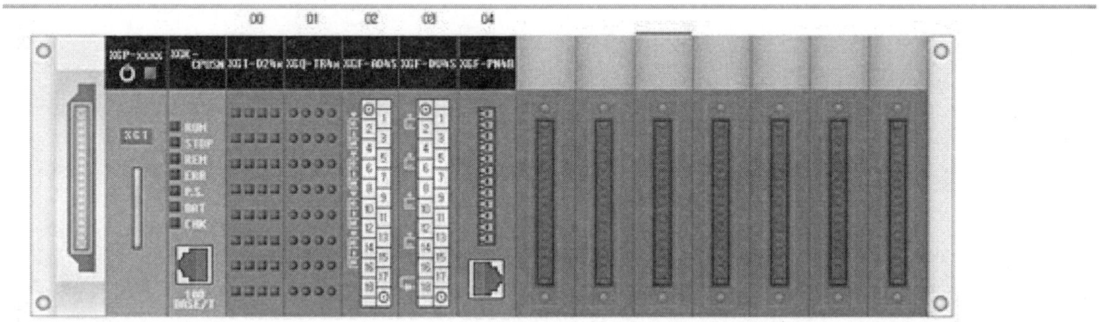

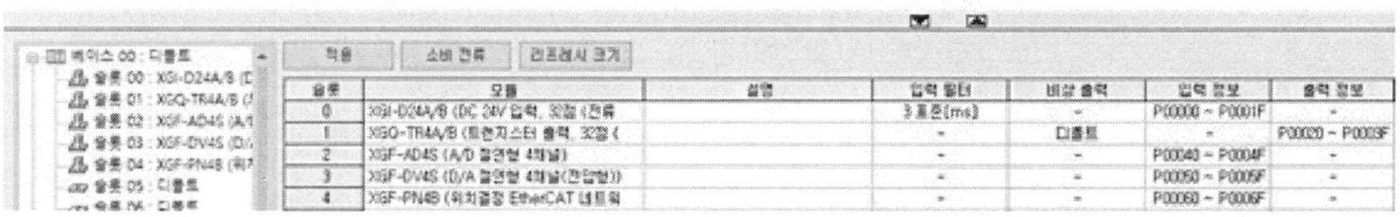

- 설정한 I/O 파라미터는 PLC 쓰기를 진행하여야 적용된다.

3) 로컬 이더넷 파라미터 설정

본 실습장비에서는 PLC와 PC 간에 USB로 통신하나 PLC와 HMI간의 통신은 Ethernet I/P를 통해 통신 설정을 하여야 한다. 그러기에 로컬 이더넷 파라미터 설정에서 IP 주소, 서브넷 마스크, 게이트웨이를 설정 및 적용할 수 있도록 해보자.

▷ 로컬 이더넷 파라미터 변경

- 아래 그림과 같이 로컬 이더넷 파라미터를 더블 클릭하면 설정 창이 생성된다.

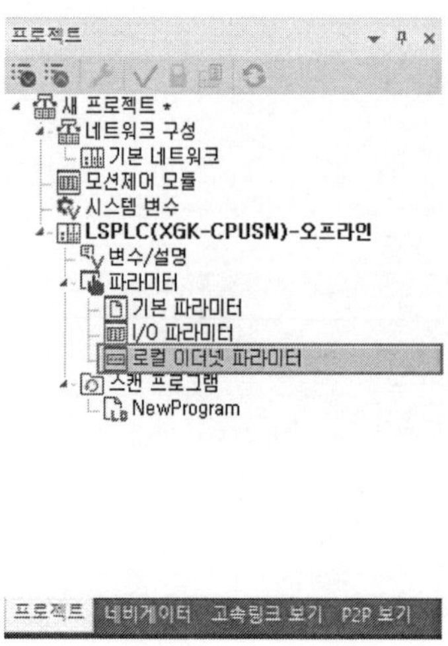

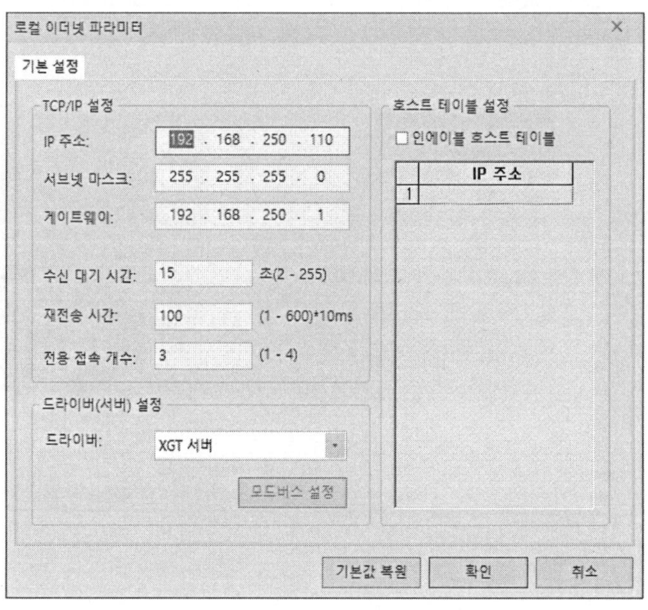

- 아래 표는 실습을 위해 진행하는 IP 주소이며, PLC와 HMI 간의 통신을 위해 반드시 설정하도록 한다.
- 표에 맞춰 TCP/IP를 설정하면 아래와 같으며, 작성이 완료되면 확인 버튼을 클릭한다.

	PLC	HMI
IP 주소	192.168.1.10	192.168.1.20
서브넷 마스크	255.255.255.0	255.255.255.0
게이트웨이	192.168.1.1	192.168.1.1

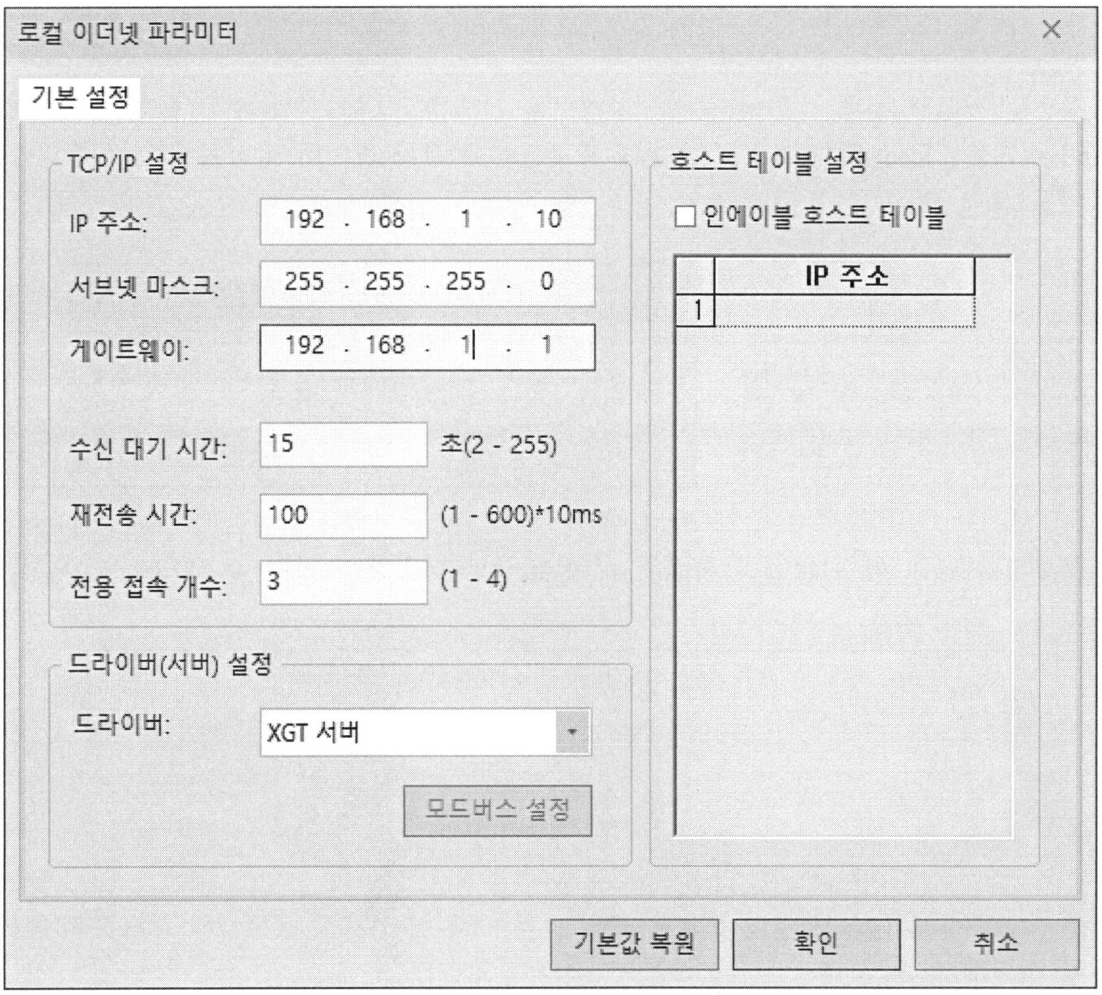

- 설정한 로컬 이더넷 파라미터는 PLC 쓰기를 진행하여야 적용된다.

4) 프로젝트 작성

예를 들어 P00000 입력 접점에 연결된 스위치가 ON 되면 P00020 출력 접점에 연결된 LED를 점등하고, 스위치가 OFF 되면 LED가 소등된다고 하였을 때 프로그램을 작성해본다.

▷ 렁 설명문 편집

- 부분적인 프로그램에 간단한 설명문을 편집/작성한다.
- 렁 설명문을 편집하고자 하는 행의 스텝 번호 표시 영역을 더블 클릭한다.

- 설명문/레이블 선택 대화상자에서 설명문을 선택하고 “확인” 버튼을 클릭한다.
- 렁 설명문 대화상자의 설명문 부분에 프로그램에 관한 간단한 설명을 편집한 후 “확인” 버튼을 클릭한다.

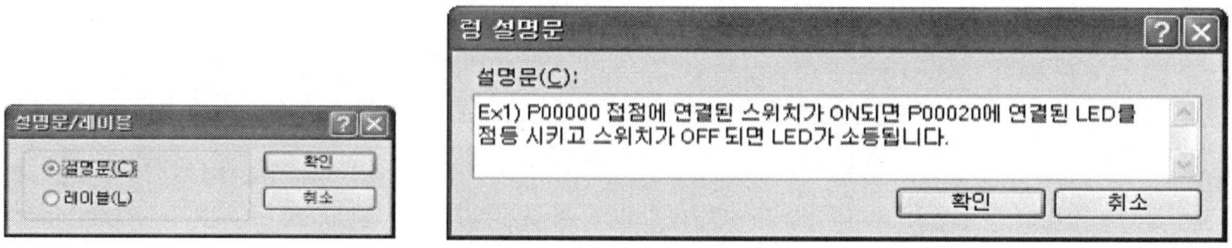

- 프로그램 창에 렁 설명문이 아래와 같이 입력되는 것을 확인할 수 있다.

▷ 접점 편집

- 스위치의 ON/OFF 상태를 읽어오기 위해 접점을 편집한다.
- 도구 상자에서 평상시 열린 접점을 클릭한 후 마우스 커서를 프로그램 창으로 이동하면 커서 하단에 현재 선택된 프로그래밍 기호가 표시된다.

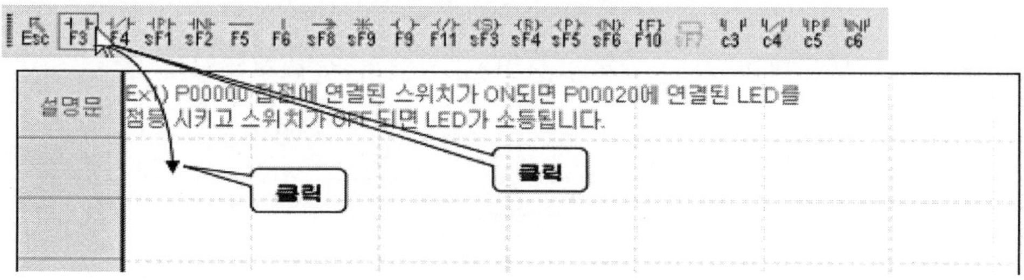

- 프로그램 창에서 다시 한 번 마우스를 클릭하면 변수/디바이스 입력 대화상자가 나타난다. “변수/디바이스” 항목에 P0을 입력하고, “확인” 버튼을 클릭한다. 이때, “변수/설명 자동 추가”가 선택(체크)되어 있으면 변수/설명 추가 대화상자가 나타난다.

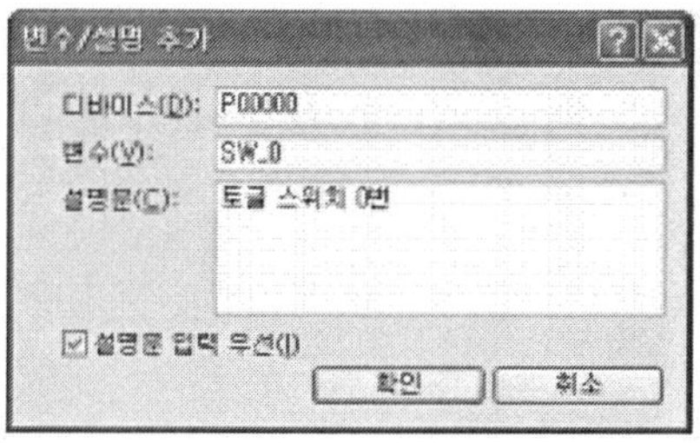

- 변수/설명 추가 대화상자에서 “설명문 입력 우선”이 선택되어 있을 경우 커서가 설명문 입력 창에서 활성화 되며, 선택되어 있지 않을 경우 변수 입력 창에서 활성화 된다.
- 변수 등록 후 해당 데이터를 호출할 때 디바이스 또는 변수 이름을 이용하여 호출할 수 있으며, 1개의 변수에는 1개의 디바이스가 할당되어야 한다.
- 변수에 사용할 수 있는 기호는 문자, 숫자, 특수문자(_)로 제한 되며, 변수의 선두에는 숫자를 사용할 수 없다.
- 위의 과정을 거치면 아래와 같이 프로그램 창에 접점이 등록되는 것을 확인할 수 있다.

- 좌측의 적색 세로선은 프로그램에 오류가 있다는 의미이다.
- 좌측의 숫자 “1”은 렁의 시작 스텝 번호이다.
- XG500에는 몇가지의 보기 옵션을 선택할 수 있다. 보기 옵션에 따라 변수의 표시 형태가 달라진다. 보기 옵션 메뉴에서 선택할 수 있으며, XG5000의 단축 아이콘 창에 단축 아이콘으로 표시되다.

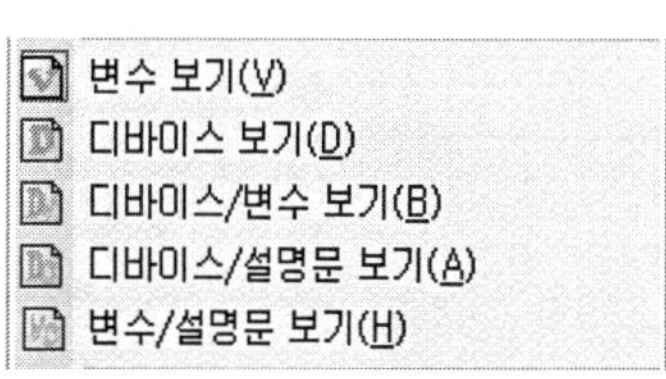

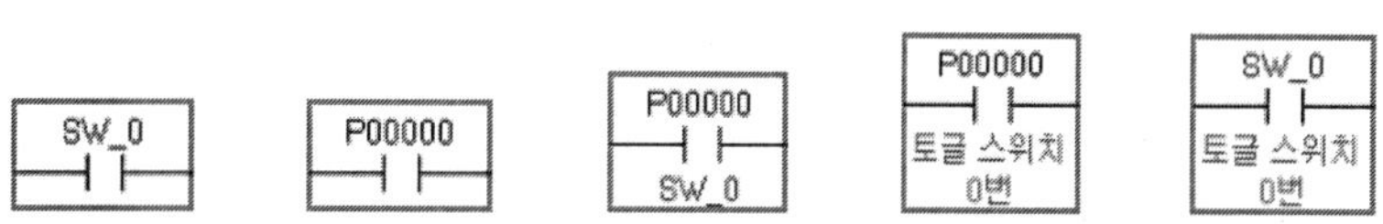

변수 보기 **디바이스 보기** **디바이스/변수 보기** **디바이스/설명문 보기** **변수/설명문 보기**

① 변수 보기 : 프로그램 작성 시 편집한 변수를 표시한다. 변수를 편집하지 않았을 경우

디바이스 보기로 표시된다.

② 디바이스 보기 : 프로그램 작성 시 사용한 디바이스 (PLC 메모리 주소)를 표시한다.

③ 디바이스/변수 보기 : 디바이스와 변수를 동시에 표시한다. 변수를 편집하지 않았을 경우 디바이스만 표시된다.

④ 디바이스/설명문 보기 : 디바이스와 설명문을 동시에 표시한다. 설명문이 편집되지 않았을 경우 디바이스만 표시된다.

⑤ 변수/설명문 보기 : 변수와 설명문을 표시한다. 변수가 편집되지 않았을 경우 변수는 디바이스로 표시되며, 설명문이 편집되지 않았을 경우 설명문은 표시되지 않는다.

▷ 코일 편집

- 연산 결과를 출력하기 위해 코일을 편집한다.
- 도구상자에서 코일을 선택한 후 프로그램 창에서 편집된 접점의 다음 셀에서 다시 한번 클릭한다.

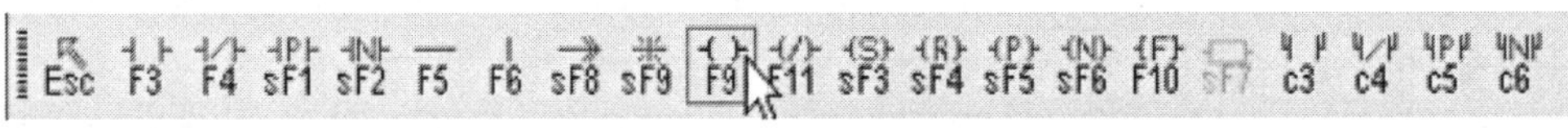

- 변수 디바이스 창에 P20을 입력한 후 “확인” 버튼을 누른다. 이때 변수/설명 자동 추가가 선택(체크)되어 있으면 변수/설명 추가 창이 나타난다. 변수/설명 추가 창에서 아래의 그림과 같이 편집한 후 “확인” 버튼을 클릭한다.

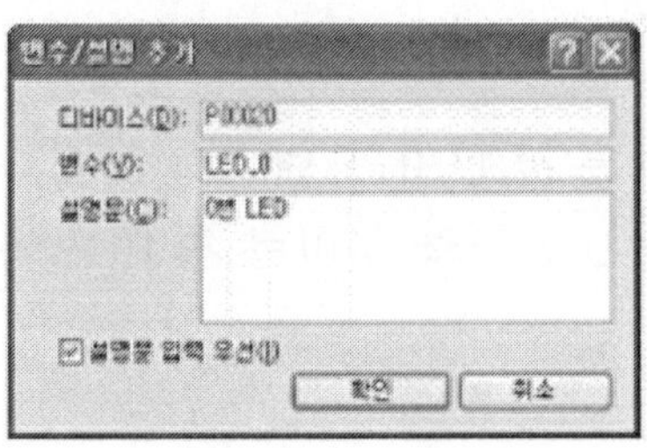

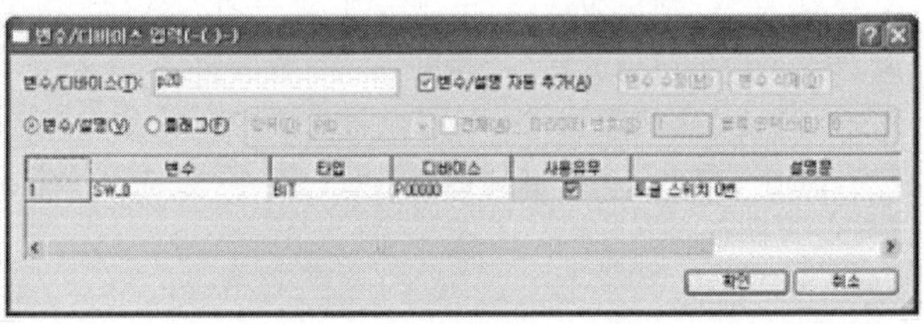

5) 변수/설명문

디바이스에 대한 변수 및 설명문은 앞에서 설명한 바와 같이 프로그램에서 디바이스를 최초로 호출할 때 편집할 수도 있지만, 프로그램에서 디바이스를 호출하기 전에 먼저 등록할 수도 있다.

▷ XG5000의 기능을 이용한 일괄 변수/설명 편집

- XG5000의 변수/설명 창에서 디바이스에 대한 변수/설명을 편집할 수 있다. XG5000 변수/설명 창에 복사, 자동 증가 기능을 사용하면 좀 더 편리하게 변수 또는 설명을 편집할 수 있다.

- XG5000 프로젝트 창에서 변수/설명을 더블 클릭하여 변수/설명 창을 활성화한다. 변수 보기 탭을 선택하면 현재 등록되어있는 변수 또는 설명문이 표시된다.

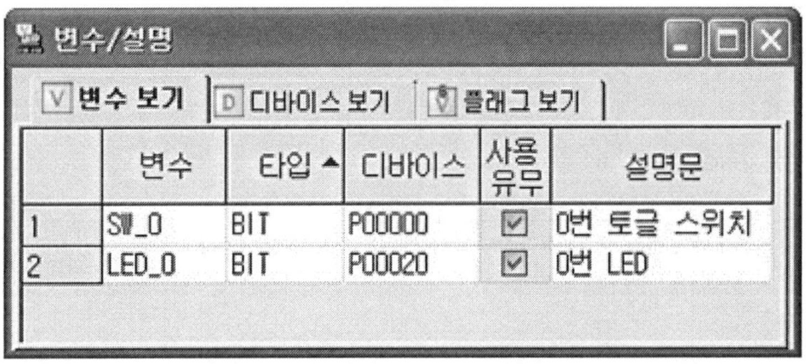

- 디바이스 보기 탭을 선택한 후 디바이스 항목에 표시할 디바이스의 선두 주소를 입력하고 타입에 데이터 타입 (BIT 또는 WORD)을 선택하면 디바이스 항목에 지정된 주소부터 타입에 지정된 크기 주소가 순서대로 표시된다. 디바이스에 대해 변수 또는 설명문을 셀을 선택한 후 변수 또는 설명문을 편집하면 된다.

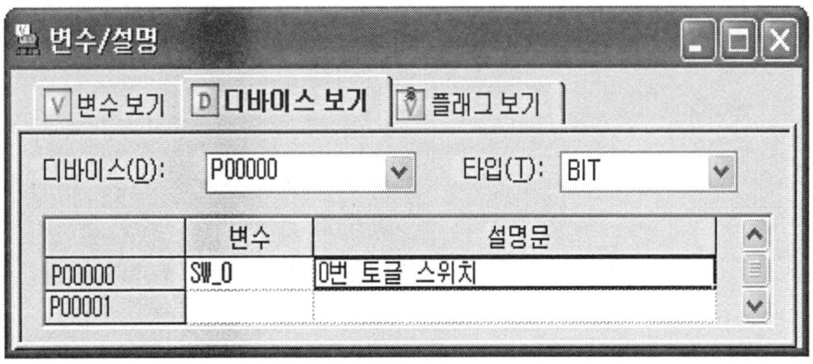

▷ 디바이스 설명문 복사

- 연속된 주소에 비슷한 내용의 설명문을 편집하고자 할 때 1개 디바이스의 설명문을 편집한 후 마우스를 아래 또는 위로 드래그하면 선택된 설명문이 복사된다. 이렇게 복사 후 수정할 내용을 수정할 수 있다.

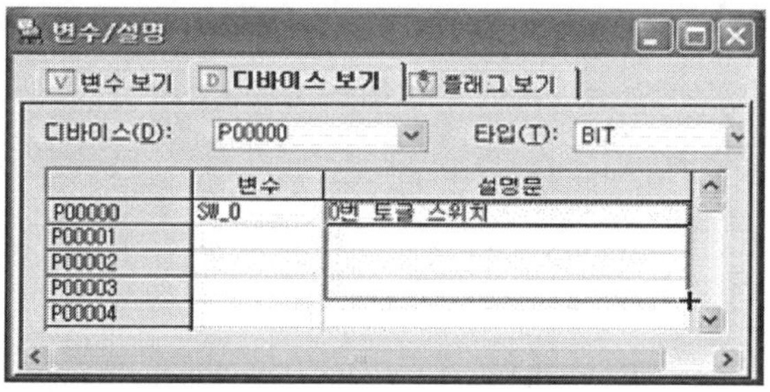

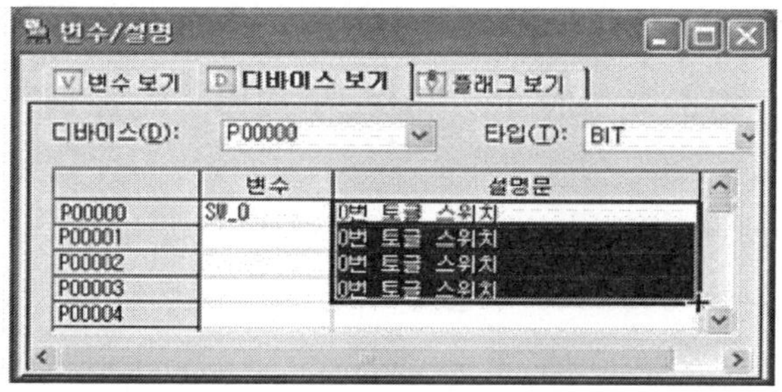

▷ 디바이스 설명문에 포함된 숫자 자동 증가

- 숫자가 포함된 디바이스 설명문을 선택하고 Ctrl 키를 누른 상태에서 마우스를 아래 또는 위로 드래그하면 드래그되는 위치에 표시되는 십자 커서 우측 상탄에 작은 십자 커서가 나타난다.
- 만일 최초 선택된 디바이스의 설명문에 두 개 이상의 숫자가 포함된 경우 제일 두의 숫자가 자동으로 증가된다.

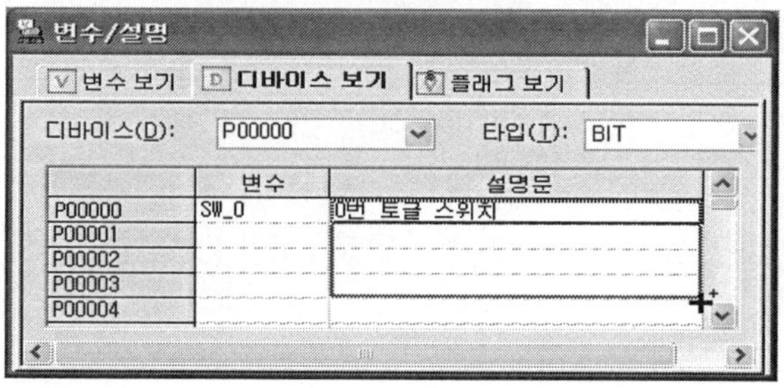

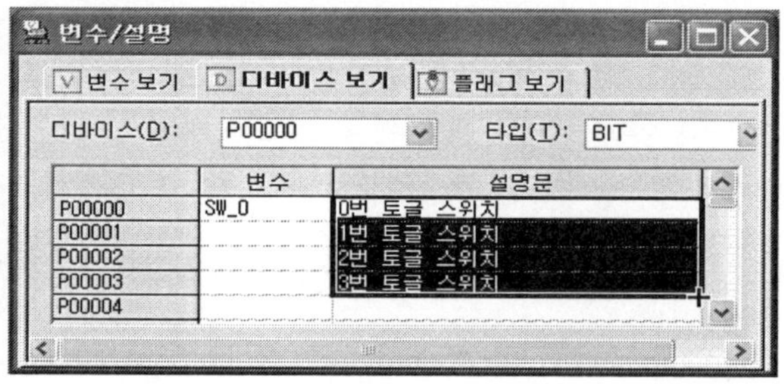

6) 접속

프로그램의 작성이 완료되었으면 작성된 프로그램 및 파라미터를 PLC로 전송하고 PLC를 RUN 상태로 전환해주어야 PLC는 동작한다. PC에서 작성한 프로젝트를 PLC로 전송하기 위해서 PC와 PLC 간 접속이 이루어져야 하며, 다음과 같은 방법으로 접속할 수 있다.

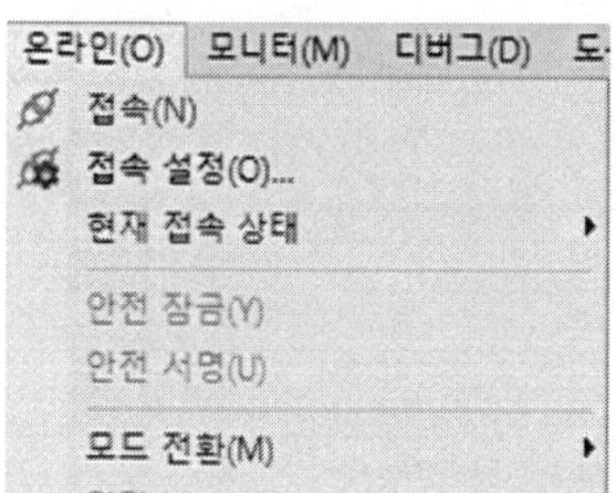

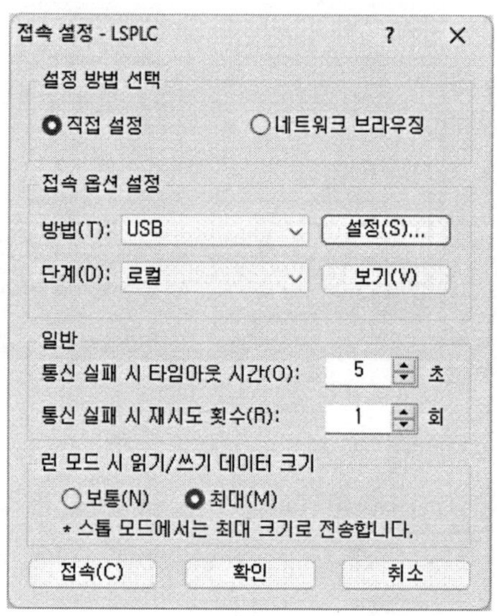

7) PLC로 전송 및 PLC 운전

프로그램의 작성이 완료되고 PC와 PLC 간 접속이 완료되면 PC에서 작성한 파라미터, 프로그램, 설명문을 PLC로 전송하고 PLC를 운전한다. XG5000의 온라인 메뉴에서 "쓰기"를 선택한다.

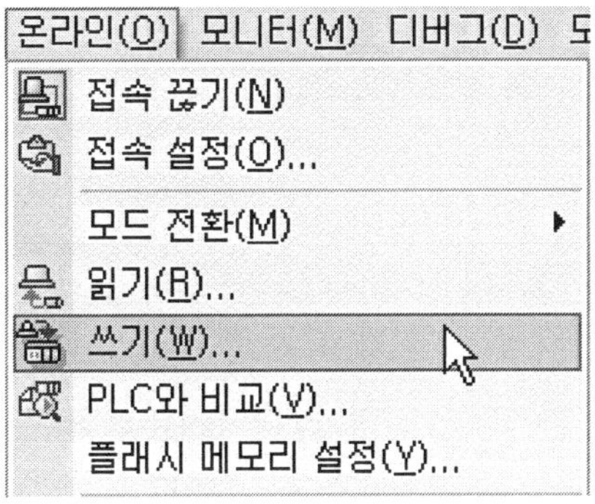

▷ PLC로 전송할 항목 선택

- 파라미터 및 프로그램이 PLC로 전송되면 그 이전에 PLC에 저장되어있던 파라미터 및 프로그램은 모두 삭제되므로 이 전의 프로그램 및 파라미터를 보존하고자 하는 경우 PLC로 전송하기 전 프로젝트 메뉴에서 "PLC로부터 열기" 또는 온라인 메뉴의 읽기를 실행하여 PLC에 저장되어있는 파라미터 및 프로그램을 PC에 저장해야 한다.

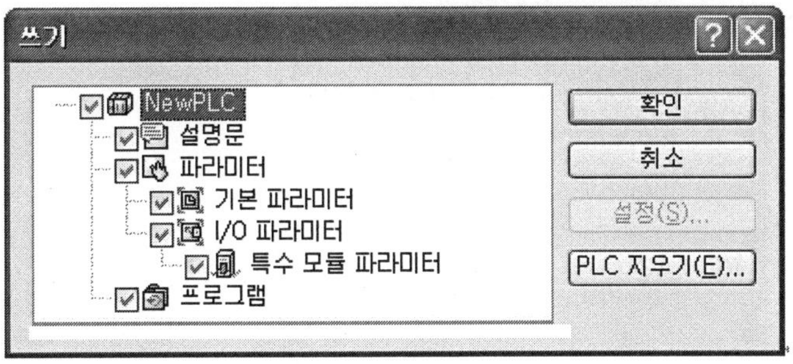

- PLC 지우기는 PLC가 STOP 상태에서 선택 가능하며, PLC에 새로운 파라미터 및 프로그램이 전송되면 PLC에 저장되어있던 파라미터와 프로그램은 삭제되고, 래치 영역이 아닌 데이터 메모리 영역의 데이터는 삭제되지만, 래치 영역(K, R 영역 포함)에 저장되어있는 데이터는 지워지지 않는다. 새로운 프로그램을 전송하기 전에 래치 영역에 저장된 데이터를 지우고자 하는 경우 'PLC 지우기' 버튼을 선택하여 래치 영역의 데이터를 지울 수 있다.

▷ PLC STOP

- 프로젝트를 전송할 때 PLC는 STOP 상태가 되어야 한다. '쓰기'를 실행할 때 PLC가 RUN 상태이면 PLC를 STOP 모드로 전환할지를 물어본다. 여기서 '예(Y)'를 선택하면 PLC를

STOP 시킨 후 프로젝트를 전송하며, '아니오(N)'를 선택하면 PLC는 RUN 상태를 유지하며, 프로젝트를 전송하지 않는다. 단, 전송 목록에서 설명문만 선택되었을 경우 PLC가 RUN 상태에서도 설명문을 전송한다.

▷ 운전 모드 키 확인

- 프로젝트를 전송할 때 PLC가 RUN 상태이면 XG5000에서 PLC의 운전 모드를 전환할 수 있어야 한다. 그러나 CPU의 리모트 스위치가 OFF로 설정되어있거나 운전 모드 스위치가 RUN 상태로 설정되어있는 경우 다음과 같은 메시지가 표시된다. 이 경우 CPU의 REMOTE 스위치 및 RUN/STOP 스위치의 설정을 확인한다.

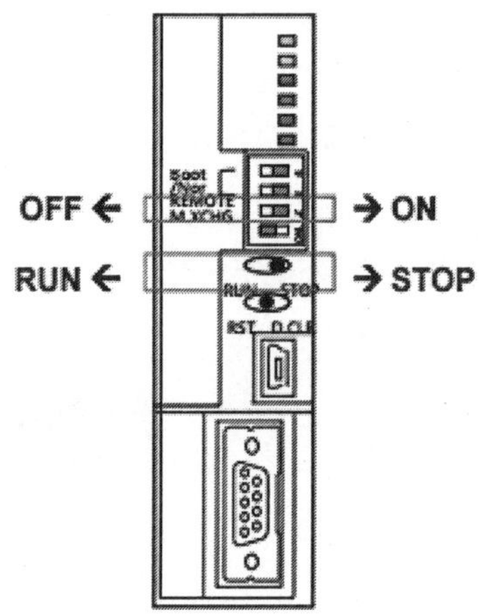

▷ 전송

- PLC가 STOP 모드로 전환되면 PC에서 작성한 파라미터, 프로그램 및 설명문이 PLC로 전송된다. "쓰기"는 기본 파라미터, I/O 파라미터, 프로그램 치 설명문 순으로 PC에서 PLC로 전송된다.

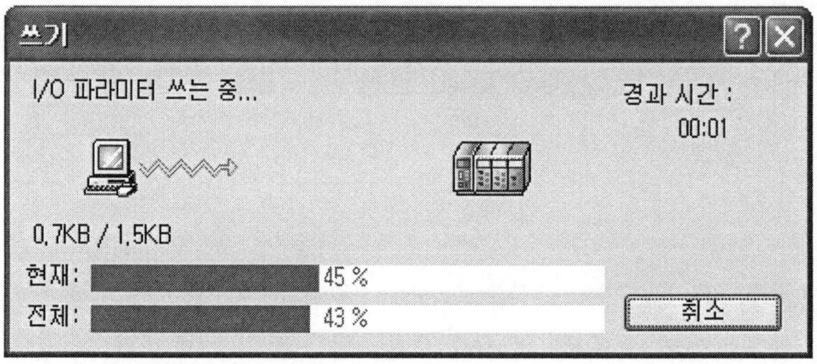

- 전송 도중 통신이 끊어졌을 경우, 다시 PC와 PLC 간 접속한 후 "쓰기"를 재실행한다.

- "쓰기"가 정상적으로 완료되었으면 다음과 같은 메시지가 표시된다.

- "쓰기"를 하는 시점에서 PLC가 RUN 상태였다면 전송이 완료된 후 다음과 같은 메시지가 표시된다. 여기서 "예(Y)" 버튼을 선택하면 PLC는 RUN 모드로 전환되며, 정상적인 프로그램의 연산 및 수행이 시작된다. "아니오(N)" 버튼을 선택하면 PLC는 STOP 모드를 유지하고, XG5000에서 RUN 모드로 전환하거나 CPU의 RUN 스위치를 ON 시키면 RUN 모드로 전환한다.

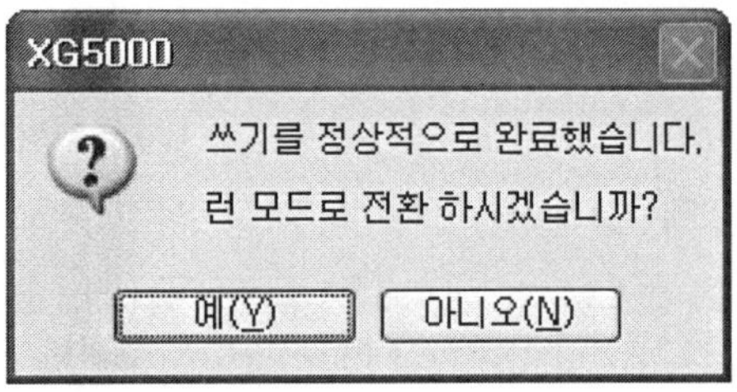

- PLC를 RUN 상태로 전환했을 때 PLC에 에러 또는 경고가 발생하면 다음과 같은 에러/경고 화면이 나타난다. 에러/경고 화면에는 현재 발생하고 있는 에러 또는 경고의 내용이 표시된다.

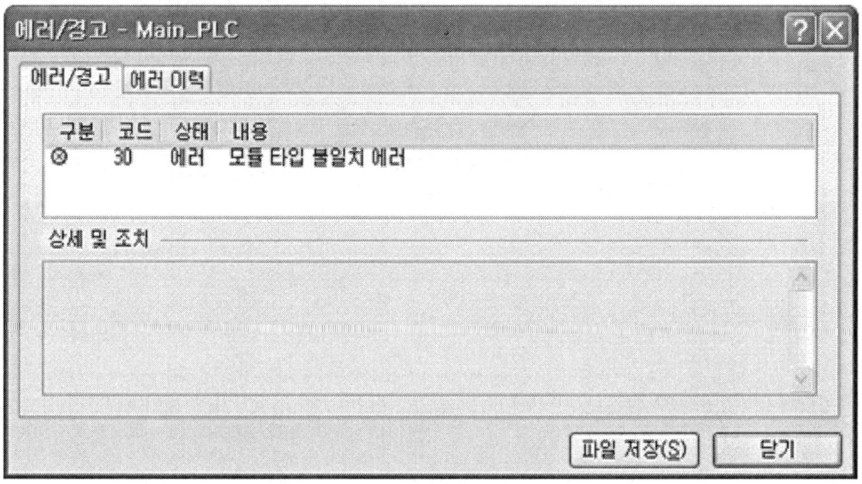

- PLC가 RUN 모드로 전환되면 단축 아이콘의 PLC 모드 전환 아이콘에 RUN 상태가 표시되며, XG5000 상태표시 창에 PLC 이름, 운전 모드, 접속 방법 등이 표시된다.

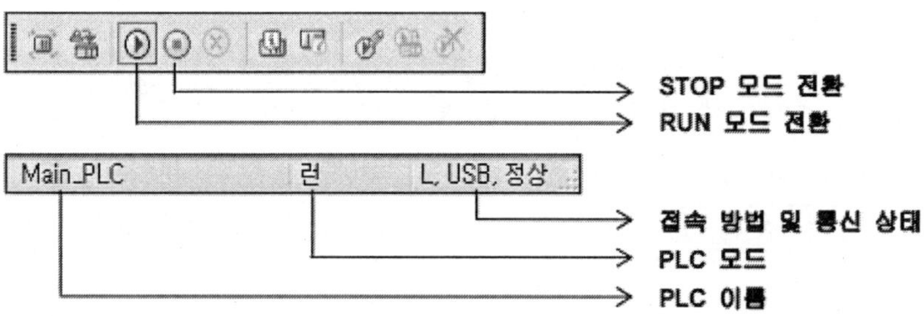

8) 모니터링

PLC가 가지고 있는 데이터를 XG5000 화면에 표시하는 기능을 모니터링이라고 한다.

모니터링은 PLC의 운전 상태 및 데이터를 시각적으로 표시해 주는 기능이므로 프로그램의 디버깅에 유용하게 사용할 수 있다. XG5000은 운전 데이터를 화면에 표시하는 기능 외에 변수 모니터, 시스템 모니터, 디바이스 모니터, 사용자 이벤트, 데이터 트레이스 등의 다양한 모니터링 기능을 제공함으로써 사용자가 쉽고 편하게 디버깅할 수 있다. 또한, 내부 디바이스의 경우 XG5000에서 데이터의 변경도 가능하다. XG5000과 PLC가 접속된 상태에서 '모니터' 메뉴의 '시작'을 선택하거나 단축 아이콘의 '모니터 시작/끝' 버튼을 선택하면 모니터링 기능이 시작된다.

래더 모니터링(Ladder Monitoring)은 XG5000에서 래더 프로그램이 열려있는 상태에서 모니터가 시작되면 래더 프로그램에 PLC의 현재 데이터를 표시하는 것을 의미한다. 래더 모니터링에서 접점, 코일 등 비트 데이터 표시: 디바이스 또는 변수의 표시 색과 래더 기호의 색을 통해 데이터 및 도통 상태를 확인할 수 있다.

P00000 접점이 OFF 되었을 때

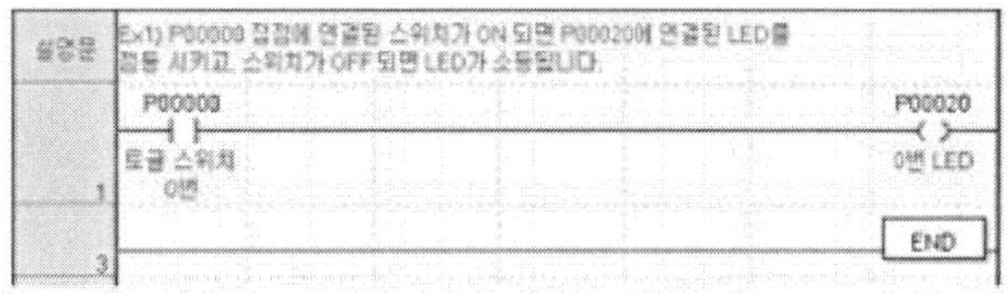

P00000 접점이 OFF 되었을

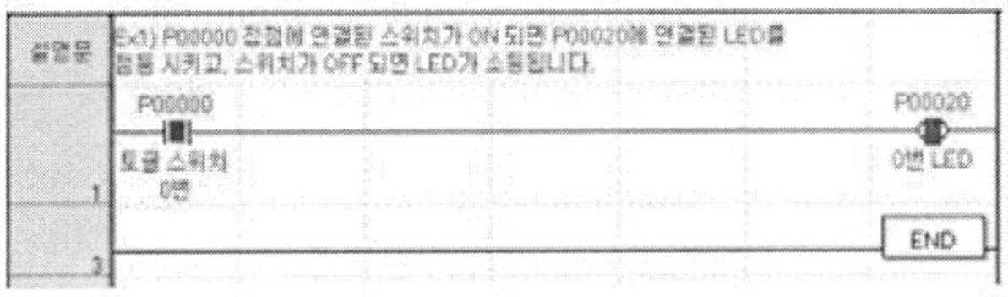

P00000 접점이 ON 되었을

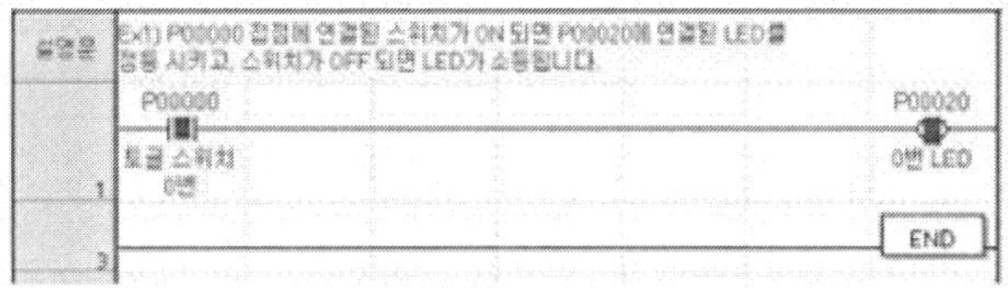

P00000 접점이 ON 되었을

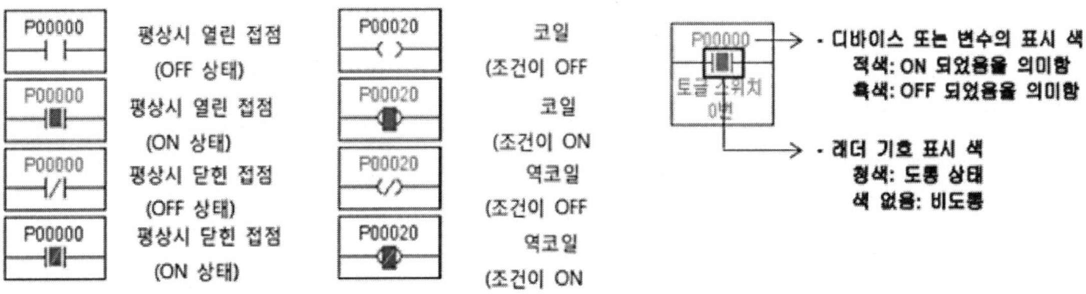

▷ 래더 모니터링에서 데이터 변경

- 래더 모니터링 중 XG500에서 PLC의 데이터를 변경할 수 있다. 데이터를 편집하고자 하는 디바이스를 선택한 후 마우스 오른쪽 버튼을 누르면 팝-업 메뉴가 나타난다. 팝-업 메뉴에서 "현재값 변경"을 선택한다.

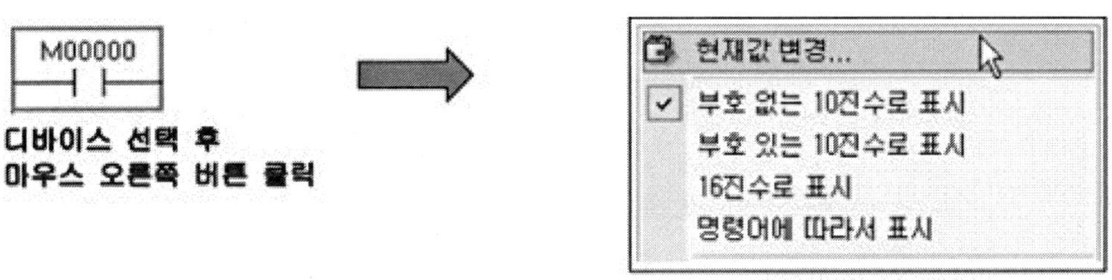

현재값 변경 선택

- 선택된 디바이스가 비트(접점)일 경우 현재값 변경 화면에서 "온(N)" 또는 "오프(F)"를 선택할 수 있으며, 현재값 변경 화면이 표시될 때 디바이스 현재값이 반전되어 표시되므로 "확인" 버튼을 누르면 데이터가 변경된다. 즉, PLC에서 선택된 디바이스의 현재값이 OFF 된 상태이면 현재값 변경 화면에 "온(N)"이 선택되므로 확인 버튼을 누르면 된다.

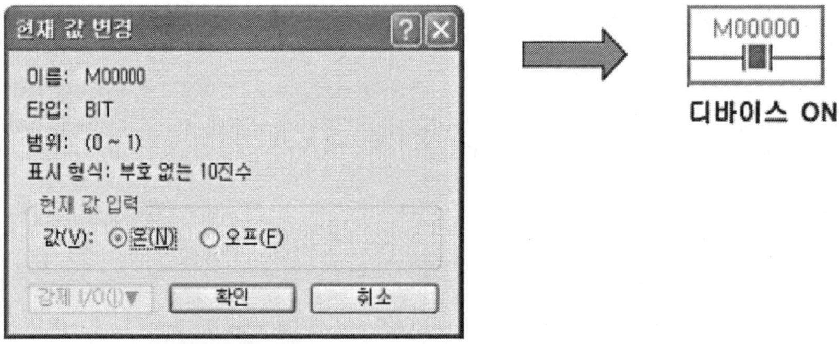

'확인' 버튼 클릭

디바이스 ON

- PLC가 RUN 모드일 때 연산 결과를 저장하는 영역일 경우 데이터를 변경했을 때 연산 조건에 따라 데이터가 변경되지 않을 수 있다.
- 선택된 디바이스가 디지털 입력 모듈의 입력 주소일 경우 현재값 변경 기능을 사용하여 데이터를 변경하더라도 값이 변경되지 않으며, 실제 입력 데이터가 표시된다.
- 워드 데이터의 현재값 변경 화면에서 표시되는 데이터 타입은 XG5000의 모니터링 데이터 타입에 영향을 받는다. 예를 들면 모니터링 데이터 타입을 부호 있는 십진수로 선택하고 데이터를 50,000으로 입력했을 경우, 래더 프로그램에서 -15,536으로 표시된다.

▷ 변수 모니터(Variable Monitoring)

- 래더 프로그램에 보이지 않는 데이터 메모리의 데이터를 모니터링할 때 사용하는 기능이다. 변수 모니터 창에 모니터링하고자 하는 디바이스를 등록하면 등록된 디바이스에 저장된 현재값이 표시된다.

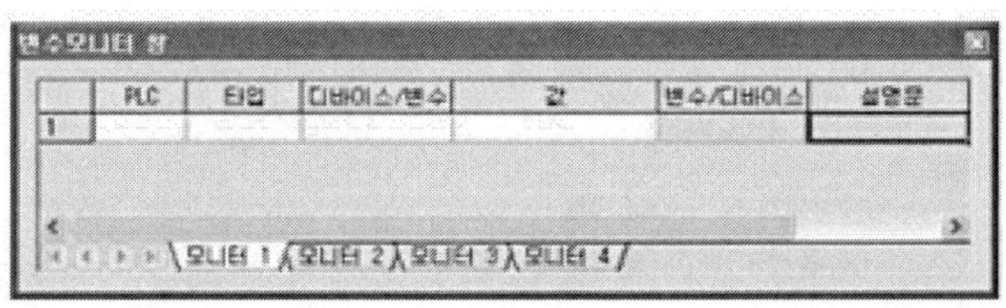

▷ 디바이스 등록

- 변수 모니터 창이 실행되면 모니터링할 변수를 등록해야 한다.
- "디바이스/변수" 열을 선택한 뒤, 모니터링하고자 하는 디바이스를 입력하면 "값" 열에 해당 디바이스의 현재값이 표시된다. 셀 선택 후 마우스 오른쪽 버튼을 누르면 표시되는 데이터 타입(크기)을 변경할 수 있다.

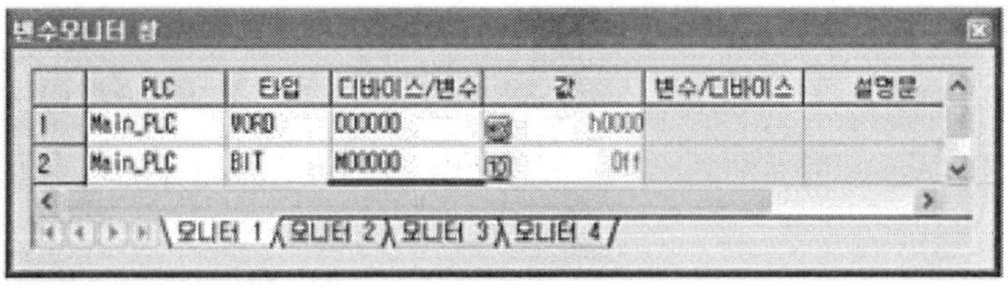

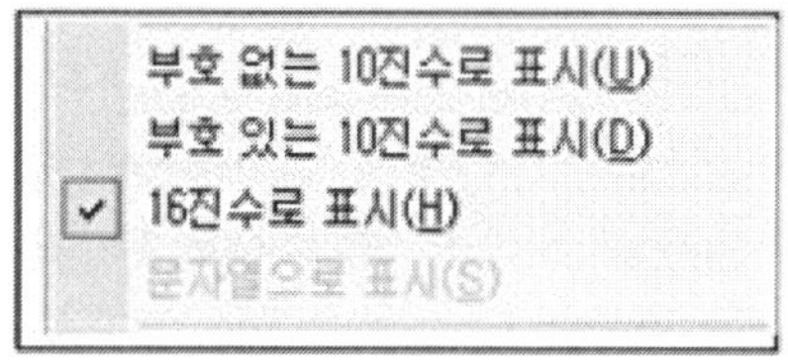

▷ 일괄 등록

- 모니터링할 변수의 주소가 연속적일 때 “일괄 등록” 기능을 사용하면 편리하게 모니터링할 변수를 등록할 수 있다.
- “디바이스/변수” 열을 선택한 뒤, 마우스 오른쪽 버튼을 눌러 나타나는 팝-업 메뉴에서 “일괄 등록(R)”을 선택한다.
- 시작 디바이스, 타입, 등록 개수를 입력한 후 확인 버튼을 누르면 시작 디바이스부터 등록 개수만큼 연속된 디바이스로 지정된 타입으로 변수 모니터 창에 등록되며, 각 디바이스의 현재값이 표시된다. 시작 디바이스가 워드 디바이스(D, R, ZR 등)일 경우 타입은 WORD로 자동 변경되며, 비트 디바이스(P, M, K, L 등)일 경우 워드 단위로 모니터링하고자 하면 타입을 워드로 바꾸어 주어야 한다.
- 한 번에 등록할 수 있는 디바이스의 최대 수는 100개이다. 100개 이상의 연속된 디바이스를 등록하기 위해서는 위의 과정을 여러 번 반복하여 등록할 수 있다. 하나의 모니터 창에 등록할 수 있는 데이터의 수는 제한이 없다.

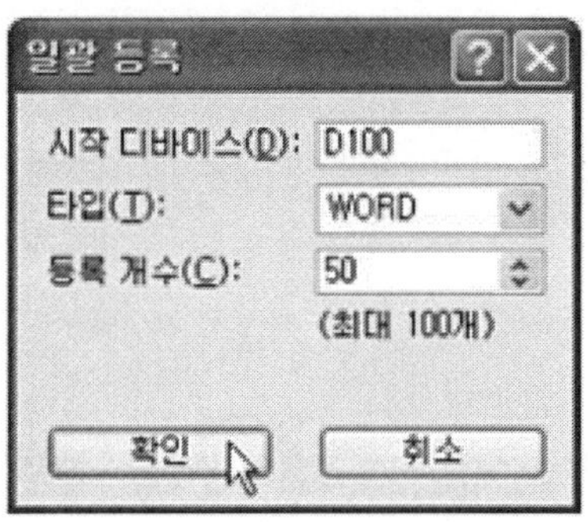

9) 런 중 수정

PC에서 작성한 프로그램을 PLC로 전송하기 위해서는 PLC를 정지시켜야 한다. 그러나 PLC 특성상 PLC를 정지시키지 않은 상태에서 프로그램을 수정 또는 추가해야 할 경우가 있다. 이럴 경우, "런 중 수정 " 기능을 이용하면 PLC를 정지시키지 않고 프로그램을 수정 또는 추가 할 수 있다.

XGT PLC에서 PLC를 정지시키지 않은 상태에서 수정할 수 있는 것은 PLC에 저장되어있는 프로그램의 수정으로 한정되며, 프로그램 블록의 추가 또는 프로그램 블록 전체의 삭제를 할 수 없으며, 파라미터의 수정도 할 수 없다.

기본 파라미터 및 I/O 파라미터를 변경하고자 하면 PLC를 정지시킨 후 "PLC로 쓰기"를 수행해야 수정된 파라미터가 PLC의 운전에 반영된다.

▷ 런 중 수정 시작

- 온라인 >> 런 중 수정(단축키 : Ctrl + Q)을 선택하여 "런 중 수정"을 시작한다. "런 중 수정"이 시작되면 XG5000 프로그램 창의 바탕색이 변경된다.
- 런 중 수정 시 프로그램 화면의 배경색은 XG5000의 도구 >> 옵션 >> LD >> 글꼴/색상에서 변경할 수 있다.

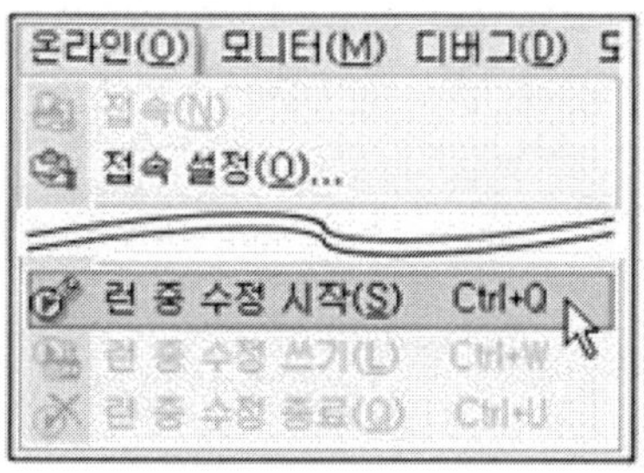

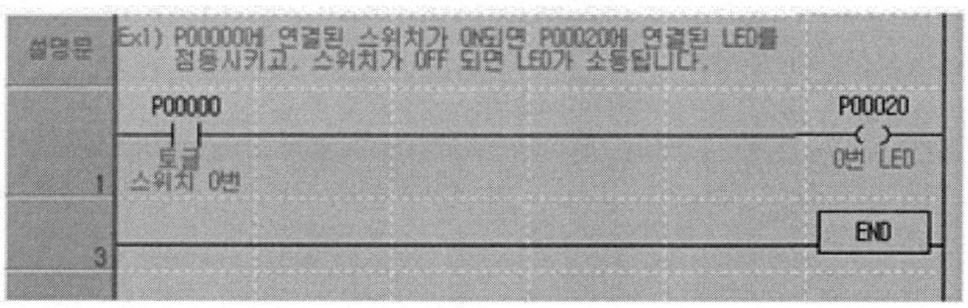

▷ 런 중 수정 쓰기

- 온라인 >> 런 중 수정 쓰기(단축키 : Ctrl + W)를 선택한다. 프로그램의 수정이 완료되면 수정된 프로그램을 PLC로 전송한다.
- 런 중 수정 쓰기가 시작되면 프로그램이 PLC로 전송된다. 이때, 런 중 수정 과정에서 변경된 설명문 쓰기를 선택한 경우 설명문도 PLC로 전송된다.

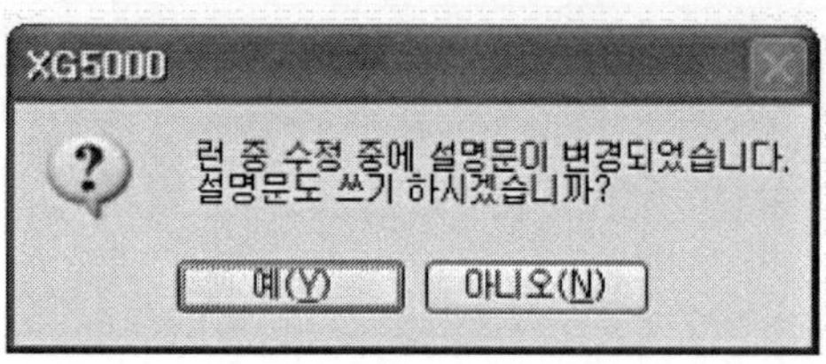

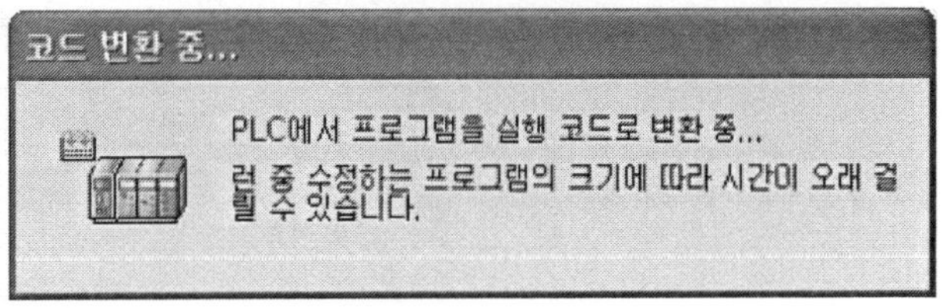

▷ 런 중 수정 종료

- 런 중 수정 쓰기가 완료되면 런 중 수정 종료 아이콘을 선택하거나 온라인 >> 런 중 수정 종료를 선택하여 런 중 수정을 종료한다. 런 중 수정이 종료되면 프로그램 창의 바탕색이 흰색으로 변경된다.

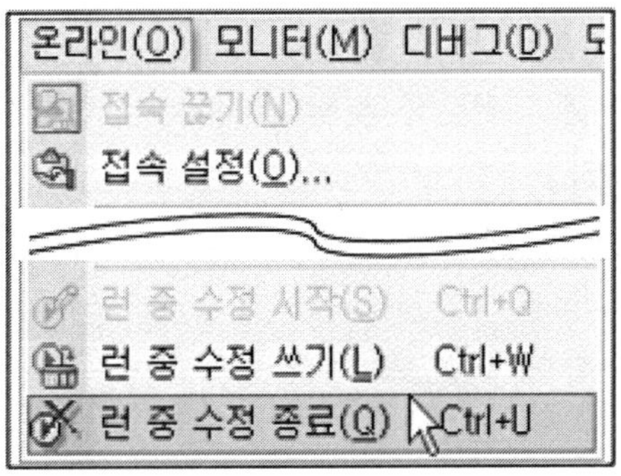

▷ 런 중 에러 사항에 대한 조치

- 런 중 수정은 PLC가 런 상태이면서 XG5000과 PLC 간 통신이 이루어져야 가능한 작업이다. 여기서 런 중 수정 중에 발생할 수 있는 에러 사항에 대한 조치에 관해서 설명한다. 런 중 수정 도중 PLC가 STOP 모드로 변경되었을 경우 아래와 같은 메시지가 발생하며, 런 중 수정 모드는 자동으로 해제된다. 수정된 내용이 PLC로 전송되지 않았을 경우 전체 쓰기를 실행한다.

- 런 중 수정 도중 PLC에 에러가 발생했을 경우 아래와 같이 에러 메시지가 나타나지만, 런 중 수정 모드는 유지하고 있다. PLC에 에러가 발생했을 때 에러 원인을 제거하고 PLC를 리셋해야 에러가 해제되기 때문에 런 중 수정 도중 PLC에 에러가 발생하면 런 중 수정하던 프로젝트를 '저장'하고 에러 원인을 제거한 후 PLC를 리셋한 후 저장된 프로그램 전체를 PLC로 전송한다.

- 런 중 수정 도중 PLC와 통신이 끊겼을 경우 아래와 같은 메시지가 발생한다. 이때, XG5000을 그대로 놓아둔 상태에서 통신을 복구한 후 "다시 시도(R)" 버튼을 눌러 정상적으로 통신이 이루어 지면 계속 런 중 수정 상태로 유지되므로 계속된 런 중 수정 및 런 중 수정 쓰기를 진행할 수 있다.
- 만일 이 메시지에서 "취소"를 선택하면 런 중 수정 모드가 해제되며, 통신 복구 후 전체 쓰기를 실행한다. 그러나 수정한 내용이 많고 PLC를 정지시킬 수 없는 상황이라면 다음의 과정을 통해 간단히 복구할 수 있다.

① 런 중 수정하던 파일을 다른 이름으로 저장
② 통신 복구 후 PLC로부터 열기 → 런 중 수정 시작
③ 새로운 XG5000을 실행시켜 다른 이름으로 저장한 파일 열기
④ 새로운 XG5000(다른 이름으로 저장된 파일)에서 수정된 부분 선택 후 복사 실행
⑤ 런 중 수정 중인 XG5000에 붙여넣기 실행
⑥ 새로운 XG5000(다른 이름으로 저장된 파일)에서 변수/설명을 열어 전체 복사 실행
⑦ 런 중 수정 중인 XG5000에 변수/설명 전체 선택하여 삭제 후 붙여넣기 실행

- 런 중 쓰기 도중 PLC와 통신이 끊겼을 경우도 왼쪽 그림과 같은 메시지가 발생하며, 통신을 복구한 후 "다시 시도(R)"를 선택하면 수정된 프로그램이 다시 PLC로 전송된다. 전송이 완료되면 실행코드로 변환이 시작된다. 도중 PLC에 에러가 발생했을 경우 오른쪽과 같은 메시지가 발생하며 런 중 수정한 내용이 실행되지 않는다. 에러 해제 후 전체 쓰기를 한다.

다. XG5000 프로젝트 구조

XG5000에서 프로젝트는 PLC로 구성되며, 한 개의 프로젝트에는 한 대 이상의 PLC를 등록할 수 있다. PLC의 하부 구성 요소로써 변수/설명, 파라미터, 프로그램, 태스크가 있으며, 프로그램은 스캔 프로그램과 태스크 프로그램이 있다.

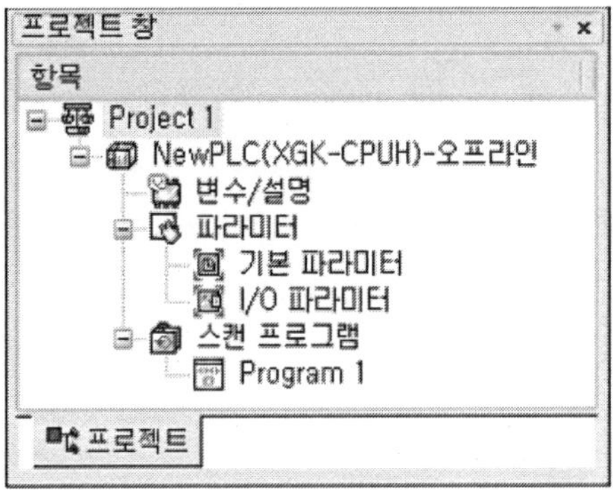

▷ 프로젝트

- 제어의 총괄 개념으로 1 대 이상의 PLC로 구성된다. 특히, 멀티 PLC 프로젝트(2 대 이상의 PLC가 등록된 프로젝트)는 PLC 간 네트워크 연결 시 강력한 기능을 발휘할 수 있다. 멀티 PLC 구성 시 구성 제품군에 다음과 같은 제약이 있다.

① XGK 언어 계열 PLC: XGK 시리즈, XGB 시리즈 중 XBM, XBC CPU
② XGI 언어(IEC 언어) 계열 PLC: XGR 시리즈, XGI 시리즈, XGB 시리즈 중 XEC CPU

▷ PLC

- 한 개의 프로젝트에는 한 대 이상의 PLC를 등록할 수 있다. PLC의 하부 구성 요소로써 변수/설명, 파라미터, 프로그램, 태스크가 있으며, 프로그램은 스캔 프로그램과 태스크 프로그램이 있다.

▷ 변수/설명

- PLC 프로그램에서 사용한 변수 및 각 변수에 대한 설명문을 편집할 수 있다. 또한 PLC 프로그램 과정에서 변수 및 설명문을 편집했을 경우 그 내용을 변수/설명문에서 확인 및 수정할 수 있다.

▷ 파라미터

- PLC 기종에 따라 파라미터의 종류가 달라진다. XGK PLC의 경우 기본 파라미터와 I/O 파라미터로 구성된다.

▷ 스캔 프로그램

- PLC가 RUN 상태이면 연산이 수행되는 프로그램이다.

▷ 태스크 프로그램

- PLC가 RUN 상태이면서 특정 조건(정주기, 내부 접점 ON/OFF)이 만족할 때만 수행되는 프로그램이다. 태스크 프로그램을 작성하기 위해서는 먼저 태스크가 등록되어야 한다.

라. 프로젝트 항목의 편집

프로젝트의 이름을 변경하고자 할 때 파일 탐색기에서 이름을 변경하면 폴더 내 저장된 프로그램만 변경되고 주변 프로그램 및 상위 폴더의 이름은 변경되지 않는다. 프로젝트 이름과 프로젝트 파일명을 동일하게 변경하고자 하면 XG5000의 프로젝트 메뉴에서 "다른 이름으로 저장"을 실행하여야 한다.

▷ 프로젝트 등록 정보 편집

- 프로젝트 생성 시에 지정했던 프로젝트 정보를 편집할 수 있다.
- 마우스로 프로젝트를 클릭하고, 마우스의 오른쪽 버튼을 클릭하여 팝-업 메뉴 창을 호출한 뒤, 팝-업 메뉴 창에서 "등록 정보(T)"를 선택한다.
- 아래 화면에서는 프로젝트의 이름과 프로젝트 설명문을 변경할 수 있다.

4. 데이터와 프로그램

가. PLC 데이터

PLC에서 다루는 데이터는 수치 데이터와 문자 데이터가 있다. 수치 데이터는 다시 정수형 수치 데이터와 실수형 수치 데이터가 있으며, 문자 데이터는 8bit 문자 데이터와 16bit 문자 데이터가 있다. 여기에서 각 데이터의 표현 및 해석 방법을 설명한다.

1) 수치 데이터의 종류 및 범위

수치 데이터란 숫자로 표시되는 데이터를 의미하며, 진법에 따라 2진수, 8진수, 10진수, 16진수의 형태로 PLC에서 사용된다. 또, PLC에서 사용하는 수치 데이터는 정수형 수치 데이터와 실수형 수치 데이터로 구분될 수 있으며, 정수형 수치 데이터는 한 개의 데이터가 점유하는 비트의 수에 따라 니블(Nibble, 4bit), 바이트(Byte, 8bit), 워드(Word, 16bit), 더블 워드(Double Word, 32bit) 크기가 있으며, 실수형 수치 데이터는 플롯(Float, 32bit)과 롱(Long, 64bit)의 크기가 있다.

종류	크기	데이터 범위		
		16 진수	부호없는 십진수	부호있는 십진수
정수형	니블(4 bit)	h0 ~ hF	0 ~ 15 (0 ~ (2^4- 1))	-8 ~ 7 (-2^3 ~ (2^3 – 1))
	바이트(8 bit)	h00 ~ hFF	0 ~ 127(0 ~ (2^8- 1))	-64 ~ 63 (-2^7 ~ (2^2 – 1))
	워드(16 bit)	h0000 ~ hFFFF	0 ~ 65,535 (0 ~ (2^{16}- 1))	-32,768 ~ 32,767 (-2^{15} ~ (2^{15} – 1))
	더블워드(32 bit)	h00000000~hFFFFFFFF	0 ~ 4,294,967,295 (0 ~ (2^{32}- 1))	-2,147,483,648 ~ 2,147,483,647 (-2^{31} ~ (2^{31} – 1))
실수형	Float(32 bit)	-3.402823466e+038 ~ -1.175494351e-038, 0, 1.175494351e-038 ~ 3.402823466e+038		
	Long(64 Bit)	-1.7976931348623157e+308 ~ -2.2250738585072014e-308, 0, 2.2250738585072014e-308 ~ 1.7976931348623157e+308		

2) 수치 데이터의 표현 및 해석

수치 데이터를 PLC에 저장할 때 지정된 메모리 주소에서 0번 비트부터 아래와 같은 방식으로 데이터를 메모리에 저장하며, 메모리에 저장되어있는 데이터를 읽어 올 경우도 동일한 방법으로 해석하여 읽어온다.

▷ 16 진수(Hexa-Decimal)의 표현

- 16진수 1자리가 가질 수 있는 데이터는 0 ~9, A ~ F까지 16개 데이터를 가질 수 있으며, 16개 데이터를 표시하기 위해서는 4개의 비트가 필요하다. (24 = 16) 따라서 1개의 워드에 저장할 수 있는 16진수 최대 데이터는 hFFFF 가 된다. 아래의 표는 16진수를 메모리에 저

장할 때 비트별 가수가 된다. 여기서 가수란 해당 비트가 ON 되었을 때 해석되는 수치이다.

2^3	2^2	2^1	2^0	2^3	2^2	2^1	2^0	2^3	2^2	2^1	2^0	2^3	2^2	2^1	2^0
8	4	2	1	8	4	2	1	8	4	2	1	8	4	2	1
		X 1000(h)				X 100(h)				X 10(h)					X 1(h)

▷ 부호 없는 십진수(Unsigned Integer)의 표현

- 비트 배열을 부호 없는 십진수로 해석하는 방법은 자릿수별 가수를 사용하는 16 진수와 달리 메모리의 0번 비트부터 2^n 가수를 사용한다. 예를 들어, 16bit 크기의 메모리를 사용하는 워드의 경우 비트별로 2^0부터 2^{15}까지 가수를 가지며, 수치의 계산은 ON 비트 수 합으로 계산된다. 만일, 0번 비트와 15번 비트가 가 ON 되어 있다면 2^0 = 1로 해석되고, 2^{15} = 32,768로 해석되어 전체 수치는 1 + 32,768 = 32,769로 해석된다.

2^{15}	2^{14}	2^{13}	2^{12}	2^{11}	2^{10}	2^9	2^8	2^7	2^6	2^5	2^4	2^3	2^2	2^1	2^0

▷ 부호 있는 십진수(Signed Integer)의 표현

- 비트 배열을 부호 있는 십진수로 해석하는 방법은 최상위 비트는 부호 비트가 되며 0번 비트부터 최상위 -1번 비트까지가 가수가 된다. 부호 비트가 OFF 상태(0)일 때 전체 수치는 0 또는 양수임을 의미하고, 수치는 부호 없는 정수와 마찬가지로 ON 비트 가수의 합으로 계산되며, 부호 비트가 ON 상태(1)일 때 전체 수치는 음수임을 의미하고, 수치는 OFF 비트 가수의 합 + 1(2의 보수)이 된다.

부호	2^{14}	2^{13}	2^{12}	2^{11}	2^{10}	2^9	2^8	2^7	2^6	2^5	2^4	2^3	2^2	2^1	2^0

▷ 실수형 데이터

- XGK PLC에서 사용할 수 있는 실수형 데이터는 32bit 실수형(REAL)과 64bit 실수형
- (LREAL)이 있습니다. 32 비트 실수형은 최상위 비트(31번 비트)가 부호 비트이며, 30 ~ 23번 비트가 지수부, 22 ~ 0번 비트가 소수부가 되고, 64bit 실수형은 최상위 비트(63번 비트)가 부호 비트이며, 62 ~ 52번 비트가 지수부, 51 ~ 0번 비트가 소수부가 된다.

3) 문자열 데이터

XGK PLC에서 처리할 수 있는 문자열 데이터는 영문자, 숫자, 특수문자 외 윈도우에서 지원하는 언어이다. 즉 한글 윈도우를 사용할 경우 한글이 사용 가능하며, 한글 윈도우에서 지원하는 한자도 사용할 수 있다. 키보드에서 기본적으로 지원하는 영문자, 숫자 또는 특수문자의 경우 1개의 글자는 1 Byte를 점유하며, 한글, 한자의 경우 1개 글자가 2 Byte를 점유한다.

XGK 에서 문자열 처리 명령어는 최대 32 Byte의 문자열 데이터를 처리할 수 있으므로, 영문자, 숫자, 특수문자로 구성된 문자열의 경우 최대 32개의 문자를 처리할 수 있으며, 한글, 한자의 경우 16개의 문자까지 처리할 수 있다.

PLC에 문자 데이터를 저장하면 영문사, 숫사, 특수문자의 경우 아스키코드로 변환되어 저장 영역의 선두 바이트부터 저장되며, 다른 언어 문자의 경우 해당 언어 윈도우에서 표준으로 사용하는 코드로 변환되어 1개의 문자가 2 Byte에 저장된다. 예를 들어 영문 대문자 'A'를 XGK 데이터 메모리 D00000에 저장하면 영문 대문자 'A'에 대한 아스키코드 (h41)을 저장 데이터 메모리의 선두 바이트에 해당하는 D00000 워드의 하위 바이트(0~7번 비트)에 저장하고, 한글 '가'를 D00000에 저장하면 '가'에 대한 KSC5601 코드 (hA1B0)를 D0000 1개 워드에 저장한다. 여기서 주의할 점은 1개의 문자를 PLC에 저장하더라도 32 Byte 메모리를 사용한다. 즉, 영문 대문자 'A'를 D00000에 저장하면 'A'는 D00000의 하위 바이트에 저장되고, D00000의 상위 바이트(8 ~ F 번 비트)부터 D00015의 상위 바이트까지 31개의 바이트는 모두 NULL(h00)로 채워진다.

XGK PLC에서 문자열 데이터를 처리할 경우 연산의 접두어로 '$'를 사용하며 문자열 상수는 작은따옴표(' ')로 표시한다. 아래의 프로그램 예는 각 비트가 ON 되면 영문자 'ABCD', 한글 '가나다라' 한자 '日就月將'을 D00000부터 저장한다. 특히, P00000을 ON 시킨 D00000부터 16 워드 이상의 데이터 메모리를 모니터하면서 문자열 데이터를 저장하는 조건을 ON 시키면 데이터가 저장되지 않는 영역은 0으로 클리어되는 것을 확인할 수 있다.

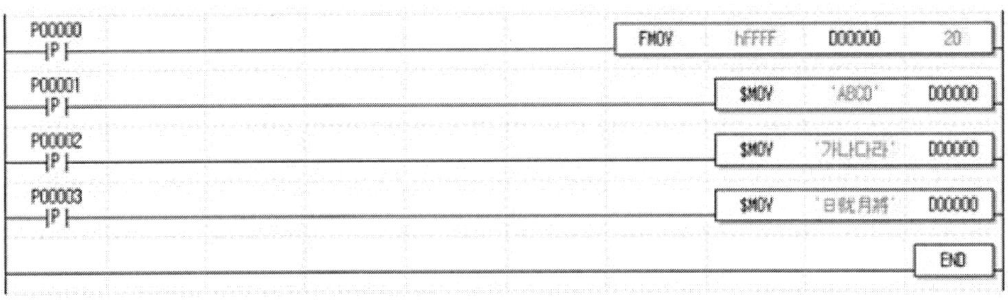

나. 접점/코일 프로그램

1) 접점

접점이란 데이터 메모리에 저장되어있는 비트의 상태 정보를 읽어 데이터를 읽어 그 상태를 좌측에서 우측으로 전달하는 프로그래밍 기호이다. XGK PLC 프로그래밍에서 사용하는 접점의 종류는 평상시 열린 접점(a 접점), 평상시 닫힌 접점(b 접점), 양변환 검출 접점(P 접점), 음변환 검출 접점(N 접점)이 있으며, 각 접점의 동작 특성은 다음과 같다.

- 평상시 열린 접점(단축키 F3) : 데이터 메모리에 저장된 비트 데이터를 읽어 그 상태를 우측으로 전달한다.
- 평상시 닫힌 접점(단축키 F4) : 데이터 메모리에 저장된 비트 데이터를 읽어 상태를 반전시킨 후 그 상태를 우측으로 전달한다.
- 양변환 검출 접점(단축키 Shift + F1) : 지정된 비트가 OFF에서 ON으로 변경될 때 1 스캔

시간 동안 ON 상태를 우측으로 전달한다.

- 음변환 검출 접점(단축키 Shift + F2) : 지정된 비트가 ON에서 OFF로 변경될 때 1 스캔 시간 동안 ON 상태를 우측으로 전달한다.

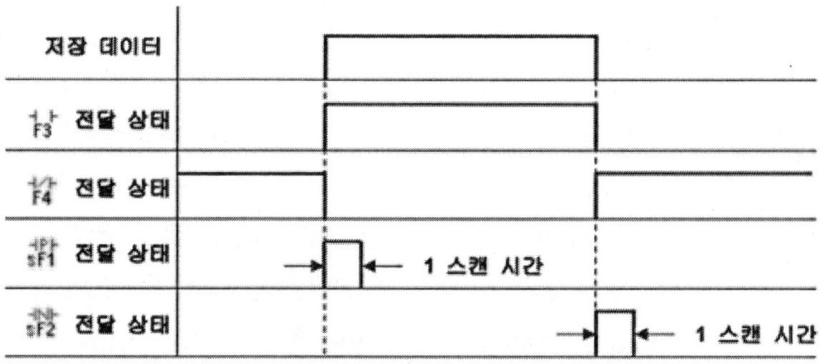

2) 코일

코일은 연산의 결과가 비트로 출력될 때, 출력된 연산 결과를 지정된 비트 메모리에 저장하는 프로그래밍 기호이다. XGK PLC 프로그램에서 사용하는 코일의 종류는 코일, 역코일, 셋 코일, 리셋 코일, 양변환 검출 코일(P 코일), 음변환 검출 코일(N 코일)이 있으며, 각 코일의 동작 특성은 다음과 같다.

- 코일(단축키 F9) : 출력된 비트 결과를 지정된 메모리에 저장한다.
- 역코일(단축키 F11) : 출력된 비트 결과를 반전하여 지정된 메모리에 저장한다.
- 셋 코일(단축키 Shift + F3) : 조건이 만족할 때 지정된 비트 메모리를 ON 시키고, 조건이 해제되더라도 지정된 비트를 다시 OFF 시키지 않는다. 지정된 비트 메모리가 ON 되어 있는 상태에서 조건이 만족할 때 지정된 비트에는 변화가 없다.
- 리셋 코일(단축키 Shif + F4) : 조건이 만족할 때 지정된 비트 메모리를 OFF 시키고, 조건이 해제되더라도 지정된 다시 ON 시키지 않는다. 지정된 비트 메모리가 OFF 되어 있는 상태에서 조건이 만족할 때 지정된 비트에는 변화가 없다.
- 양변환 검출 코일(단축키 Shift + F5) : 연산 결과가 OFF에서 ON으로 변경될 때 1 스캔 시간 동안 ON 상태를 지정된 비트에 저장한다. 1 스캔 시간이 지난 후 지정된 비트는 OFF 된다.
- 음변환 검출 코일(단축키 Shfit + F6) : 연산 결과가 ON에서 OFF로 변경될 때 1 스캔 시간 동안 ON 상태를 지정된 비트에 저장한다. 1 스캔 시간이 지난 후 지정된 비트는 OFF 된다.

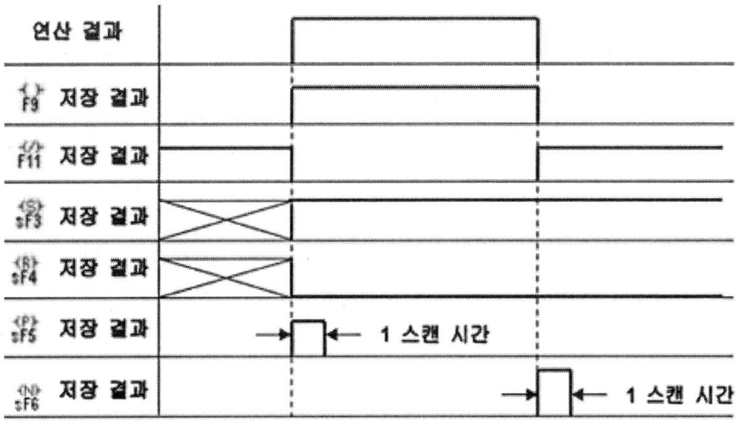

다. 타이머

시퀀스 프로그램 중 지정된 시간 이상의 시간 동안 조건 만족을 유지할 때 어떤 동작을 수행해야 하는 경우 등 시간 지연 요소가 필요할 경우 사용하는 프로그램 요소가 타이머이다. XGK PLC에는 2,048개의 타이머가 있으며, 타이머의 기능별로 TON, TOFF, TMR, TMON, TRTG 등 5종, 시간 설정 단위로 100ms, 10ms, 1ms, 0.1ms 의 4종의 타이머가 있다. 또, 타이머를 사용하지 않고, 비트 디바이스를 직접 시간으로 제어하는 TFLK가 있다. 1개의 타이머는 최대 6,553.5초(65,535 X 100ms)까지 시간 제어를 할 수 있으며, 타이머를 사용하지 않는 TFLK 는 최대 65,535초까지 시간 제어를 할 수 있다.

1) 타이머의 경계치 및 래치 설정

XGK PLC 타이머의 시간 설정 단위는 100ms, 10ms, 1ms, 0.1ms의 4종류가 있다. 시간 설정 단위란 프로그램에서 타이머 편집 시 설정값을 '1'로 설정했을 때 '1'의 의미가 된다. 즉, 100ms 타이머에 설정값을 1로 설정했다면 100ms 시간 제어가 된다는 의미이다.

시간 설정 단위별로 사용할 수 있는 타이머의 수는 기본 파라미터의 "디바이스 영역 설정" 항목에서 설정할 수 있으며, 각 설정 시간 단위별 타이머에 최소 1개 이상의 타이머가 할당되어야 한다.

정전 시 타이머 동작 시간 데이터가 보존되어야 할 타이머의 경우 래치 영역의 타이머를 사용해야 하며, 기본 파라미터의 '디바이스 영역 설정' 항목에서 각 설정 시간별 타이머에 래치 영역을 설정하여 사용할 수 있다. 초기 설정은 모든 타이머 영역이 휘발성 영역으로 설정되어 있으므로 래치 타이머가 필요한 경우 사용자가 지정해서 사용해야 한다.

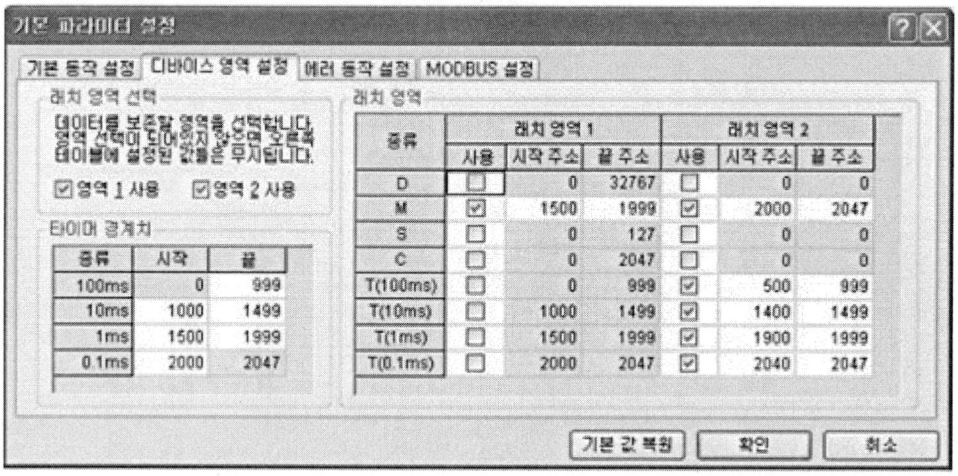

2) 타이머의 편집

도구상자에서 펑션/펑션 블록(단축키 F10)을 선택한다.

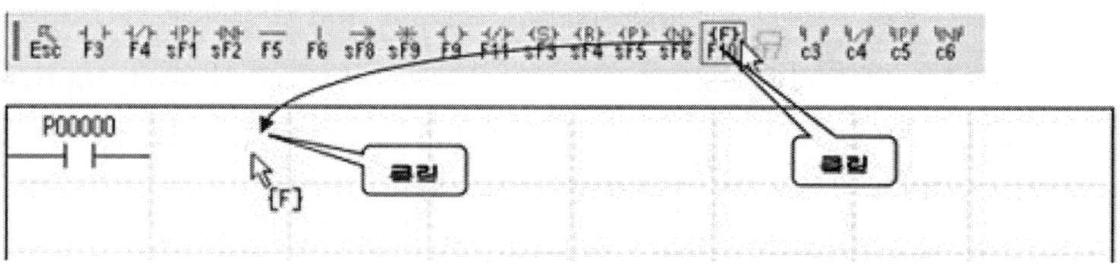

응용 명령 창에서 타이머 종류, 타이머 번호, 설정값 순으로 입력한다. 만일 타이머의 설정값을 고정값으로 하지 않고 가변적으로 사용하고자 하면 설정값 위치에 워드형 디바이스를 입력한다. 타이머의 최대 설정값은 65,535이며, 설정값에 따른 설정 시간은 기본 파라미터의 디바이스 영역 설정 항목에서 설정된 타이머 경계치에 따라 그 의미가 달라진다. 설정값을 HMI 등 외부에서 설정할 경우 16bit 부호 없는 10진 정수로 설정해야 한다.

타이머는 조건이 만족한 후 타이머 동작 특성에 따라 시간 지연 후 타이머 접점을 제어하게 된다. 이후 타이머 접점을 이용하여 시퀀스 프로그램을 작성하면 된다.

본 예제에서 설정값을 10으로 설정한 경우 P00000 입력 접점이 1초 이상 ON을 유지할 경우 P00020 출력 접점이 ON 되며, P00000 입력 접점이 OFF 될 때 P00020 출력 접점이 OFF 된다.

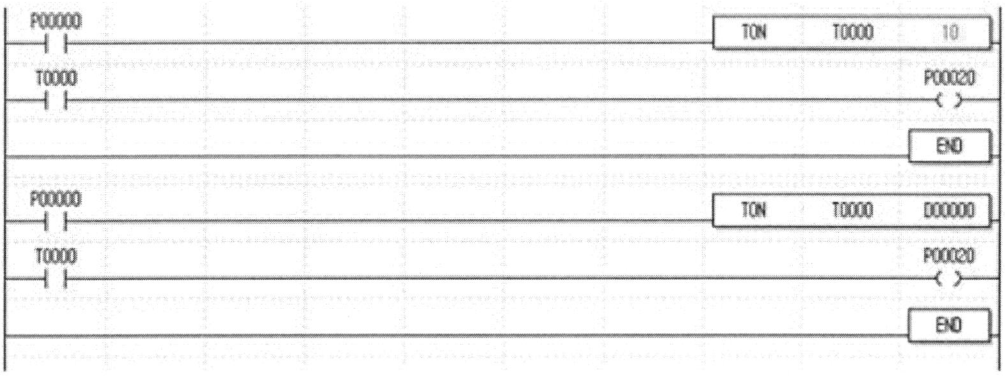

타이머를 리셋할 때 아래와 같이 리셋 코일(단축키 Shift + F4)을 이용하여 타이머를 리셋한다.

3) 타이머의 동작 특성

▷ TON (ON Delay Timer)

- ON Delay Timer는 조건이 만족된 후 설정된 시간 이상 조건이 유지될 때 타이머의 접점이 ON 되는 타이머이다.
- 타이머의 기동 조건이 만족되면 현재값을 설정 시간 단위로 1씩 증가시키며, 현재값 = 설정값이 될 때 타이머 접점이 ON 된다.
- 타이머 동작 중 기동 조건이 해제되면 현재값 = 0 이 된다.
- 타이머 접점이 ON 된 상태에서 기동 조건이 해제되면 타이머 접점이 OFF 된다.
- 타이머를 리셋하면 현재값 = 0 이 되며, 타이머 접점이 ON 되어 있는 경우 접점은 OFF 된다.

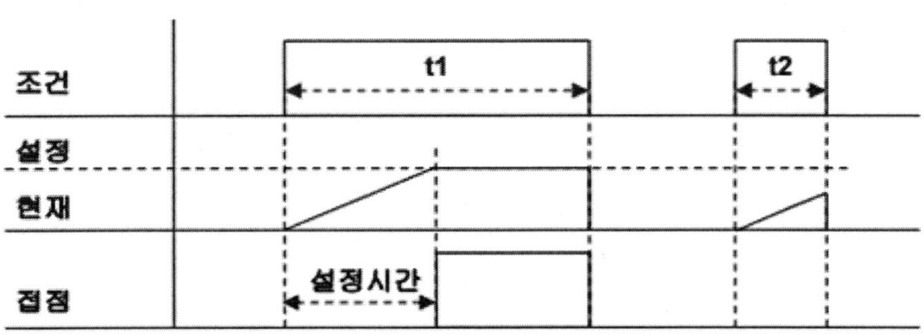

t1 ≥ 설정 시간, t2 < 설정 시간

▷ TOFF (OFF Delay Timer)

- OFF Delay Timer는 조건이 만족될 때 타이머 접점이 ON 되고, 조건이 OFF 된 후 설정된 시간 동안 접점이 ON 상태를 유지하는 타이머이다.
- 타이머의 기동 조건이 만족되면 현재값 = 설정값이 되고, 타이머 접점은 ON 된다.
- 타이머의 기동 조건이 해제되면 현재값을 설정 시간 단위로 1씩 감소 시키고 현재값이 0이 될 때 타이머의 접점은 OFF 된다.
- 타이머의 현재값이 감소하고 있는 상태에서 다시 기동 조건이 만족되면 현재값 = 설정값이 되고, 접점은 ON 된다.
- 타이머를 리셋하면 현재값 = 0이 되며, 타이머 접점이 ON 되어 있는 경우 접점은 OFF 된다.

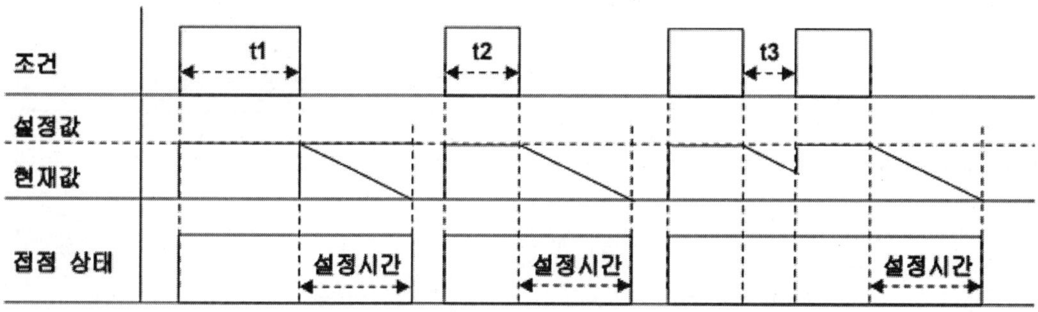

▷ TMR (적산 Timer)

- 적산 타이머는 조건이 만족된 후 설정된 시간 이상 조건이 유지될 때 타이머의 접점이 ON 되는 타이머이다.
- 타이머의 기동 조건이 만족되면 현재값을 설정 시간 단위로 1씩 증가시키며, 현재값 = 설정값이 될 때 타이머 접점이 ON 된다.
- 타이머의 접점이 ON 된 상태에서 기동 조건을 계속 만족하더라도 더는 현재값은 증가하지 않는다.
- 타이머 동작 중 기동 조건이 해제되면 현재값을 유지한다.
- 타이머 접점이 ON 된 상태에서 기동 조건이 해제되면 타이머 접점이 ON 상태를 유지한다.
- 타이머를 리셋하면 현재값 = 0이 되며, 타이머 접점이 ON 되어 있는 경우 접점은 OFF 된다.

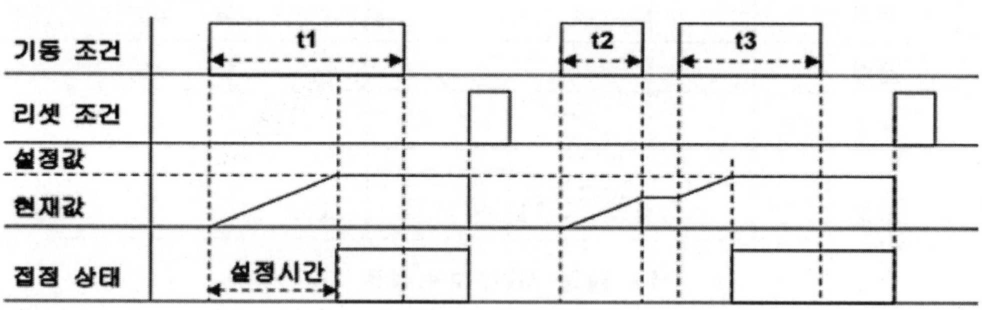

▷ TMON (Mono-Stable Timer)

- Mono-Stable Timer는 조건이 만족되면 설정된 시간 동안 타이머 접점이 ON 되는 타이머이다.
- 타이머 기동 조건이 만족되면 현재값 = 설정값이되고, 타이머 접점이 ON 된다.
- 타이머의 기동 조건이 만족된 후 기동 조건의 변화와 관계없이 현재값이 설정 시간 단위로 1씩 감소하며, 현재값 = 0이 될 때 접점이 OFF 된다.
- 타이머를 리셋하면 현재값 = 0이되며, 타이머 접점이 ON 되어 있는 경우 접점은 OFF 된다.

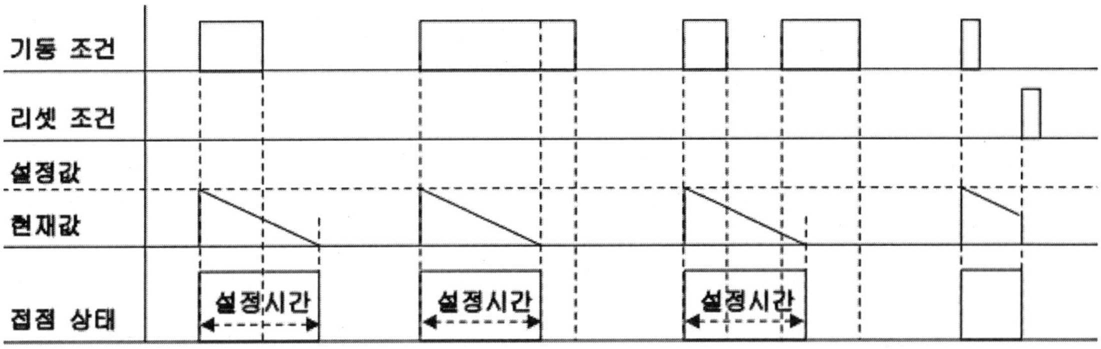

▷ TRTG (Re-Triggerable Timer)

- Re-Triggerable Timer는 조건이 만족되면 설정된 시간 도안 타이머 접점이 ON 되는 타이머이다.
- 타이머의 기동 조건이 만족되면 현재값 = 설정값이 되고, 타이머 접점이 ON 된다.
- 타이머의 기동 조건이 만족된 후 설정 시간 단위로 1씩 감소되며, 현재값 = 0이 될 때 접점이 OFF 된다.
- 타이머 동작 중 타이머의 기동 조건에서 상승 에지가 발생 (OFF → ON)하면 현재값 = 설정값이 된 후 현재값이 다시 설정 시간 단위로 1씩 감소하고 현재값 = 0이 될 때 접점이 OFF 된다.
- 타이머를 리셋하면 현재값 =0 이 되며, 타이머 접점이 ON 되어 있는 경우 접점은 OFF 된다.

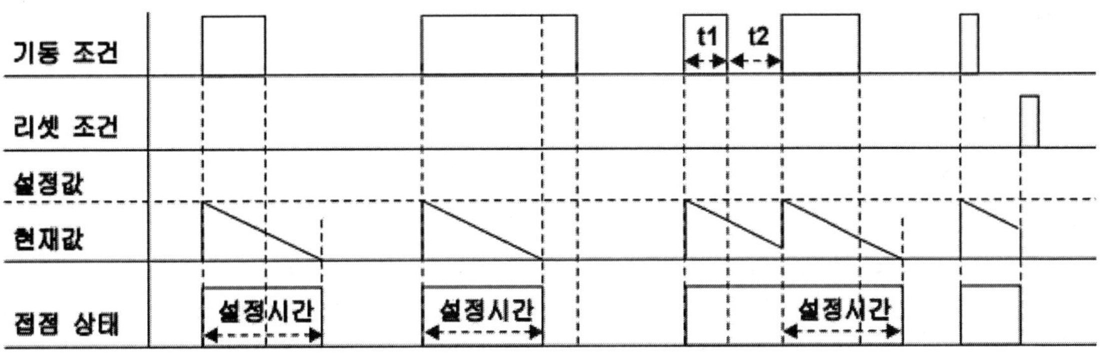

라. 카운터

카운터는 조건의 만족 회수를 계수하는 프로그램 요소이다. 즉, 조건이 만족될 때 현재값을 1씩 증가 또는 감소시켜 조건이 만족되는 회수를 누적한다.

XGK PLC에는 2,048개의 카운터가 있으며, 기능별로 CTU, CTD, CTUD, CTR 등 4종의 카운터가 있으며, 1개의 카운터는 최대 65,535까지 계수할 수 있다.

1) 카운터의 정전 유지

PLC의 정전 시 카운터의 현재값이 유지되어야 하는 경우가 있다. 특히 장기적인 데이터의 누적이 필요한 경우 래치 영역의 카운터를 사용하는 것이 권장된다. 카운터 영역의 래치는 기본 파라미터에서 설정할 수 있으며, 초기 설정은 모든 영역이 휘발성으로 설정되어있으므로 래치 카운터가 필요한 경우 사용자가 직접 래치 영역을 설정해야 한다.

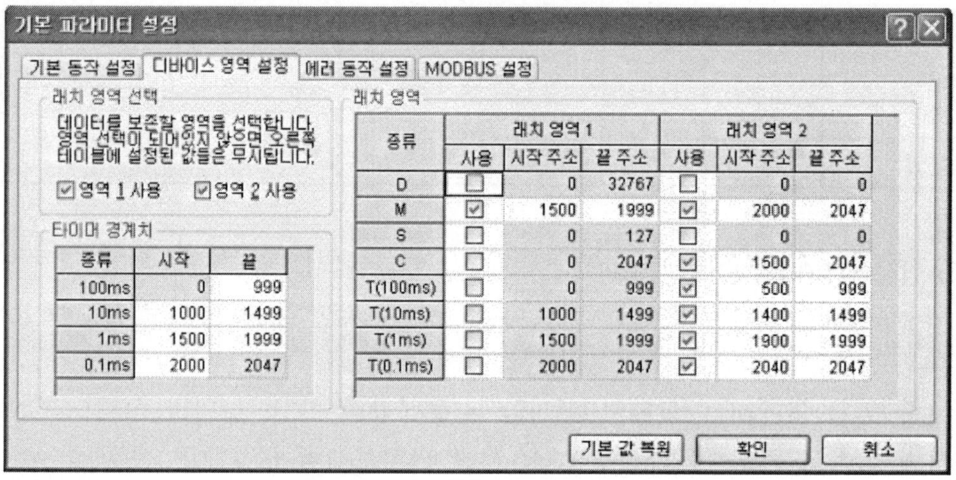

2) 카운터의 편집

▷ CTU, CTD, CTR 편집

- 도구상자에서 펑션/펑션 블록(단축키 F10)을 선택한다.

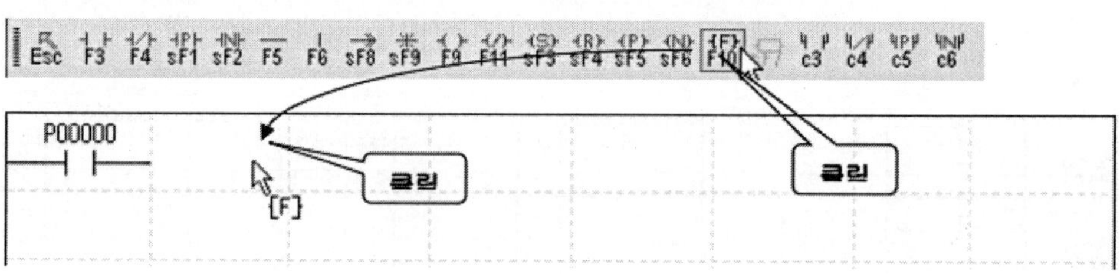

- 응용 명령 창에서 카운터 종류, 카운터 번호, 설정값 순으로 입력한다. 만일 카운터의 설정값을 고정값으로 하지 않고 가변적으로 설정하고자 하면 설정값 위치에 워드형 디바이스를 입력한다. 카운터의 최대 설정값은 65,535이며, HMI 등 외부에서 설정값을 설정할 경

우 16bit 부호 없는 10진 정수형식으로 입력해야 한다.

3) 카운터의 동작 특성

▷ CTU (UP Counter)

- UP Counter의 초기 현재값 = 0이다. 카운터의 동작 조건에 상승 에지가 발생(OFF → ON) 할 때마다 카운터의 현재값이 1씩 증가 되고, 카운터의 현재값 = 설정값이 될 때 카운터의
- 접점이 ON 되는 카운터이다.
- 카운터의 초기 현재값 = 0이며, 동작 조건에 상승 에지가 발생하면 현재값이 1 증가 된다.
- 카운터의 현재값 = 설정값이 될 때 카운터의 접점이 ON 된다.
- 카운터의 접점이 ON 된 상태에서 동작 조건에 상승 에지가 발생하면 현재값은 1 증가 되고, 접점은 ON 상태를 유지한다.
- 카운터의 현재값이 65,535인 상태에서 동작 조건에 상승 에지가 발생해도 현재값은 변경되지 않는다.
- 카운터를 리셋하면 현재값 = 0이 되며, 카운터의 접점이 ON 되어 있는 경우 접점은 OFF 된다.
- 카운터의 현재값을 강제로 변경시킬 경우 접점 상태는 변경되지 않는다.

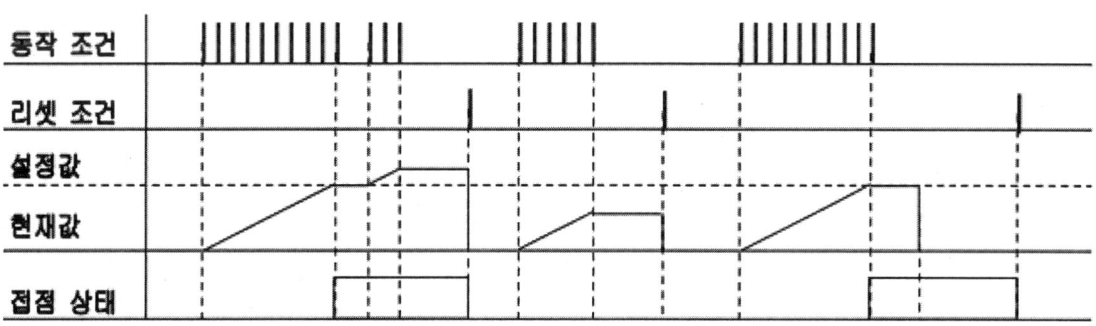

▷ CTD (DOWN Counter)

- DOWN Counter의 초기 현재값 = 설정값이 된다. 카운터의 동작 조건에 상승 에지가 발생(OFF → ON)할 때마다 카운터의 현재값이 1씩 감소 되고, 카운터의 현재값 = 0이 될 때

카운터의 접점이 ON 되는 카운터이다.

- 카운터의 초기 현재값 = 설정값이 된다.
- 카운터의 동작 조건에 상승 에지가 발생하면 현재값이 1 감소 된다.
- 카운터의 현재값 = 0 이 될 때 카운터의 접점이 ON 된다.
- 카운터의 접점이 ON 된 상태(현재값 = 0)에서 동작 조건에 상승 에지가 발생해도 현재값은 변화되지 않는다.
- 카운터를 리셋하면 현재값 = 설정값이 되며, 카운터의 접점이 ON 되어 있는 경우 접점은 OFF 된다.
- 카운터의 현재값을 강제로 변경시킬 경우 접점 상태는 변경되지 않는다.

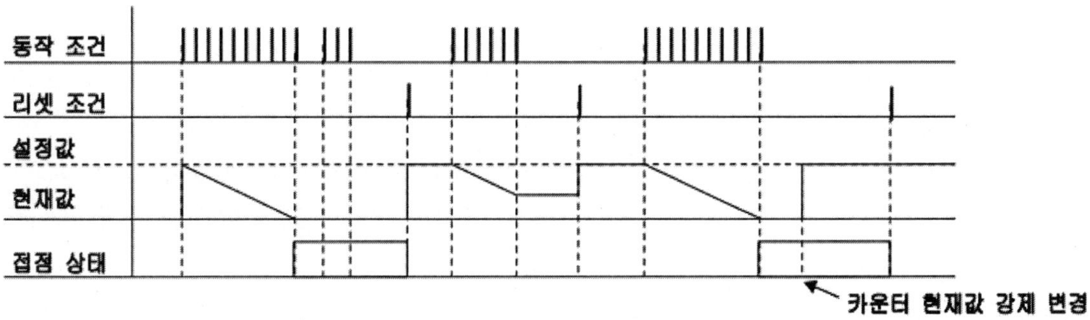

▷ CTUD (UP/DOWN Counter)

- UP/DOWN Counter의 초기 현재값 = 0이다. CTUD의 동작 조건은 상시 ON (F00099)로 사용해야 하며, 명령어 편집 시 증가(UP) 및 감소(DOWN) 계수의 조건을 설정한다. 증가 계수의 조건에 상승 에지가 발생(OFF → ON)할 때 카운터의 현재값이 1씩 증가 되고, 감소 계수의 조건에 상승 에지가 발생(OFF → ON)할 때 카운터의 현재값이 1씩 감소 된다.
- 카운터의 초기 설정값 = 0이다.
- 증가 계수 조건에 상승 에지가 발생하면 현재값이 1 증가 되고, 감소 계수 조건에 상승 에지가 발생하면 현재값이 1 감소 된다.
- 카운터의 현재값 = 설정값이 될 때 카운터의 접점이 ON 된다.
- 카운터의 접점이 ON 된 상태에서 증가 계수 조건에 상승 에지가 발생하면 현재값이 1 증가 되고 접점은 ON 상태를 유지한다.
- 카운터의 현재값 = 65,535인 상태에서 증가 계수 조건에 상승 에지가 발생해도 현재값이 변화되지 않는다.
- 카운터의 현재값 = 0인 상태에서 감소 계수의 조건에 상승 에지가 발생할 때 현재값은 변화되지 않는다.
- 카운터를 리셋하면 현재값 = 0 이 되며, 카운터의 접점이 ON 되어 있는 경우 접점은 OFF 된다.
- 카운터의 현재값을 강제로 변경시킬 경우 접점 상태는 변경되지 않는다.

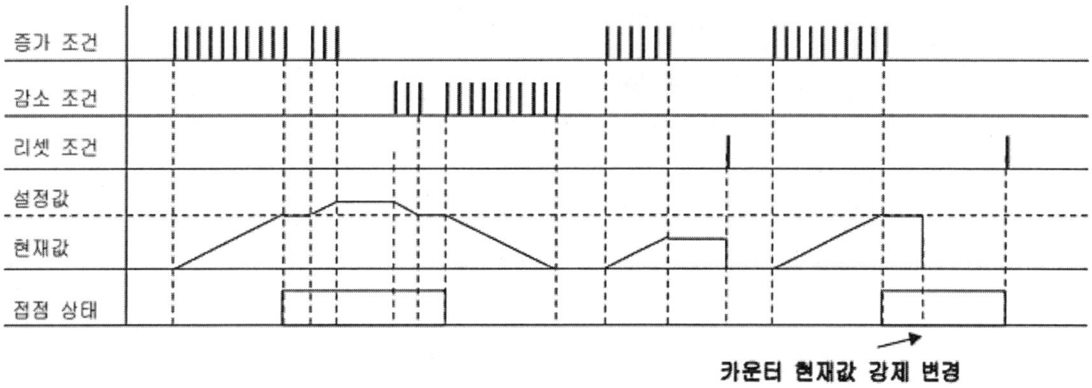

▷ CTR (RING Counter)

- RING Counter의 초기 현재값은 = 0이다. 카운터의 동작 조건에 상승 에지가 발생(OFF → ON)할 때마다 카운터의 현재값이 1씩 증가 되고, 카운터의 현재값 = 설정값이 될 때 카운터의 접점이 ON 된다. 접점이 ON 된 상태에서 동작 조건에 상승 에지가 1번 발생하면 카운터의 현재값이 0으로 변경되고, 접점이 OFF 된다.
- 카운터의 동작 조건에 상승 에지가 발생하면 현재값이 1 증가 된다.
- 카운터의 현재값 = 설정값이 될 때 카운터의 접점이 ON 된다.
- 카운터의 접점이 ON 된 상태에서 동작 조건에 상승 에지가 발생하면 현재값 = 0 이 되고 접점은 OFF 된다.
- 카운터를 리셋하면 현재값 = 0 이 되며, 카운터의 접점이 ON 되어 있는 경우 접점은 OFF 된다.
- 카운터의 현재값을 강제로 변경시킬 경우 접점 상태는 변경되지 않는다.

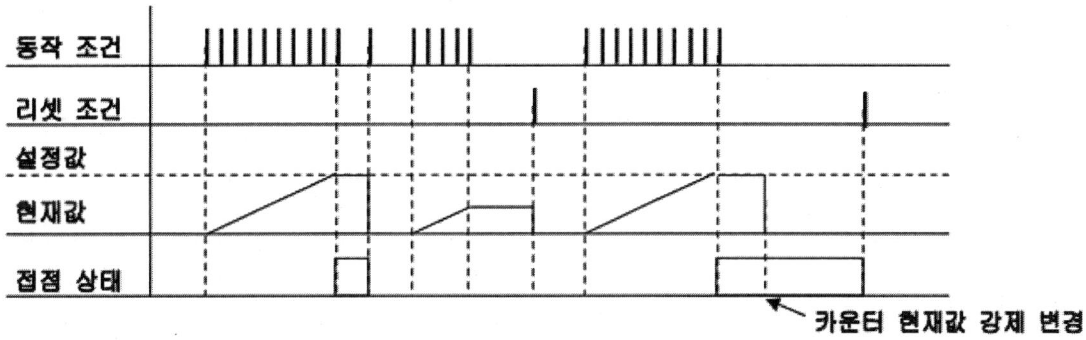

마. 자주 사용되는 시스템 플래그

XGT PLC에서는 시스템 플래그(F 영역), PID 플래그(K 영역), P2P 플래그(L 영역), 고속링크 플래그(L 영역) 등 기능별 플래그를 제공하고 있으며, 대부분의 플래그는 읽기 전용 영역으로 사용된다. 플래그는 XG5000에서 자동으로 변수 및 설명문을 등록하기 때문에 사용자가 변수 또는 설명문 등록하지 않아도 변수 또는 설명문을 볼 수 있다.

아래 표는 프로그램에서 자주 사용되는 시스템 플래그이다.

디바이스	변수	설명	디바이스	변수	설명
F00000	_RUN	PLC Run 시 ON	F00096	_T20S	20초 주기 CLOCK (10초 ON, 10초 OFF)
F00001	_STOP	PLC Run 시 ON	F00097	_T60S	1분 주기 CLOCK (30초 ON, 30초 OFF)
F00002	_ERROR	Error 발생 시 ON	F00099	_ON	항상 ON
F00090	_T20MS	20ms 주기 CLOCK (10ms ON, 10ms OFF)	F0009A	_OFF	항상 OFF
F00091	_T100MS	100ms 주기 CLOCK (50ms ON, 50ms OFF)	F0009B	_1ON	첫 스캔 ON
F00092	_T200MS	200ms 주기 CLOCK (100ms ON, 100ms OFF)	F0009C	_1OFF	첫 스캔 OFF
F00093	_T1S	1초 주기 CLOCK (0.5초 ON, 0.5초 OFF)	F0009D	_STOG	매 스캔 반전
F00094	_T2S	2초 주기 CLOCK (1초 ON, 1초 OFF)	F00110	_LER	연산 에러 (1 스캔 ON)
F00095	_T10S	10초 주기 CLOCK (5초 ON, 5초 OFF)	F00112	_CARRY	연산 캐리 발생 시 ON

Chap3. PLC 기초 제어 실습

1. 논리회로 [YES]

가. 학습 목표

1	PLC 제어 정의와 특성에 관해 설명할 수 있다.
2	PLC 제어에 필요한 PLC 입출력 할당을 할 수 있다.
3	PLC를 활용하여 논리회로 제어 프로그램을 작성할 수 있다.

나. 입출력 할당표

입력		출력	
PLC 할당	설명	PLC 할당	설명
P00	PB1	P3A	B'Cyl 전진

다. PLC 프로그램 작성

1) 동작 설명

- PB1을 ON 하면 B 실린더가 전진한다.
- PB1을 OFF 하면 B 실린더가 후진한다.

2) 하드웨어 결선

- Chap.1 中 "3. 하드웨어 결선하기"를 참고한다.
- 나. PLC COM 결선, 다. 스위치 결선, 카. 실린더 공압 결선, 타. 솔레노이드 밸브 결선

3) 프로그램 작성하기

- 동작 설명에 맞게 프로그램을 작성한다.

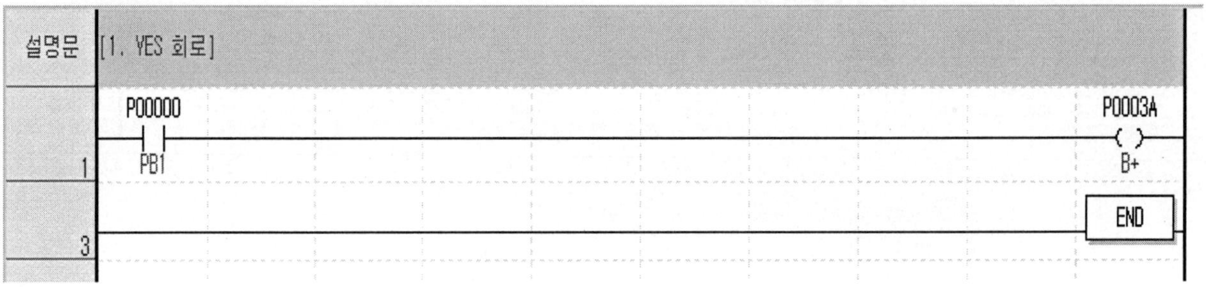

2. 논리회로 [NOT]

가. 학습 목표

1	PLC 제어 정의와 특성에 관해 설명할 수 있다.
2	PLC 제어에 필요한 PLC 입출력 할당을 할 수 있다.
3	PLC를 활용하여 논리회로 제어 프로그램을 작성할 수 있다.

나. 입출력 할당표

입력		출력	
PLC 할당	설명	PLC 할당	설명
P00	PB1	P3A	B'Cyl 전진

다. PLC 프로그램 작성

1) 동작 설명

- PB1을 ON 하면 B 실린더가 후진한다.
- PB1을 OFF 하면 B 실린더가 전진한다.

2) 하드웨어 결선

- Chap.1 中 "3. 하드웨어 결선하기"를 참고한다.
- 나. PLC COM 결선, 다. 스위치 결선, 카. 실린더 공압 결선, 타. 솔레노이드 밸브 결선

3) 프로그램 작성하기

- 동작 설명에 맞게 프로그램을 작성한다.

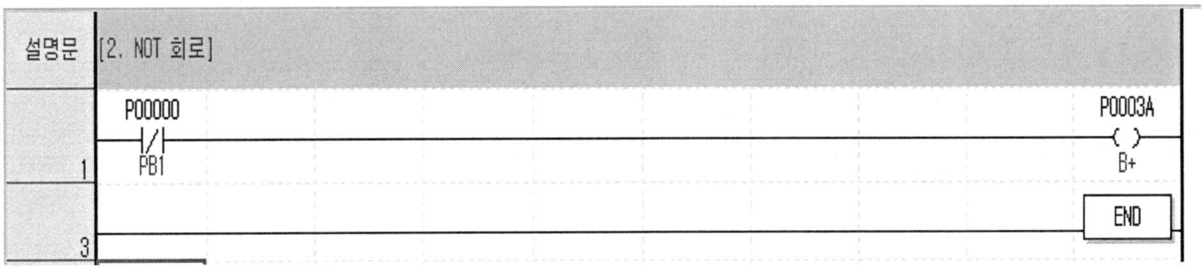

3. 논리회로 [AND]

가. 학습 목표

1	PLC 제어 정의와 특성에 관해 설명할 수 있다.
2	PLC 제어에 필요한 PLC 입출력 할당을 할 수 있다.
3	PLC를 활용하여 논리회로 제어 프로그램을 작성할 수 있다.

나. 입출력 할당표

입력		출력	
PLC 할당	설명	PLC 할당	설명
P00	PB1	P3A	B'Cyl 전진
P01	PB2		

다. PLC 프로그램 작성

1) 동작 설명

- PB1과 PB2를 동시에 ON 하면 B 실린더가 전진한다.
- PB1 또는 PB2가 OFF 하면 B 실린더가 후진한다.

2) 하드웨어 결선

- Chap.1 中 "3. 하드웨어 결선하기"를 참고한다.
- 나. PLC COM 결선, 다. 스위치 결선, 카. 실린더 공압 결선, 타. 솔레노이드 밸브 결선

3) 프로그램 작성하기

- 동작 설명에 맞게 프로그램을 작성한다.

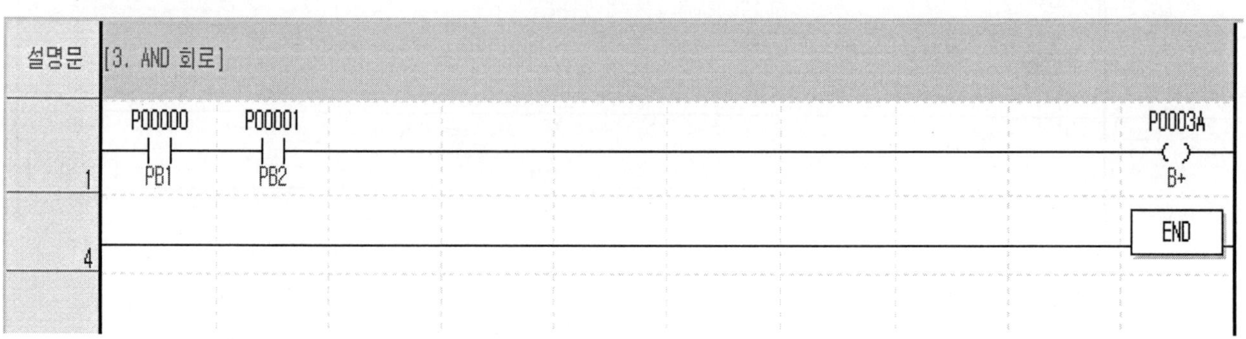

라. 학습 정리 및 추가 실습

1) 진리표 작성하기

- 위 실습 동작 결과를 아래 진리표에 0 또는 1을 작성하여 표를 완성하시오.

A(PB1)	B(PB2)	Y(실린더)
0	0	
0	1	
1	0	
1	1	

2) NAND 회로

- 아래 논리식은 NAND 회로에 관한 논리식이다. 논리식에 맞춰 실린더를 동작하는 프로그램을 작성하고, 동작 결과를 아래 진리표에 0 또는 1을 작성하여 표를 완성하시오.

- NAND 회로 논리식 : $Y = \overline{A \cdot B}$

1	
2	
3	
4	
5	

A(PB1)	B(PB2)	Y(실린더)
0	0	
0	1	
1	0	
1	1	

4. 논리회로 [OR]

가. 학습 목표

1	PLC 제어 정의와 특성에 관해 설명할 수 있다.
2	PLC 제어에 필요한 PLC 입출력 할당을 할 수 있다.
3	PLC를 활용하여 논리회로 제어 프로그램을 작성할 수 있다.

나. 입출력 할당표

입력		출력	
PLC 할당	설명	PLC 할당	설명
P00	PB1	P3A	B'Cyl 전진
P01	PB2		

다. PLC 프로그램 작성

1) 동작 설명

- PB1 또는 PB2가 ON 하면 B 실린더가 전진한다.
- PB1과 PB2가 모두 OFF 하면 B 실린더가 후진한다.

2) 하드웨어 결선

- Chap.1 中 "3. 하드웨어 결선하기"를 참고한다.
- 나. PLC COM 결선, 다. 스위치 결선, 카. 실린더 공압 결선, 타. 솔레노이드 밸브 결선

3) 프로그램 작성하기

- 동작 설명에 맞게 프로그램을 작성한다.

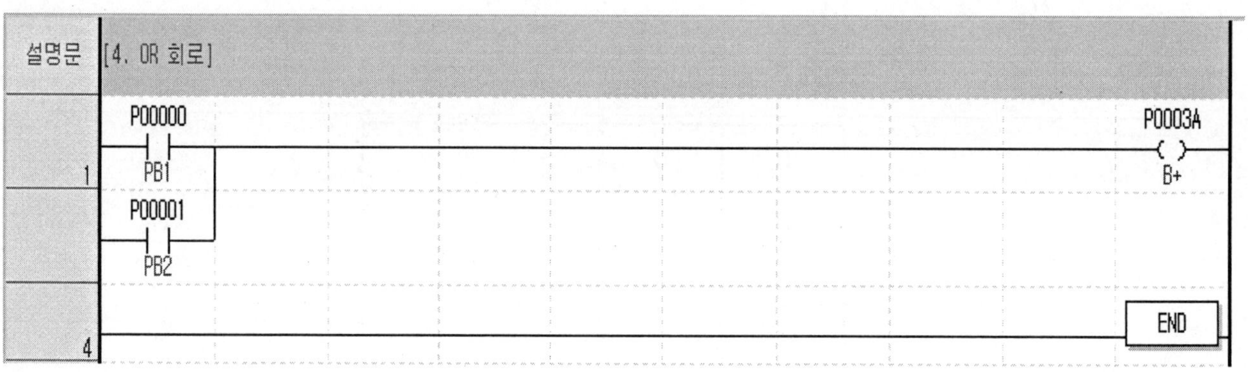

라. 학습 정리 및 추가 실습

1) 진리표 작성하기

- 위 실습 동작 결과를 아래 진리표에 0 또는 1을 작성하여 표를 완성하시오.

A(PB1)	B(PB2)	Y(실린더)
0	0	
0	1	
1	0	
1	1	

2) NOR 회로

- 아래 논리식은 NOR 회로에 관한 논리식이다. 논리식에 맞춰 실린더를 동작하는 프로그램을 작성하고, 동작 결과를 아래 진리표에 0 또는 1을 작성하여 표를 완성하시오.

- NOR 회로 논리식 : $Y = \overline{A+B}$

1	
2	
3	
4	
5	

A(PB1)	B(PB2)	Y(실린더)
0	0	
0	1	
1	0	
1	1	

5. 논리회로 [X-OR]

가. 학습 목표

1	PLC 제어 정의와 특성에 관해 설명할 수 있다.
2	PLC 제어에 필요한 PLC 입출력 할당을 할 수 있다.
3	PLC를 활용하여 논리회로 제어 프로그램을 작성할 수 있다.

나. 입출력 할당표

입력		출력	
PLC 할당	설명	PLC 할당	설명
P00	PB1	P3A	B'Cyl 전진
P01	PB2		

다. PLC 프로그램 작성

1) 동작 설명

- PB1과 PB2 중 하나만 ON 하면 B 실린더가 전진한다.
- PB1과 PB2가 모두 ON 하거나 OFF 하면 B 실린더가 후진한다.

2) 하드웨어 결선

- Chap.1 中 "3. 하드웨어 결선하기"를 참고한다.
- 나. PLC COM 결선, 다. 스위치 결선, 카. 실린더 공압 결선, 타. 솔레노이드 밸브 결선

3) 프로그램 작성하기

- 동작 설명에 맞게 프로그램을 작성한다.

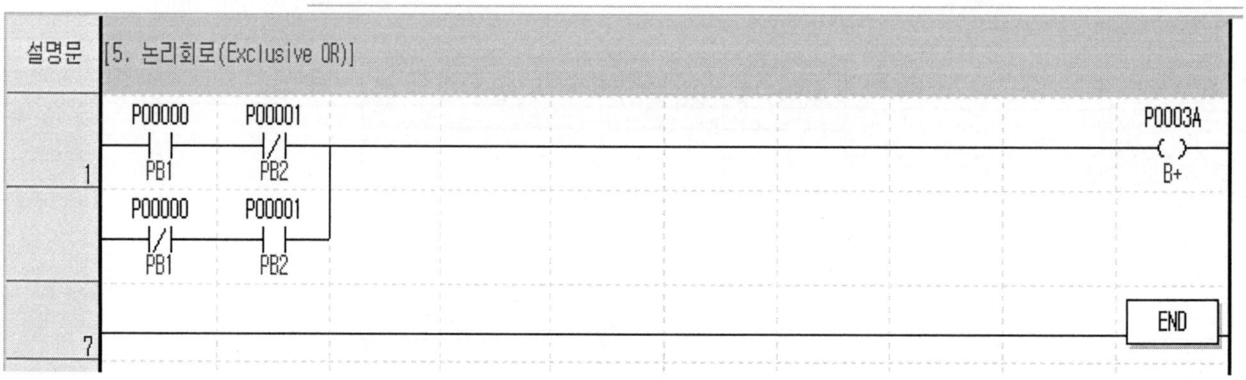

라. 학습 정리 및 추가 실습

1) 진리표 작성하기

- 위 실습 동작 결과를 아래 진리표에 0 또는 1을 작성하여 표를 완성하시오.

A(PB1)	B(PB2)	Y(실린더)
0	0	
0	1	
1	0	
1	1	

2) X-NOR 회로

- 아래 논리식은 X-NOR 회로에 관한 논리식이다. 논리식에 맞춰 실린더를 동작하는 프로그램을 작성하고, 동작 결과를 아래 진리표에 0 또는 1을 작성하여 표를 완성하시오.

- X-NOR 회로 논리식 : $Y = A \odot B = AB + \overline{AB}$

1	
2	
3	
4	
5	

A(PB1)	B(PB2)	Y(실린더)
0	0	
0	1	
1	0	
1	1	

6. 자기유지회로(기초)

가. 학습 목표

1	PLC 제어 정의와 특성에 관해 설명할 수 있다.
2	PLC 제어에 필요한 PLC 입출력 할당을 할 수 있다.
3	PLC를 활용하여 내부 비트 메모리를 이용한 제어 프로그램을 작성할 수 있다.

나. 입출력 할당표

입력		출력	
PLC 할당	설명	PLC 할당	설명
P00	PB1	P3A	B'Cyl 전진

다. PLC 프로그램 작성

1) 동작 설명

- PB1을 ON 하면 B 실린더가 전진하며, 내부 비트 메모리 M01의 a 접점에 의하여 실린더는 전진을 유지한다.
- PLC를 STOP 모드로 변경하거나, 장비의 전원을 차단하면 B 실린더는 후진한다.

2) 하드웨어 결선

- Chap.1 中 "3. 하드웨어 결선하기"를 참고한다.
- 나. PLC COM 결선, 다. 스위치 결선, 카. 실린더 공압 결선, 타. 솔레노이드 밸브 결선

3) 프로그램 작성하기

- 동작 설명에 맞게 프로그램을 작성한다.

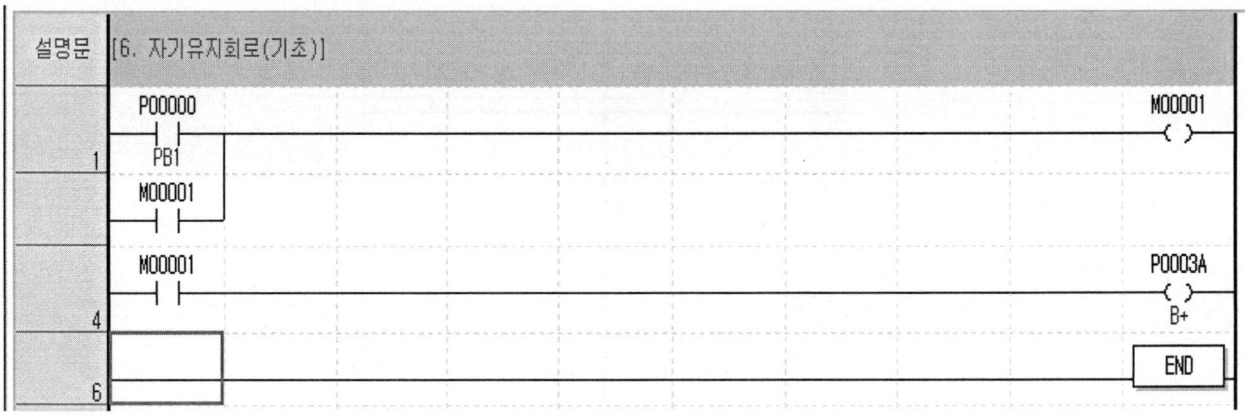

라. 학습 정리 및 추가 실습

1) 프로그램 개선하기

- 위 실습 프로그램은 자기 유지 신호 M01을 차단할 신호가 존재하지 않기에 장비의 전원을 차단하여 실린더를 후진 위치로 복귀한다. PB2(P01)를 연결하여 자기 유지 차단 신호로 사용하기 위해서는 아래와 같이 4가지 방법이 있다. 이 중 PB2를 ON/OFF 하였을 때 정상적으로 후진하는 위치와 정상적으로 후진하지 않는 위치를 프로그램에 적용하여 구별하고 아래에 작성하시오.

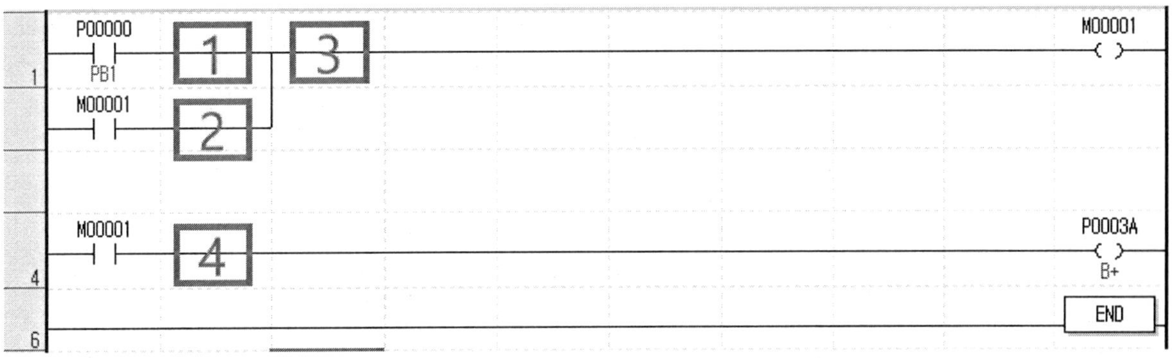

- PB2가 정상적으로 동작하는 위치 : 2, 3
- PB2가 정상적으로 동작하지 않는 위치 : 1, 4

7. OFF 우선 자기유지회로

가. 학습 목표

1	PLC 제어 정의와 특성에 관해 설명할 수 있다.
2	PLC 제어에 필요한 PLC 입출력 할당을 할 수 있다.
3	PLC를 활용하여 내부 비트 메모리를 이용한 제어 프로그램을 작성할 수 있다.

나. 입출력 할당표

입력		출력	
PLC 할당	설명	PLC 할당	설명
P00	PB1	P20	PL1
P01	PB2		

다. PLC 프로그램 작성

1) 동작 설명

- PB1을 ON 하면 램프가 점등하며, 내부 비트 메모리 M01의 a 접점에 의하여 램프는 점등을 유지하고, 점등 상태에서 PB2를 누르면 램프는 소등된다.
- PB1과 PB2를 동시에 누르면 OFF 우선 동작으로 램프는 소등된다.

2) 하드웨어 결선

- Chap.1 中 "3. 하드웨어 결선하기"를 참고한다.
- 나. PLC COM 결선, 다. 스위치 결선, 카. 실린더 공압 결선, 타. 솔레노이드 밸브 결선

3) 프로그램 작성하기

- 동작 설명에 맞게 프로그램을 작성한다.

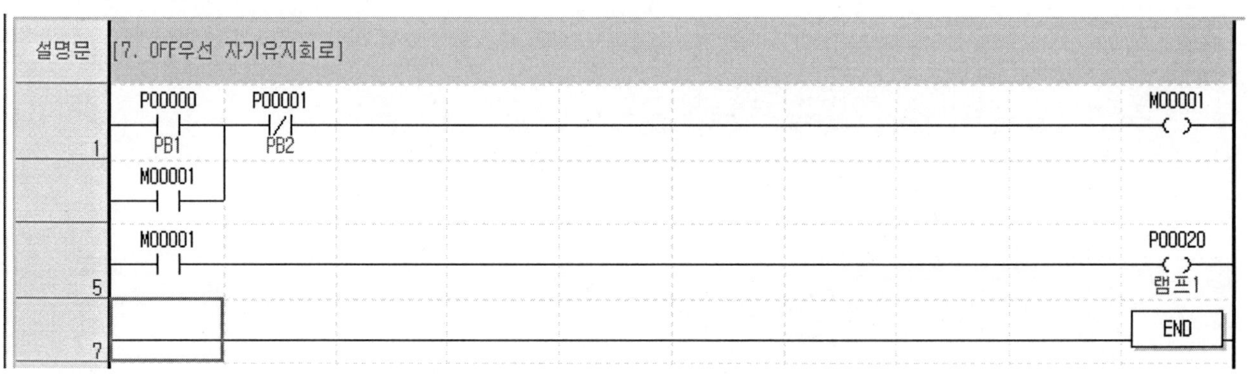

8. ON 우선 자기유지회로

가. 학습 목표

1	PLC 제어 정의와 특성에 관해 설명할 수 있다.
2	PLC 제어에 필요한 PLC 입출력 할당을 할 수 있다.
3	PLC를 활용하여 내부 비트 메모리를 이용한 제어 프로그램을 작성할 수 있다.

나. 입출력 할당표

입력		출력	
PLC 할당	설명	PLC 할당	설명
P00	PB1	P20	PL1
P01	PB2		

다. PLC 프로그램 작성

1) 동작 설명

- PB1을 ON 하면 램프가 점등하며, 내부 비트 메모리 M01의 a 접점에 의하여 램프는 점등을 유지하고, 점등 상태에서 PB2를 누르면 램프는 소등된다.
- PB1과 PB2를 동시에 누르면 ON 우선 동작으로 램프는 점등한다.

2) 하드웨어 결선

- Chap.1 中 “3. 하드웨어 결선하기”를 참고한다.
- 나. PLC COM 결선, 다. 스위치 결선, 라. 램프 결선

3) 프로그램 작성하기

- 동작 설명에 맞게 프로그램을 작성한다.

1	
2	
3	
4	
5	

라. 학습 정리 및 추가 실습

1) ON 우선과 OFF 우선 자기 유지 회로 비교

- ON 우선과 OFF 우선 자기 유지 회로는 PB1에 의해 램프는 점등하고, PB2에 의해 램프가 소등된다. 그러나 PB2의 위치에 따라 동시에 눌렀을 때는 서로 다른 상태를 확인할 수 있다. 이러한 경우가 적용되는 사례를 조사하여 아래 빈칸에 작성해보자.

- OFF 우선 자기 유지 회로의 적용 사례

- ON 우선 자기 유지 회로의 적용 사례

9. SET과 RESET 활용 자기 유지

가. 학습 목표

1	PLC 제어 정의와 특성에 관해 설명할 수 있다.
2	PLC 제어에 필요한 PLC 입출력 할당을 할 수 있다.
3	PLC를 활용하여 (S), (R)을 이용한 자기 유지 제어 프로그램을 작성할 수 있다.

나. 입출력 할당표

입력		출력	
PLC 할당	설명	PLC 할당	설명
P00	PB1	P3A	B'Cyl 전진
P01	PB2		

다. PLC 프로그램 작성

1) 동작 설명

- PB1을 ON 하면 셋 코일[-(S)-]에 의해 실린더가 전진하며, 전진 상태를 유지한다.
- PB2를 ON 하면 리셋 코일[-(R)-]에 의해 실린더가 후진하며, 후진 상태를 유지한다.

2) 하드웨어 결선

- Chap.1 中 "3. 하드웨어 결선하기"를 참고한다.
- 나. PLC COM 결선, 다. 스위치 결선, 카. 실린더 공압 결선, 타. 솔레노이드 밸브 결선

3) 프로그램 작성하기

- 동작 설명에 맞게 프로그램을 작성한다.

1	
2	
3	
4	
5	

10. 실린더 1개 전후진 제어1

가. 학습 목표

1	PLC 제어 정의와 특성에 관해 설명할 수 있다.
2	PLC 제어에 필요한 PLC 입출력 할당을 할 수 있다.
3	PLC를 활용하여 실린더의 위치를 파악하고, 제어 프로그램을 작성할 수 있다.

나. 입출력 할당표

입력		출력	
PLC 할당	설명	PLC 할당	설명
P00	PB1	P3A	B'Cyl 전진
P01	PB2		
P1C	B'Cyl 전진감지		

다. PLC 프로그램 작성

1) 동작 설명

- PB1을 ON 하면 M01이 자기 유지되며, M01의 a 접점에 의해 B 실린더가 전진한다.
- B 실린더의 전진이 감지(P1C)되면, M02가 여자 되며, M02의 b 접점에 의해 M01의 자기 유지 신호는 차단되며, 실린더는 후진한다.

2) 하드웨어 결선

- Chap.1 中 "3. 하드웨어 결선하기"를 참고한다.
- 나. PLC COM 결선, 다. 스위치 결선, 카. 실린더 공압 결선, 타. 솔레노이드 밸브 결선, 파. 리드 스위치 결선

3) 프로그램 작성하기

- 동작 설명에 맞게 프로그램을 작성한다.

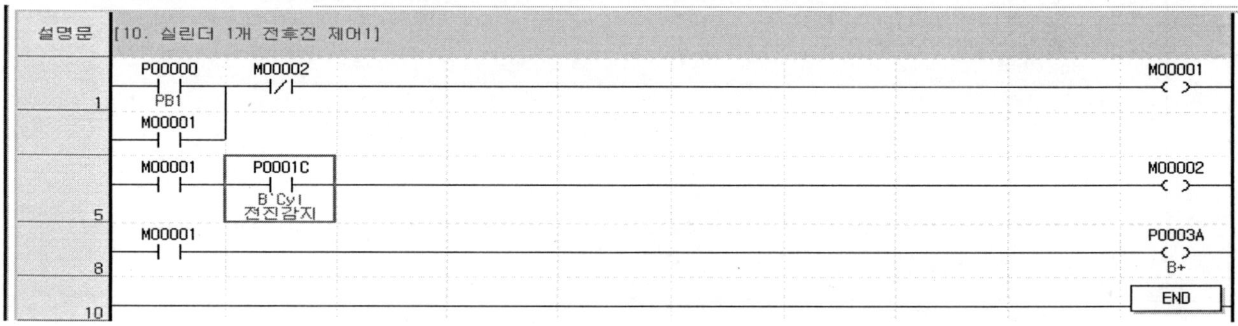

11. 실린더 1개 전후진 제어2

가. 학습 목표

1	PLC 제어 정의와 특성에 관해 설명할 수 있다.
2	PLC 제어에 필요한 PLC 입출력 할당을 할 수 있다.
3	PLC를 활용하여 실린더의 위치를 파악하고, 제어 프로그램을 작성할 수 있다.

나. 입출력 할당표

입력		출력	
PLC 할당	설명	PLC 할당	설명
P00	PB1	P3A	B'Cyl 전진
P01	PB2		
P1B	B'Cyl 후진감지		
P1C	B'Cyl 전진감지		

다. PLC 프로그램 작성

1) 동작 설명

- 실린더의 후진이 감지(P1B)된 상태에서 PB1을 ON 하면 M01이 자기 유지되며, M01의 a 접점에 의해 B 실린더가 전진한다.
- B 실린더의 전진이 감지(P1C)되면, M02가 여자 되며, M02의 b 접점에 의해 M01의 자기 유지 신호는 차단되며, 실린더는 후진한다.

2) 하드웨어 결선

- Chap.1 中 "3. 하드웨어 결선하기"를 참고한다.
- 나. PLC COM 결선, 다. 스위치 결선, 카. 실린더 공압 결선, 타. 솔레노이드 밸브 결선, 파. 리드 스위치 결선

3) 프로그램 작성하기

- 동작 설명에 맞게 프로그램을 작성한다.

1	
2	
3	
4	
5	

라. 학습 정리 및 추가 실습

1) 프로그램 비교하기

- **"10. 실린더 1개 전후진 제어1"**과 **"11. 실린더 1개 전후진 제어2"**는 같은 동작을 수행하나 프로그램 시작 조건에 장비의 초기 상태(실린더의 후진 감지)를 확인하는 것에 차이가 있다. 이것은 1회 실행에서는 차이점이 없으나 만일 PB1을 계속 누르고 있는 상태에서 차이점이 발생한다. 10번 실습 프로그램에서 PB1을 계속 누르고 있는 경우와 11번 실습 프로그램에서 PB1을 계속 누르고 있는 경우를 비교하여 간단히 정리하고 아래 빈칸에 작성해보자.

12. 체인 회로

가. 학습 목표

1	PLC 제어 정의와 특성에 관해 설명할 수 있다.
2	PLC 제어에 필요한 PLC 입출력 할당을 할 수 있다.
3	PLC를 활용하여 체인 회로 제어 프로그램을 작성할 수 있다.

나. 입출력 할당표

입력		출력	
PLC 할당	설명	PLC 할당	설명
P00	PB1	P20	PL1
P01	PB2		
P02	PB3		
P03	PB4		

다. PLC 프로그램 작성

1) 동작 설명

- 다음과 같은 순서로 스위치를 ON/OFF 하여야 PL1이 점등한다.
- 1. PB1 ON/OFF >> 2. PB2 ON/OFF >> 3. PB3 ON/OFF
- PB4를 ON/OFF하면 PL1이 소등된다.

2) 하드웨어 결선

- Chap.1 中 "3. 하드웨어 결선하기"를 참고한다.
- 나. PLC COM 결선, 다. 스위치 결선, 라. 램프 결선

3) 프로그램 작성하기

- 동작 설명에 맞게 프로그램을 작성한다.

1	
2	
3	
4	
5	
6	
7	
8	
9	
10	
11	

라. 학습 정리 및 추가 실습

1) 체인 회로 - 2

- 다음과 같은 순서로 스위치를 ON/OFF 하였을 때 PL1이 점등하도록 프로그램을 작성한다.
- 1. PB3 ON/OFF >> 2. PB1 ON/OFF >> 3. PB4 ON/OFF >> 4. PB2 ON/OFF
- PB5를 P04와 연결하고, PB5를 ON/OFF 하면 PL1은 소등된다.

13. 선입력 우선회로 [OFF우선 자기유지응용]

가. 학습 목표

1	PLC 제어 정의와 특성에 관해 설명할 수 있다.
2	PLC 제어에 필요한 PLC 입출력 할당을 할 수 있다.
3	PLC를 활용하여 선입력 우선 제어 프로그램을 작성할 수 있다.

나. 입출력 할당표

입력		출력	
PLC 할당	설명	PLC 할당	설명
P00	PB1	P20	PL1
P01	PB2	P21	PL2
P02	PB3	P22	PL3
P03	PB4		

다. PLC 프로그램 작성

1) 동작 설명

- PB1을 ON/OFF 하면 PL1이 점등한다.
- (단, PL1이 점등된 상태에서는 PB2, PB3를 ON/OFF 하여도 PL2, PL3가 점등하지 않는다.)
- PB2를 ON/OFF 하면 PL2가 점등된다.
- (단, PL2가 점등된 상태에서는 PB1, PB3을 ON/OFF 하여도 PL1, PL3이 점등되지 않는다.)
- PB3을 ON/OFF 하면 PL3가 점등된다.
- (단, PL3가 점등된 상태에서는 PB1, PB2를 ON/OFF 하여도, PL1, PL2가 점등되지 않는다.)
- PB4를 ON/OFF 하면 PL1, PL2, PL3이 모두 소등된다.

2) 하드웨어 결선

- Chap.1 中 “3. 하드웨어 결선하기”를 참고한다.
- 나. PLC COM 결선, 다. 스위치 결선, 라. 램프 결선

3) 프로그램 작성하기

- 동작 설명에 맞게 프로그램을 작성한다.

1	
2	
3	
4	
5	
6	
7	
8	
9	
10	
11	

라. 학습 정리 및 추가 실습

1) 프로그램 비교하기

- 실생활에서 위 실습과 같은 방법으로 운용되는 사례가 여러 가지 있으며, 관련된 사례를 조사하여 아래 빈칸에 간단하게 작성하시오.

14. 후입력 우선회로 [ON우선 자기유지응용]

가. 학습 목표

1	PLC 제어 정의와 특성에 관해 설명할 수 있다.
2	PLC 제어에 필요한 PLC 입출력 할당을 할 수 있다.
3	PLC를 활용하여 후입력 우선 제어 프로그램을 작성할 수 있다.

나. 입출력 할당표

입력		출력	
PLC 할당	설명	PLC 할당	설명
P00	PB1	P20	PL1
P01	PB2	P21	PL2
P02	PB3	P22	PL3
P03	PB4		

다. PLC 프로그램 작성

1) 동작 설명

- PB1을 ON/OFF 하면 PL1이 점등한다.
- (단, PL1이 점등된 상태에서 PB2를 ON/OFF 하면 PL2가 점등된다.)
- (단, PL1이 점등된 상태에서 PB3를 ON/OFF 하면 PL3가 점등된다.)
- PB2를 ON/OFF 하면 PL2가 점등된다.
- (단, PL2가 점등된 상태에서 PB1을 ON/OFF 하면 PL1이 점등된다.)
- (단, PL2가 점등된 상태에서 PB3를 ON/OFF 하면 PL3가 점등된다.)
- PB3을 ON/OFF 하면 PL3가 점등된다.
- (단, PL3이 점등된 상태에서 PB1을 ON/OFF 하면 PL1이 점등된다.)
- (단, PL3이 점등된 상태에서 PB2를 ON/OFF 하면 PL2가 점등된다.)
- PB4를 ON/OFF 하면 PL1, PL2, PL3이 모두 소등된다.

2) 하드웨어 결선

- Chap.1 中 "3. 하드웨어 결선하기"를 참고한다.
- 나. PLC COM 결선, 다. 스위치 결선, 라. 램프 결선

3) 프로그램 작성하기

- 동작 설명에 맞게 프로그램을 작성한다.

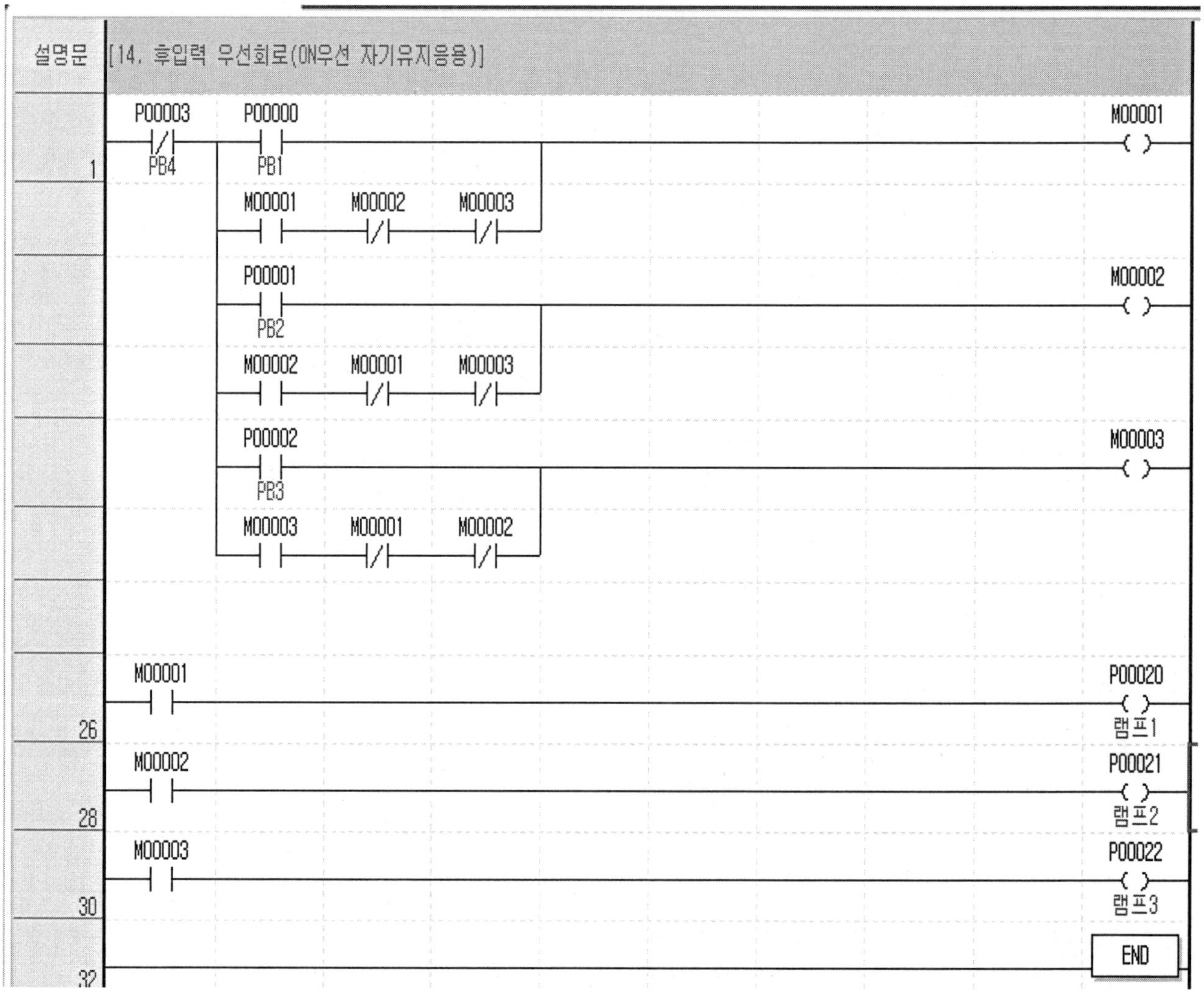

라. 학습 정리 및 추가 실습

1) 프로그램 비교하기

- 실생활에서 위 실습과 같은 방법으로 운용되는 사례가 여러 가지 있으며, 관련된 사례를 조사하여 아래 빈칸에 간단하게 작성하시오.

15. 인터록 회로

가. 학습 목표

1	PLC 제어 정의와 특성에 관해 설명할 수 있다.
2	PLC 제어에 필요한 PLC 입출력 할당을 할 수 있다.
3	PLC를 활용하여 인터록 제어 프로그램을 작성할 수 있다.

나. 입출력 할당표

입력		출력	
PLC 할당	설명	PLC 할당	설명
P00	PB1	P20	PL1
P01	PB2	P21	PL2
P03	PB4		

다. PLC 프로그램 작성

1) 동작 설명

- PB1을 ON/OFF 하면 PL1이 점등한다.
- (단, PL1이 점등된 상태에서 PB2를 ON/OFF 하여도 PL2가 점등되지 않는다.)
- PB2를 ON/OFF 하면 PL2가 점등된다.
- (단, PL2가 점등된 상태에서 PB1을 ON/OFF 하여도 PL1이 점등되지 않는다.)
- PB4를 ON/OFF 하면 PL1, PL2가 소등된다.

2) 하드웨어 결선

- Chap.1 中 “3. 하드웨어 결선하기”를 참고한다.
- 나. PLC COM 결선, 다. 스위치 결선, 라. 램프 결선

3) 프로그램 작성하기

- 동작 설명에 맞게 프로그램을 작성한다.

1	
2	
3	
4	
5	
6	
7	
8	
9	
10	
11	

라. 학습 정리 및 추가 실습

1) 인터록 회로의 사용 목적과 적용 사례

인터록 회로는 주로 모터의 정역 제어, 하드웨어 간의 동시 작업 방지 목적으로 사용된다. 즉, Inter-Rock 이란 상호 간의 동작에 대한 보완 장치라 할 수 있다. 인터록을 적용한 예시는 아래와 같다.

- 유해위험한 화학 장치 공장에서 비상 가동 중단 시스템
- 크레인 안전 하중 지시계(Crane Safe Load Indicator)
- 철도 싢호 시스템
- 기계 가드 연동 및 비상정지 시스템
- 동적 포지셔닝(해양시설 접근 시 선박 움직입 제어)
- 항공 비행 표면 제어의 플라이 바이 와이어 작동
- 자동차 표시등, 브레이크 잠김 방지 및 엔진 관리 시스템

16. 양변환 · 음변환회로

가. 학습 목표

1	PLC 제어 정의와 특성에 관해 설명할 수 있다.
2	PLC 제어에 필요한 PLC 입출력 할당을 할 수 있다.
3	PLC를 활용하여 양변환/음변환 신호를 이용한 제어 프로그램을 작성할 수 있다.

나. 입출력 할당표

입력		출력	
PLC 할당	설명	PLC 할당	설명
P00	PB1	P20	PL1
P01	PB2	P21	PL2
P02	PB3		

다. PLC 프로그램 작성

1) 동작 설명

- PB1을 ON 하는 순간 PL1은 점등한다. (자기 유지)
- PB2를 ON에서 OFF 하는 순간 PL2가 점등한다. (자기 유지)
- PB3을 ON/OFF 하면 PL1, PL2가 모두 소등된다.

2) 하드웨어 결선

- Chap.1 中 "3. 하드웨어 결선하기"를 참고한다.
- 나. PLC COM 결선, 다. 스위치 결선, 라. 램프 결선

3) 프로그램 작성하기

- 동작 설명에 맞게 프로그램을 작성한다.

라. 학습 정리 및 추가 실습

1) 타임 차트 작성

- 양변환 신호(-|P|-)와 음변환 신호(-|N|-)를 이용하여 프로그램을 작성하였으며, 아래 타임 차트에서 다음과 같이 스위치를 조작하였을 때 램프가 켜지고 꺼지는 순간을 막대로 표시하여 타임 차트를 완성하시오.

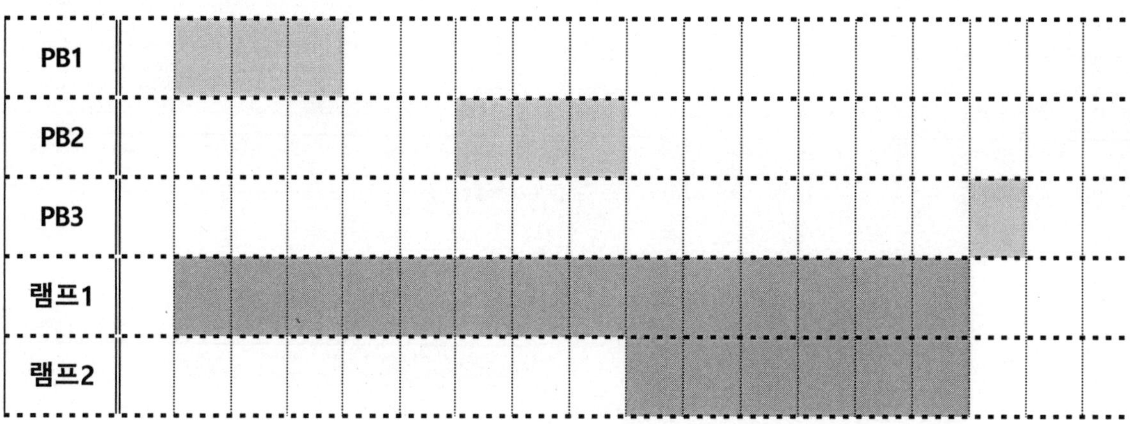

17. 타이머 기본회로1 [지연동작회로]

가. 학습 목표

1	PLC 제어 정의와 특성에 관해 설명할 수 있다.
2	PLC 제어에 필요한 PLC 입출력 할당을 할 수 있다.
3	PLC를 활용하여 타이머 명령어를 이용하여 제어 프로그램을 작성할 수 있다.

나. 입출력 할당표

입력		출력	
PLC 할당	설명	PLC 할당	설명
P00	PB1	P3A	B'Cyl 전진

다. PLC 프로그램 작성

1) 동작 설명

- PB1을 3초간 ON 하면 실린더가 전진한다.
- PB1을 OFF 하면 실린더가 후진한다.

2) 하드웨어 결선

- Chap.1 中 "3. 하드웨어 결선하기"를 참고한다.
- 나. PLC COM 결선, 다. 스위치 결선, 카. 실린더 공압 결선, 타. 솔레노이드 밸브 결선, 파. 리드 스위치 결선

3) 프로그램 작성하기

- 동작 설명에 맞게 프로그램을 작성한다.

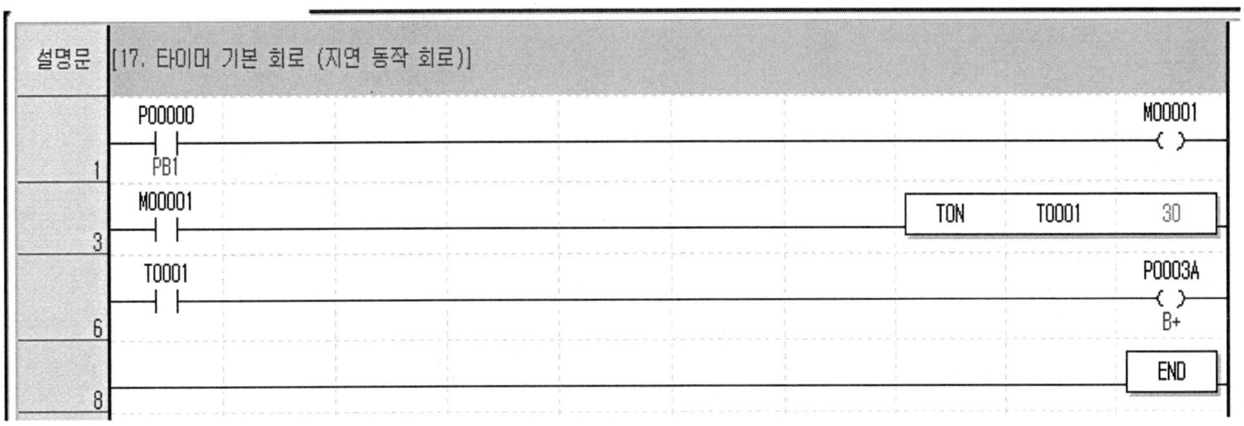

라. 학습 정리 및 추가 실습

1) 타임 차트 작성

- 타이머를 이용하여 프로그램을 작성하였으며, 아래 타임 차트에서 다음과 같이 스위치를 조작하였을 때 램프가 켜지고 꺼지는 순간을 막대로 표시하여 타임 차트를 완성하시오.
- (단, 1칸당 1초이며, 실린더의 전진 후진은 램프와 같이 즉시 동작으로 간주한다.)

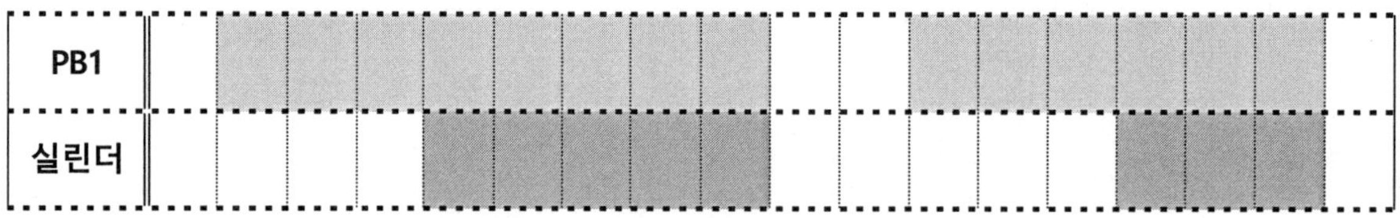

18. 타이머 기본회로2 [자기유지회로]

가. 학습 목표

1	PLC 제어 정의와 특성에 관해 설명할 수 있다.
2	PLC 제어에 필요한 PLC 입출력 할당을 할 수 있다.
3	PLC를 활용하여 타이머 명령어를 이용하여 제어 프로그램을 작성할 수 있다.

나. 입출력 할당표

입력		출력	
PLC 할당	설명	PLC 할당	설명
P00	PB1	P3A	B'Cyl 전진
P01	PB2		

다. PLC 프로그램 작성

1) 동작 설명

- PB1을 ON/OFF 하면 3초 후 실린더가 전진하며, 전진 상태를 유지한다.
- 실린더 전진 상태에서 PB2를 ON/OFF 하면 실린더가 후진한다.

2) 하드웨어 결선

- Chap.1 中 "3. 하드웨어 결선하기"를 참고한다.
- 나. PLC COM 결선, 다. 스위치 결선, 카. 실린더 공압 결선, 타. 솔레노이드 밸브 결선, 파. 리드 스위치 결선

3) 프로그램 작성하기

- 동작 설명에 맞게 프로그램을 작성한다.

1	
2	
3	
4	
5	

라. 학습 정리 및 추가 실습

1) 타임 차트 작성

- 타이머를 이용하여 프로그램을 작성하였으며, 아래 타임 차트에서 다음과 같이 스위치를 조작하였을 때 램프가 켜지고 꺼지는 순간을 막대로 표시하여 타임 차트를 완성하시오.
- (단, 1칸당 1초이며, 실린더의 전진 후진은 램프와 같이 즉시 동작으로 간주한다.)

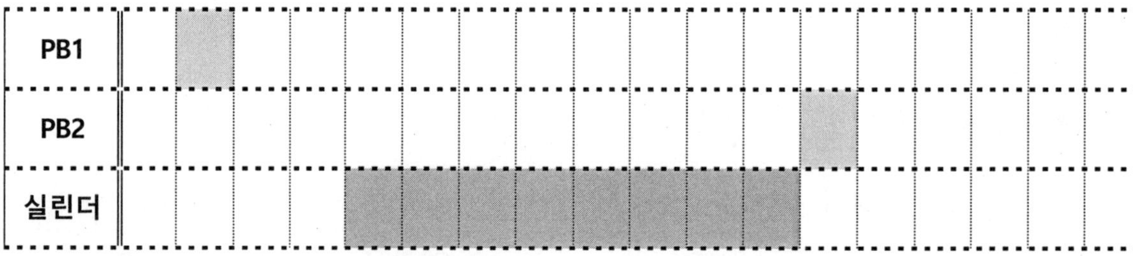

19. 타이머 기본회로3 [지연정지회로]

가. 학습 목표

1	PLC 제어 정의와 특성에 관해 설명할 수 있다.
2	PLC 제어에 필요한 PLC 입출력 할당을 할 수 있다.
3	PLC를 활용하여 타이머 명령어를 이용하여 제어 프로그램을 작성할 수 있다.

나. 입출력 할당표

입력		출력	
PLC 할당	설명	PLC 할당	설명
P00	PB1	P3A	B'Cyl 전진
P01	PB2		

다. PLC 프로그램 작성

1) 동작 설명

- PB1을 ON/OFF 하면 실린더가 전진하며, 전진 상태를 유지한다.
- 실린더 전진 상태에서 PB2를 ON/OFF 하면 3초 뒤 실린더는 후진한다.

2) 하드웨어 결선

- Chap.1 中 "3. 하드웨어 결선하기"를 참고한다.
- 나. PLC COM 결선, 다. 스위치 결선, 카. 실린더 공압 결선, 타. 솔레노이드 밸브 결선, 파. 리드 스위치 결선

3) 프로그램 작성하기

- 동작 설명에 맞게 프로그램을 작성한다.

1	
2	
3	
4	
5	

라. 학습 정리 및 추가 실습

1) 타임 차트 작성

- 타이머를 이용하여 프로그램을 작성하였으며, 아래 타임 차트에서 다음과 같이 스위치를 조작하였을 때 램프가 켜지고 꺼지는 순간을 막대로 표시하여 타임 차트를 완성하시오.
- (단, 1칸당 1초이며, 실린더의 전진 후진은 램프와 같이 즉시 동작으로 간주한다.)

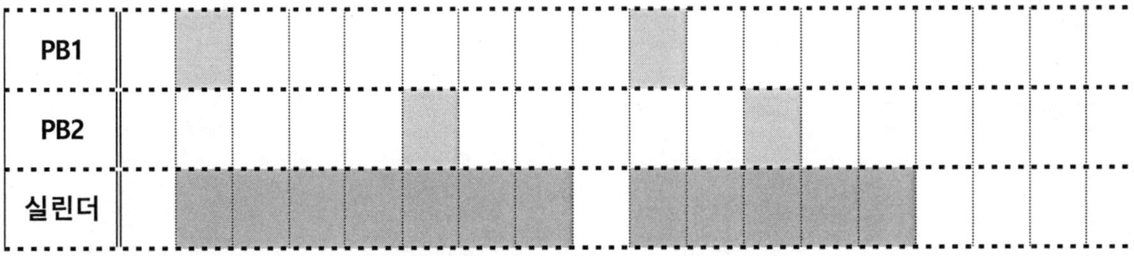

20. 타이머 응용회로 [플리커회로]

가. 학습 목표

1	PLC 제어 정의와 특성에 관해 설명할 수 있다.
2	PLC 제어에 필요한 PLC 입출력 할당을 할 수 있다.
3	PLC를 활용하여 플리커 제어 프로그램을 작성할 수 있다.

나. 입출력 할당표

입력		출력	
PLC 할당	설명	PLC 할당	설명
P00	PB1	P3A	B'Cyl 전진
P01	PB2		

다. PLC 프로그램 작성

1) 동작 설명

- PB1을 ON/OFF 하면 실린더가 2초 간격으로 전진/후진을 반복한다.
- PB2를 ON/OFF 하면 실린더는 후진하고 정지한다.

2) 하드웨어 결선

- Chap.1 中 "3. 하드웨어 결선하기"를 참고한다.
- 나. PLC COM 결선, 다. 스위치 결선, 카. 실린더 공압 결선, 타. 솔레노이드 밸브 결선, 파. 리드 스위치 결선

3) 프로그램 작성하기

- 동작 설명에 맞게 프로그램을 작성한다.

1	
2	
3	
4	
5	
6	
7	
8	
9	
10	
11	

라. 학습 정리 및 추가 실습

1) 타임 차트 작성

- 타이머를 이용하여 프로그램을 작성하였으며, 아래 타임 차트에서 다음과 같이 스위치를 조작하였을 때 램프가 켜지고 꺼지는 순간을 막대로 표시하여 타임 차트를 완성하시오.
- (단, 1칸당 1초이며, 실린더의 전진 후진은 램프와 같이 즉시 동작으로 간주한다.)

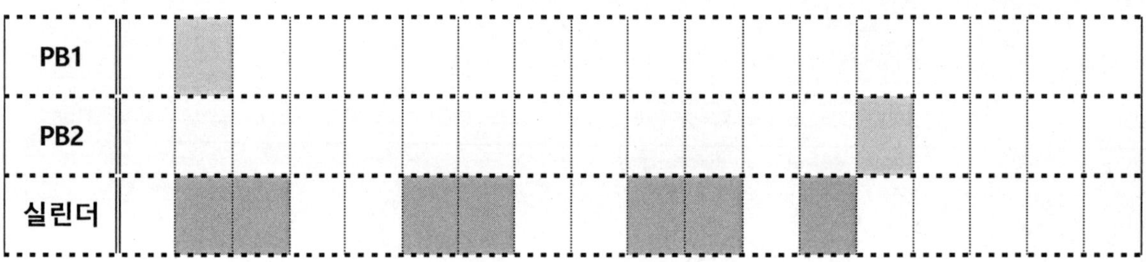

21. 카운터 기본회로

가. 학습 목표

1	PLC 제어 정의와 특성에 관해 설명할 수 있다.
2	PLC 제어에 필요한 PLC 입출력 할당을 할 수 있다.
3	PLC를 활용하여 카운터 활용 제어 프로그램을 작성할 수 있다.

나. 입출력 할당표

입력		출력	
PLC 할당	설명	PLC 할당	설명
P00	PB1	P3A	B'Cyl 전진
P01	PB2		
P02	PB3		

다. PLC 프로그램 작성

1) 동작 설명

- PB1을 ON/OFF 하면 카운터 1이 1씩 증가하며, 5번 카운트되면 실린더는 전진한다.
- PB2를 ON/OFF 하면 카운터 2가 1씩 증가하며, 3번 카운트되면 실린더는 후진한다.
- PB3를 ON/OFF 하면 카운터 1, 2는 리셋 된다.

2) 하드웨어 결선

- Chap.1 中 “3. 하드웨어 결선하기”를 참고한다.
- 나. PLC COM 결선, 다. 스위치 결선, 카. 실린더 공압 결선, 타. 솔레노이드 밸브 결선, 파. 리드 스위치 결선

3) 프로그램 작성하기

- 동작 설명에 맞게 프로그램을 작성한다.

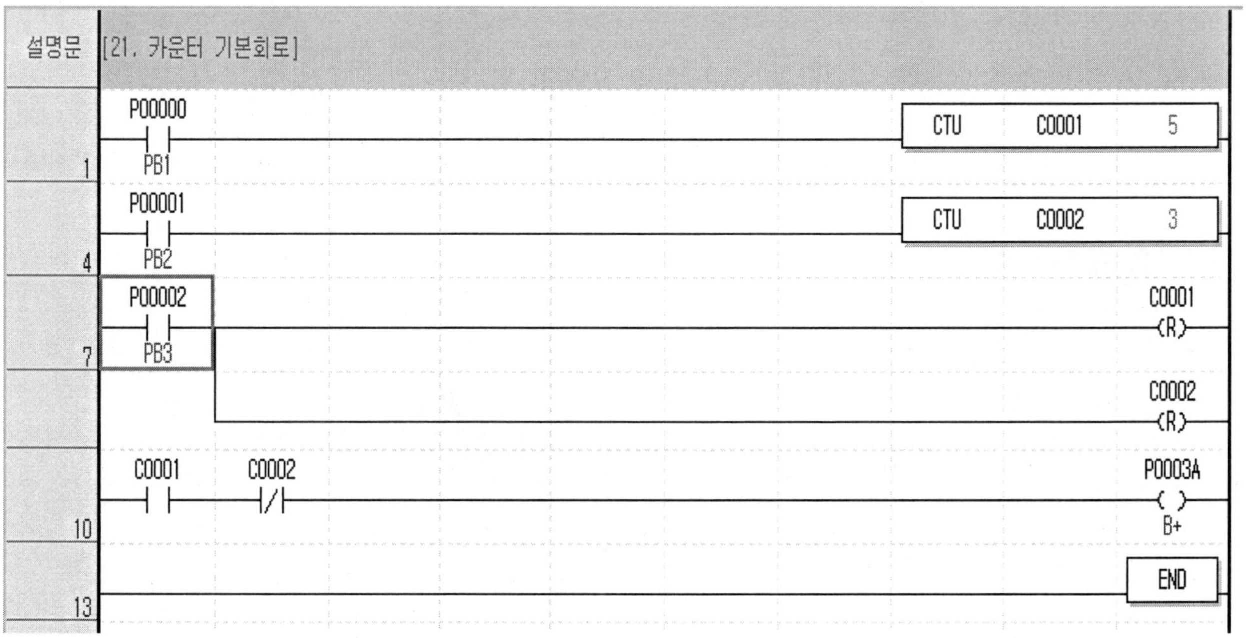

22. 카운터 응용회로 [플리커]

가. 학습 목표

1	PLC 제어 정의와 특성에 관해 설명할 수 있다.
2	PLC 제어에 필요한 PLC 입출력 할당을 할 수 있다.
3	PLC를 활용하여 타이머와 카운터의 복합 제어 프로그램을 작성할 수 있다.

나. 입출력 할당표

입력		출력	
PLC 할당	설명	PLC 할당	설명
P00	PB1	P3A	B'Cyl 전진
P01	PB2		

다. PLC 프로그램 작성

1) 동작 설명

- PB1을 ON/OFF 하면 1초 간격으로 실린더가 전진/후진을 반복한다.
- 실린더가 10번 전진/후진을 반복하면, 실린더는 후진 및 정지하며, 카운터는 리셋 한다.

2) 하드웨어 결선

- Chap.1 中 "3. 하드웨어 결선하기"를 참고한다.
- 나. PLC COM 결선, 다. 스위치 결선, 카. 실린더 공압 결선, 타. 솔레노이드 밸브 결선, 파. 리드 스위치 결선

3) 프로그램 작성하기

- 동작 설명에 맞게 프로그램을 작성한다.

1	
2	
3	
4	
5	
6	
7	
8	
9	
10	
11	
12	
13	
14	
15	
16	
17	
18	
19	
20	
21	
22	

23. 타이머활용 램프 제어1

가. 학습 목표

1	PLC 제어 정의와 특성에 관해 설명할 수 있다.
2	PLC 제어에 필요한 PLC 입출력 할당을 할 수 있다.
3	PLC를 활용하여 타이머 활용 램프 제어 프로그램을 작성할 수 있다.

나. 입출력 할당표

입력		출력	
PLC 할당	설명	PLC 할당	설명
P00	PB1	P20	PL1
		P21	PL2
		P22	PL3

다. PLC 프로그램 작성

1) 동작 설명

- PB1을 ON/OFF 하면 아래 타임 차트와 같이 램프가 동작한다.
- PB1을 누르면 PL1 ON >> 2초 후 PL1 OFF 및 PL2 ON >> 3초 후 PL2 OFF 및 PL3 ON >> 4초 후 PL3 OFF 및 초기화

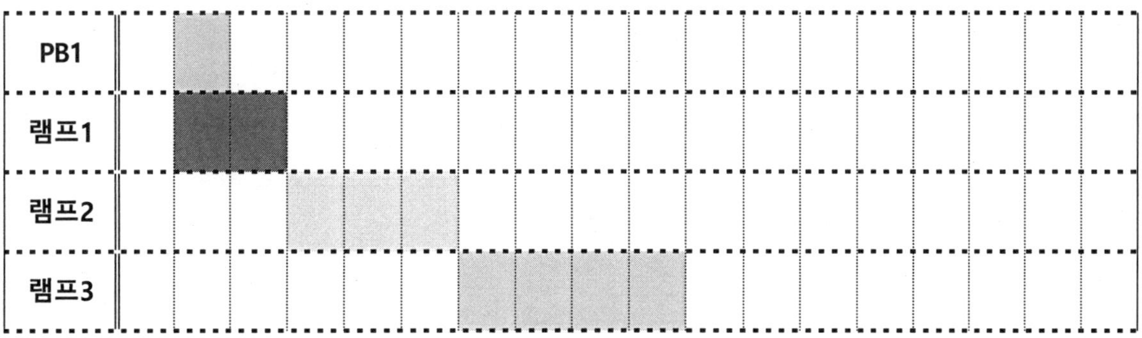

2) 하드웨어 결선

- Chap.1 中 “3. 하드웨어 결선하기”를 참고한다.
- 나. PLC COM 결선, 다. 스위치 결선, 라. 램프 결선

3) 프로그램 작성하기

- 동작 설명에 맞게 프로그램을 작성한다.

24. 타이머활용 램프 제어2

가. 학습 목표

1	PLC 제어 정의와 특성에 관해 설명할 수 있다.
2	PLC 제어에 필요한 PLC 입출력 할당을 할 수 있다.
3	PLC를 활용하여 타이머 활용 램프 제어 프로그램을 작성할 수 있다.

나. 입출력 할당표

입력		출력	
PLC 할당	설명	PLC 할당	설명
P00	PB1	P20	PL1
P01	PB2	P21	PL2
		P22	PL3

다. PLC 프로그램 작성

1) 동작 설명

- PB1을 ON/OFF 하면 아래 타임 차트와 같이 램프가 동작한다.
- PB1을 누르면 “PL1 ON >> 1초 후 PL1 OFF 및 PL2 ON >> 2초 후 PL2 OFF 및 PL3 ON >> 3초 후 PL3 OFF”를 무한 반복한다.
- PB2를 ON/OFF 하면 PL1, PL2, PL3는 모두 소등된다.

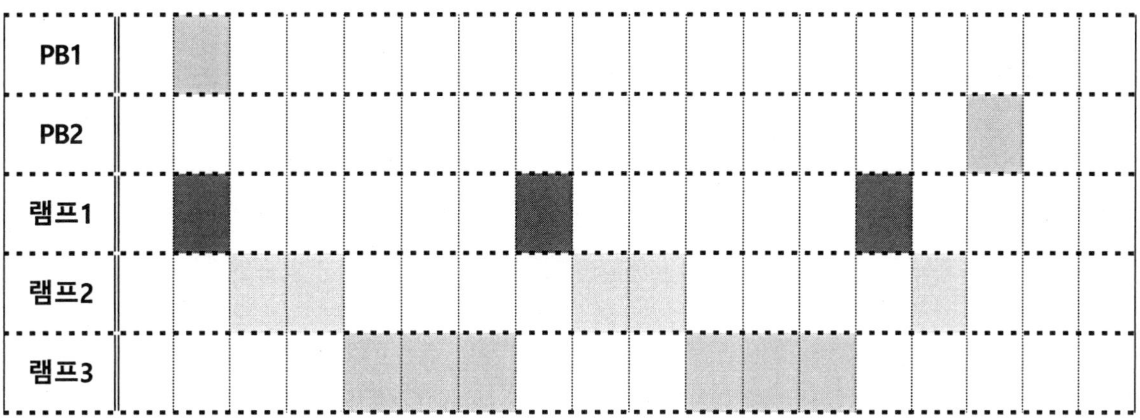

2) 하드웨어 결선

- Chap.1 中 “3. 하드웨어 결선하기”를 참고한다.
- 나. PLC COM 결선, 다. 스위치 결선, 라. 램프 결선

3) 프로그램 작성하기

- 동작 설명에 맞게 프로그램을 작성한다.

1	
2	
3	
4	
5	
6	
7	
8	
9	
10	
11	
12	
13	
14	
15	
16	
17	
18	
19	
20	
21	
22	

25. 타이머활용 램프 제어3

가. 학습 목표

1	PLC 제어 정의와 특성에 관해 설명할 수 있다.
2	PLC 제어에 필요한 PLC 입출력 할당을 할 수 있다.
3	PLC를 활용하여 타이머 활용 램프 제어 프로그램을 작성할 수 있다.

나. 입출력 할당표

입력		출력	
PLC 할당	설명	PLC 할당	설명
P00	PB1	P20	PL1
P01	PB2	P21	PL2
		P22	PL3

다. PLC 프로그램 작성

1) 동작 설명

- PB1을 ON/OFF 하면 아래 타임 차트와 같이 램프가 동작한다.
- PB1을 누르면 "PL1 1초간 ON >> 1초 대기 >> PL1 1초간 ON >> PL2 2초간 ON >> 1초 대기 >> PL2 2초간 ON >> PL3 3초간 ON >> 1초 대기 >> PL3 3초간 ON"을 무한 반복한다.
- PB2를 ON/OFF 하면 PL1, PL2, PL3는 모두 소등된다.

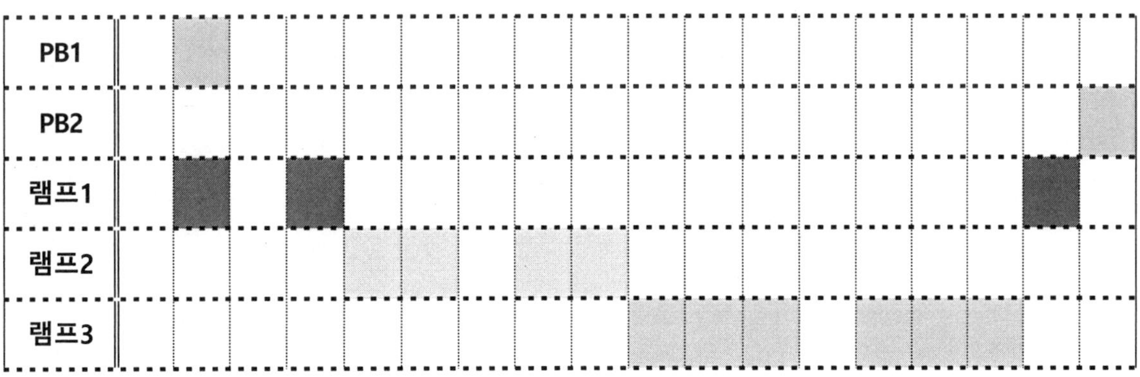

2) 하드웨어 결선

- Chap.1 中 "3. 하드웨어 결선하기"를 참고한다.
- 나. PLC COM 결선, 다. 스위치 결선, 라. 램프 결선

3) 프로그램 작성하기

- 동작 설명에 맞게 프로그램을 작성한다.

26. 타이머활용 램프 제어4

가. 학습 목표

1	PLC 제어 정의와 특성에 관해 설명할 수 있다.
2	PLC 제어에 필요한 PLC 입출력 할당을 할 수 있다.
3	PLC를 활용하여 타이머 활용 램프 제어 프로그램을 작성할 수 있다.

나. 입출력 할당표

입력		출력	
PLC 할당	설명	PLC 할당	설명
P00	PB1	P20	PL1
P01	PB2	P21	PL2
		P22	PL3

다. PLC 프로그램 작성

1) 동작 설명

- PB1을 ON/OFF 하면 아래 타임 차트와 같이 램프가 동작한다.
- PB1을 누르면 PL1과 PL2가 1초 간격으로 번갈아서 3회씩 ON/OFF 한다.
- 3회 반복 후 PL1, PL2는 소등되고, PL3가 3초간 점등한다.
- PB2를 ON/OFF 하면 PL1, PL2, PL3는 모두 소등되고 카운터는 리셋 된다.

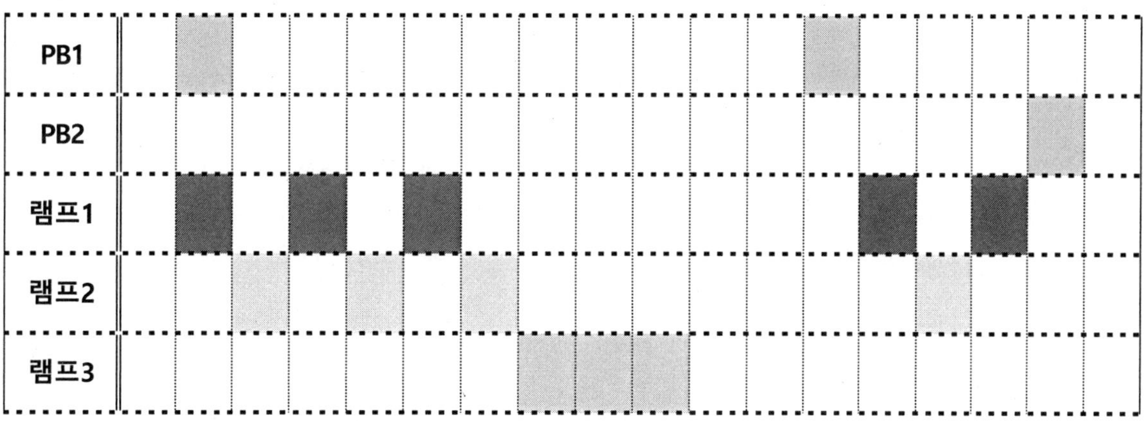

2) 하드웨어 결선

- Chap.1 中 "3. 하드웨어 결선하기"를 참고한다.
- 나. PLC COM 결선, 다. 스위치 결선, 라. 램프 결선

3) 프로그램 작성하기

- 동작 설명에 맞게 프로그램을 작성한다.

1	
2	
3	
4	
5	
6	
7	
8	
9	
10	
11	
12	
13	
14	
15	
16	
17	
18	
19	
20	
21	
22	

27. DIP 스위치 기초 제어

가. 학습 목표

1	PLC 제어 정의와 특성에 관해 설명할 수 있다.
2	PLC 제어에 필요한 PLC 입출력 할당을 할 수 있다.
3	PLC를 활용하여 DIP 스위치 제어 프로그램을 작성할 수 있다.

나. 입출력 할당표

입력		출력	
PLC 할당	설명	PLC 할당	설명
P08	DIP 1	P20	PL1
P09	DIP 2	P21	PL2
P0A	DIP 4	P22	PL3
P0B	DIP 8	P23	PL4
P0C	DIP 10	P24	PL5
P0D	DIP 20	P25	PL6
P0E	DIP 40	P26	PL7
P0F	DIP 80	P27	PL8

다. PLC 프로그램 작성

1) 동작 설명

- DIP 스위치의 일의 자리 숫자는 PL1~PL4는 DIP 스위치에 설정된 숫자에 맞게 램프의 점멸을 통해 2진수로 표현된다.
- DIP 스위치의 십의 자리 숫자는 PL5~8은 DIP 스위치에 설정된 숫자에 맞게 램프의 점멸을 통해 2진수로 표현된다.
- DIP 스위치와 대응되는 램프는 아래 표를 참고한다.

DIP Switch	1	2	4	8	10	20	40	80
Pilot Lamp	4	3	2	1	8	7	6	5

2) 하드웨어 결선

- Chap.1 中 "3. 하드웨어 결선하기"를 참고한다.
- 나. PLC COM 결선, 라. 램프 결선, 마. DIP 스위치 결선

3) 프로그램 작성하기

- 동작 설명에 맞게 프로그램을 작성한다.

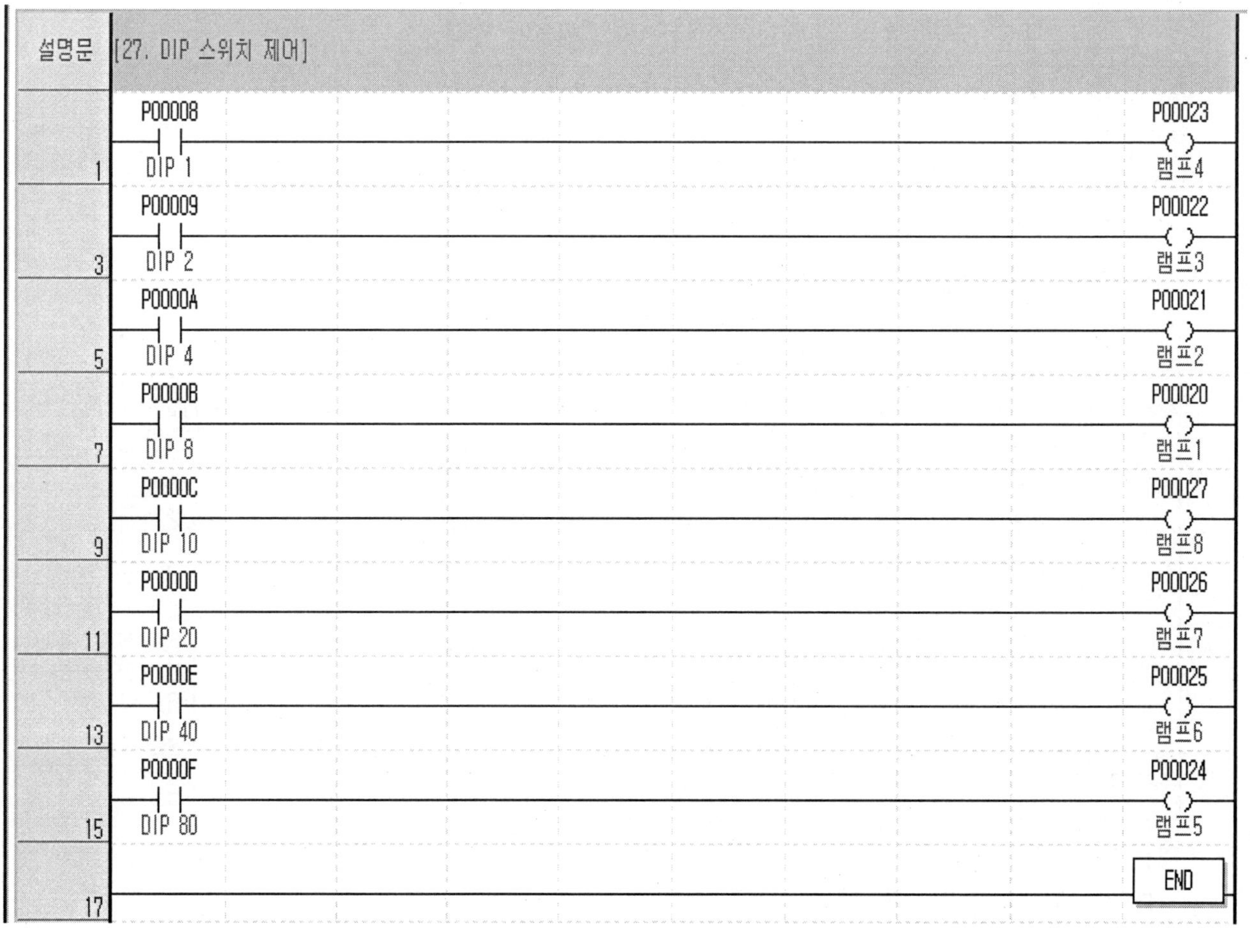

라. 학습 정리 및 추가 실습

1) 추가 예제

- 위의 예제를 참고하여 아래와 같이 프로그래밍한다.
- DIP 스위치 1, 2, 4, 8을 활용하여 일의 자리 숫자에 맞게 PL1~8을 ON 한다.
  (예) DIP 스위치의 일의 자리 숫자가 4로 설정된 경우 PL4만 ON

2) 프로그램 작성하기

- 동작 설명에 맞게 프로그램을 작성한다.

28. FND 기초제어

가. 학습 목표

1	PLC 제어 정의와 특성에 관해 설명할 수 있다.
2	PLC 제어에 필요한 PLC 입출력 할당을 할 수 있다.
3	PLC를 활용하여 FND 제어 프로그램을 작성할 수 있다.

나. 입출력 할당표

입력		출력	
PLC 할당	설명	PLC 할당	설명
P00	TG1	P28	FND 1
P01	TG2	P29	FND 2
P02	TG3	P2A	FND 4
P03	TG4	P2B	FND 8
P04	TG5	P2C	FND 10
P05	TG6	P2D	FND 20
P06	TG7	P2E	FND 40
P07	TG8	P2F	FND 80

다. PLC 프로그램 작성

1) 동작 설명

- 토글스위치 1~4는 FND의 일의 자리 숫자와 연동되어 토글스위치 2진수에 맞춰 ON/OFF 하면 FND에 10진수로 표시된다.
- 토글스위치 5~8은 FND의 십의 자리 숫자와 연동되어 토글스위치 2진수에 맞춰 ON/OFF 하면 FND에 10진수로 표현된다.
- 토글스위치와 대응되는 FND는 아래 표를 참고한다.

Toggle Switch	4	3	2	1	8	7	6	5
FND	1	2	4	8	10	20	40	80

2) 하드웨어 결선

- Chap.1 中 "3. 하드웨어 결선하기"를 참고한다.
- 나. PLC COM 결선, 다. 스위치 결선, 라. 램프 결선, 바. FND 결선

3) 프로그램 작성하기

- 동작 설명에 맞게 프로그램을 작성한다.

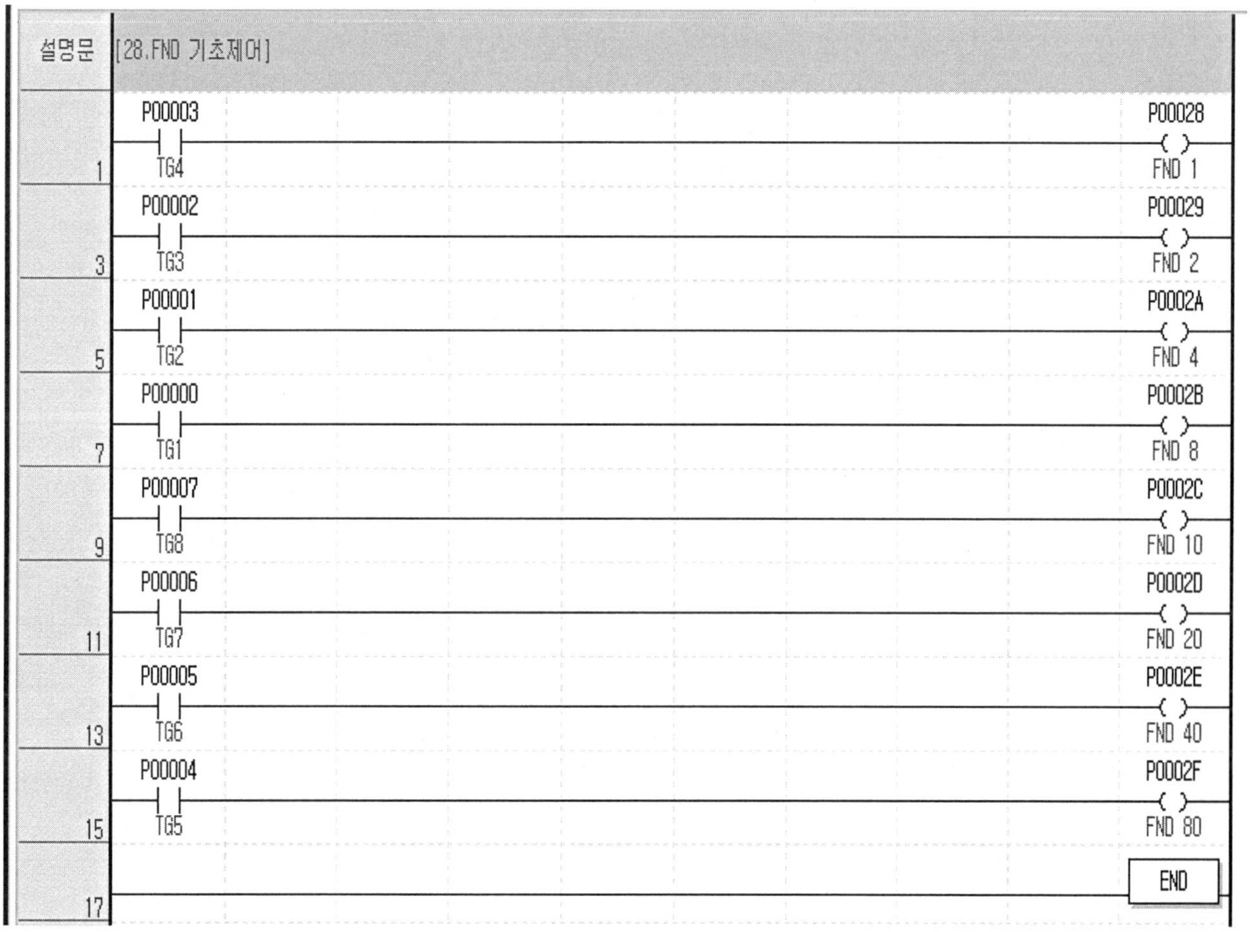

라. 학습 정리 및 추가 실습

1) 추가 예제

- 위의 예제를 참고하여 아래와 같이 프로그래밍한다.
- 토글스위치 1~8을 활용하여 FND의 일의 자리 숫자에 맞게 표시한다.
  (예) 토글스위치 3을 ON 하면 FND에는 3이 표시된다.

2) 프로그램 작성하기

- 동작 설명에 맞게 프로그램을 작성한다.

1	
2	
3	
4	
5	
6	
7	
8	
9	
10	
11	
12	
13	
14	
15	
16	
17	
18	
19	
20	
21	
22	

29. DC 모터 기초제어

가. 학습 목표

1	PLC 제어 정의와 특성에 관해 설명할 수 있다.
2	PLC 제어에 필요한 PLC 입출력 할당을 할 수 있다.
3	PLC를 활용하여 DC 모터 제어 프로그램을 작성할 수 있다.

나. 입출력 할당표

입력		출력	
PLC 할당	설명	PLC 할당	설명
P00	PB1	P31	DC Motor
P01	PB2		
P10	Photo Sensor		
P11	Inductive Sensor		
P12	Capacitive Sensor		

다. PLC 프로그램 작성

1) 동작 설명

- PB1을 ON/OFF 하면 DC 모터가 회전한다. (자기 유지)
- PB2를 ON/OFF 하면 DC 모터가 회전을 정지한다.

2) 하드웨어 결선

- Chap.1 中 "3. 하드웨어 결선하기"를 참고한다.
- 나. PLC COM 결선, 다. 스위치 결선, 사. 센서 결선, 차. 모터 결선

3) 프로그램 작성하기

- 동작 설명에 맞게 프로그램을 작성한다.

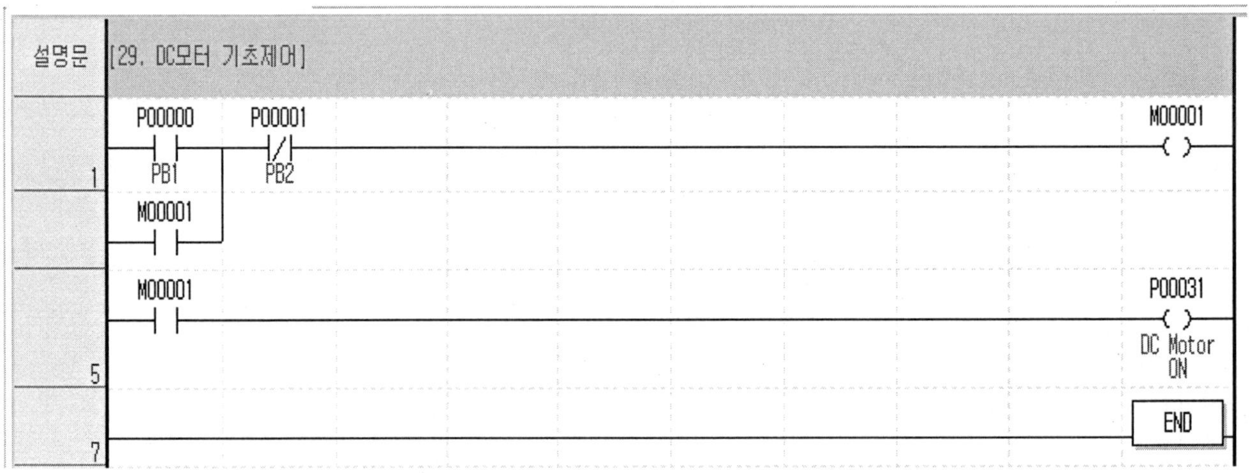

라. 학습 정리 및 추가 실습

1) 추가 실습

- 센서를 활용하여 모터를 회전 및 정지하는 프로그램을 작성한다.
- Photo센서와 Capacitive센서가 모두 감지(AND)될 경우, DC 모터를 회전한다. (자기 유지)
- Inductive 센서가 감지되면 DC 모터는 회전을 정지한다.

2) 프로그램 작성하기

- 동작 설명에 맞게 프로그램을 작성한다.

30. 스테핑모터 기초제어

가. 학습 목표

1	PLC 제어 정의와 특성에 관해 설명할 수 있다.
2	PLC 제어에 필요한 PLC 입출력 할당을 할 수 있다.
3	PLC를 활용하여 스테핑모터 제어 프로그램을 작성할 수 있다.

나. 입출력 할당표

입력		출력	
PLC 할당	설명	PLC 할당	설명
P00	PB1	P32	S_A
P01	PB2	P33	S_A`
P14	Step Motor Sensor	P34	S_B
		P35	S_B`

다. PLC 프로그램 작성

1) 동작 설명

- PB1을 ON/OFF 하면 스테핑모터가 회전한다. (자기 유지)
- PB2를 ON/OFF 하면 스테핑모터가 회전을 정지한다.
- 스테핑모터를 회전하기 위해서는 스테핑모터의 "$A \rightarrow B \rightarrow \overline{A} \rightarrow \overline{B}$"순으로 출력을 반복(주기는 0.1초에서 0.5초 사이로 한다.)하여야 하며, 플리커 회로를 응용하여 프로그램한다.

2) 하드웨어 결선

- Chap.1 中 "3. 하드웨어 결선하기"를 참고한다.
- 나. PLC COM 결선, 다. 스위치 결선, 사. 센서 결선, 차. 모터 결선

3) 프로그램 작성하기

- 동작 설명에 맞게 프로그램을 작성한다.

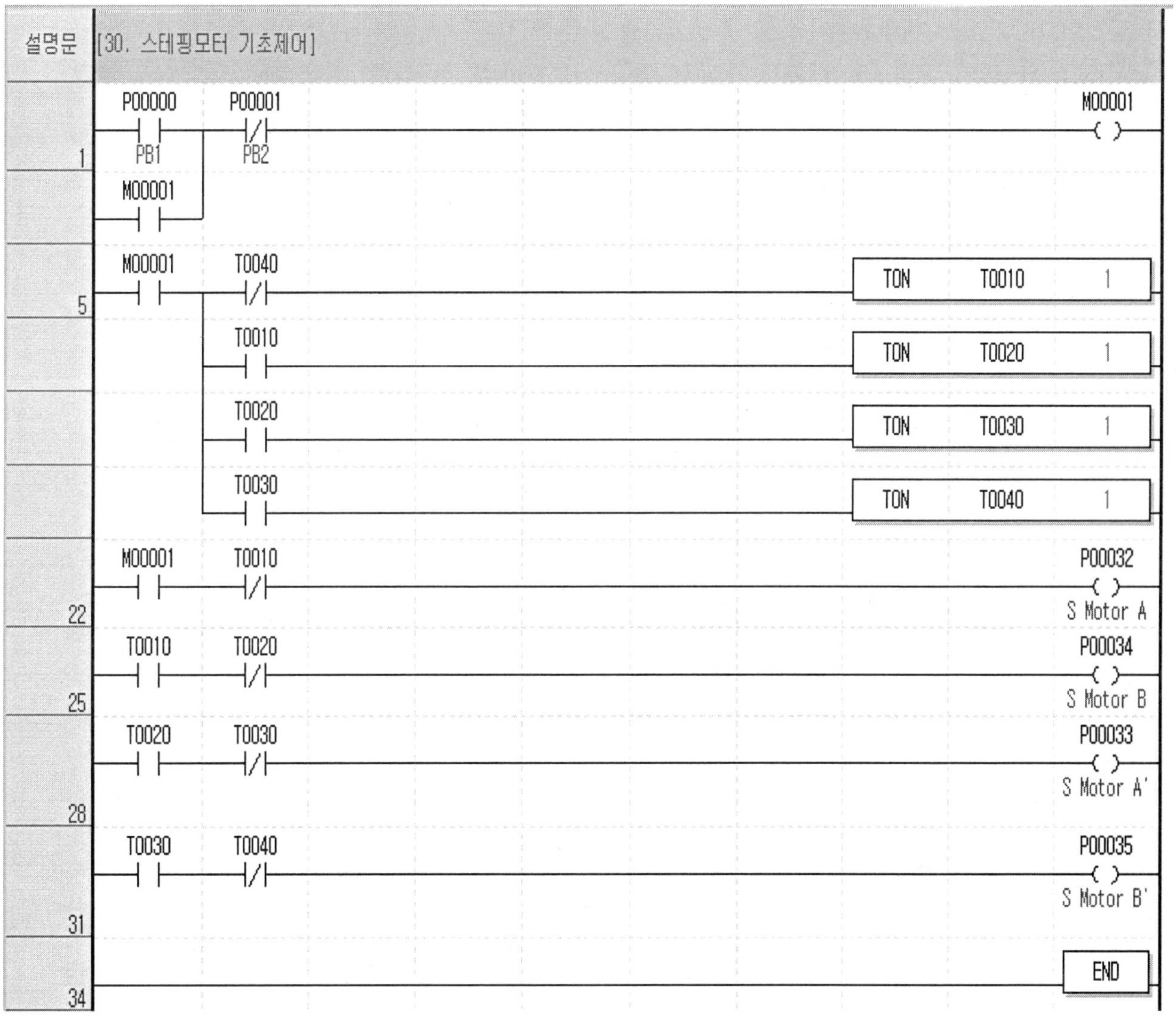

라. 학습 정리 및 추가 실습

1) 추가 실습

- 기존 프로그램을 활용하여 스테핑모터의 회전수를 통한 제어 프로그램을 작성한다.
- Step Motor Sensor(P14)를 추가로 결선한다.
- Step Motor Sensor가 3번 감지될 경우, 즉 3바퀴 회전 후 스테핑모터를 정지한다.
- PB2를 ON/OFF 하면 회전수와 상관없이 모터는 정지하며, 카운터는 리셋 된다.

2) 프로그램 작성하기

- 동작 설명에 맞게 프로그램을 작성한다.

1	
2	
3	
4	
5	
6	
7	
8	
9	
10	
11	
12	
13	
14	
15	
16	
17	
18	

31. 슬라이드 모듈 정역 제어

가. 학습 목표

1	PLC 제어 정의와 특성에 관해 설명할 수 있다.
2	PLC 제어에 필요한 PLC 입출력 할당을 할 수 있다.
3	PLC를 활용하여 DC 모터 정역 제어 프로그램을 작성할 수 있다.

나. 입출력 할당표

입력		출력	
PLC 할당	설명	PLC 할당	설명
P00	PB1	P36	MOTOR CW
P01	PB2	P37	MOTOR CCW
P02	PB3		
P10	Photo Sensor		
P12	Capacitive Sensor		
P15	슬라이드 전진감지		
P16	슬라이드 후진감지		

다. PLC 프로그램 작성

1) 동작 설명

- PB1을 ON/OFF 하면 슬라이드 모듈이 기계적 한계까지 정회전한다.
- PB2를 ON/OFF 하면 슬라이드 모듈이 기계적 한계까지 역회전한다.
- PB1과 PB2는 인터록으로 구성된다.
- 슬라이드 모듈의 정회전 또는 역회전 중 PB3를 ON/OFF 하면 슬라이드 모듈은 정지한다.

2) 하드웨어 결선

- Chap.1 中 “3. 하드웨어 결선하기”를 참고한다.
- 나. PLC COM 결선, 다. 스위치 결선, 사. 센서 결선, 차. 모터 결선

3) 프로그램 작성하기

- 동작 설명에 맞게 프로그램을 작성한다.

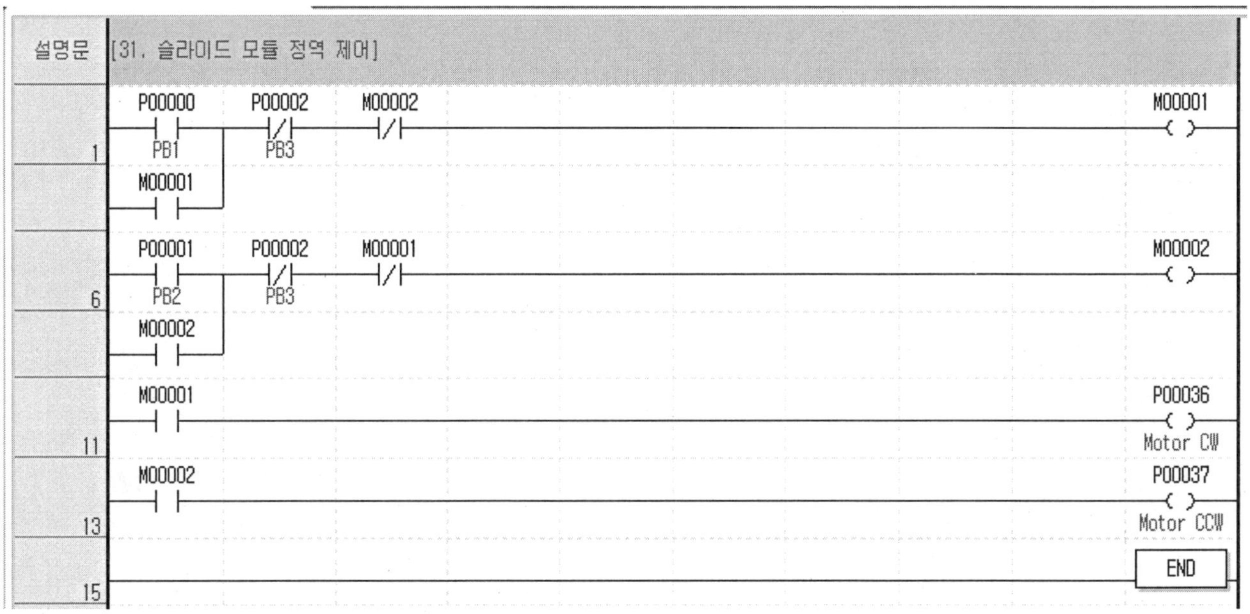

라. 학습 정리 및 추가 실습

1) 추가 실습

- 센서를 활용하여 슬라이드 모듈의 모터를 정회전/역회전하는 프로그램을 작성한다.
- Photo Sensor(P10)을 감지되는 동안 슬라이드 모듈은 정회전 한다.
  (단, 슬라이드 전진감지(P15)에 감지되면 현재 위치에서 더는 정회전하지 않는다.)
- Capacitive Sensor(P12)가 감지되는 동안 슬라이드 모듈은 역회전한다.
  (단, 슬라이드 후진감지(P16)에 감지되면 현재 위치에서 더는 역회전하지 않는다.)

2) 프로그램 작성하기

- 동작 설명에 맞게 프로그램을 작성한다.

1	
2	
3	
4	
5	
6	

32. 슬라이드 모듈 왕복 제어

가. 학습 목표

1	PLC 제어 정의와 특성에 관해 설명할 수 있다.
2	PLC 제어에 필요한 PLC 입출력 할당을 할 수 있다.
3	PLC를 활용하여 DC 모터 정역 제어 프로그램을 작성할 수 있다.

나. 입출력 할당표

입력		출력	
PLC 할당	설명	PLC 할당	설명
P00	PB1	P36	MOTOR CW
P01	PB2	P37	MOTOR CCW
P15	슬라이드 전진감지		
P16	슬라이드 후진감지		

다. PLC 프로그램 작성

1) 동작 설명

- PB1을 ON/OFF 하면 슬라이드 모듈의 DC 모터가 “정회전 >> 슬라이드 전진감지 >> 역회전 >> 슬라이드후진감지”를 무한 반복한다.
- PB2를 ON/OFF 하면 슬라이드 모터는 즉시 정지된다.

2) 하드웨어 결선

- Chap.1 中 “3. 하드웨어 결선하기”를 참고한다.
- 나. PLC COM 결선, 다. 스위치 결선, 사. 센서 결선, 차. 모터 결선

3) 프로그램 작성하기

- 동작 설명에 맞게 프로그램을 작성한다.

Chap4. 생산자동화 장비

1. 생산자동화 장비

가. 생산자동화장비의 개요

본 장비는 메카트로닉스 현장 실무자의 역량강화 및 실무 능력 향상을 위하여 제작 되어있다. 메카트로닉스 현장 기술에 포함되는 시스템 설계, 하드웨어 조립, 공압요소, Sensor, PLC 제어등의 기술을 실습할 수 있다.

구성은 공급, 가공, 이송, 검사, 분류의 공정으로 이루어져있으며 자동화 생산시스템의 함축적인 구성요소를 갖추어 있다.

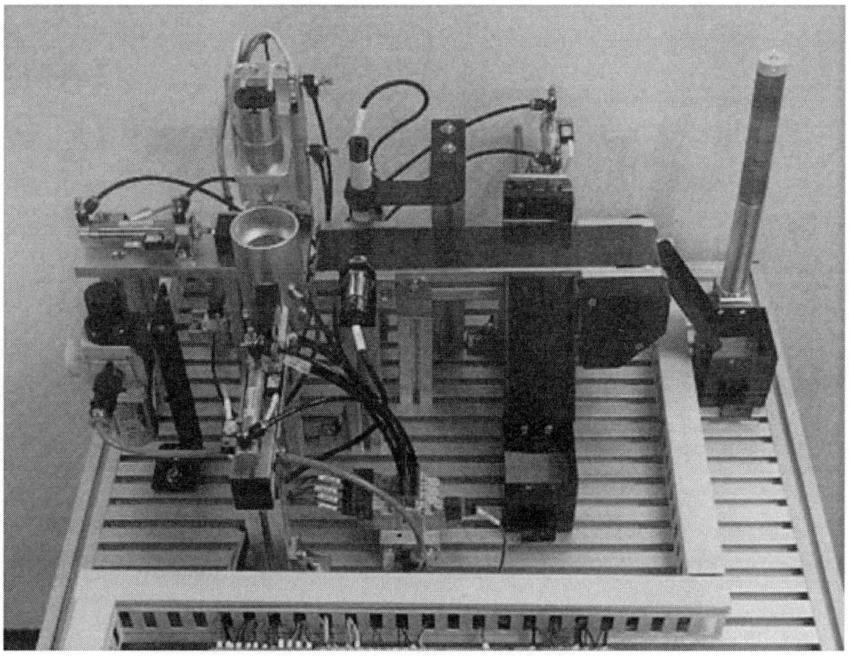

[그림 4-1] 생산자동화 장비 실제 사진

나. 생산자동화장비의 분해 조립도

1) 소재공급 Unit

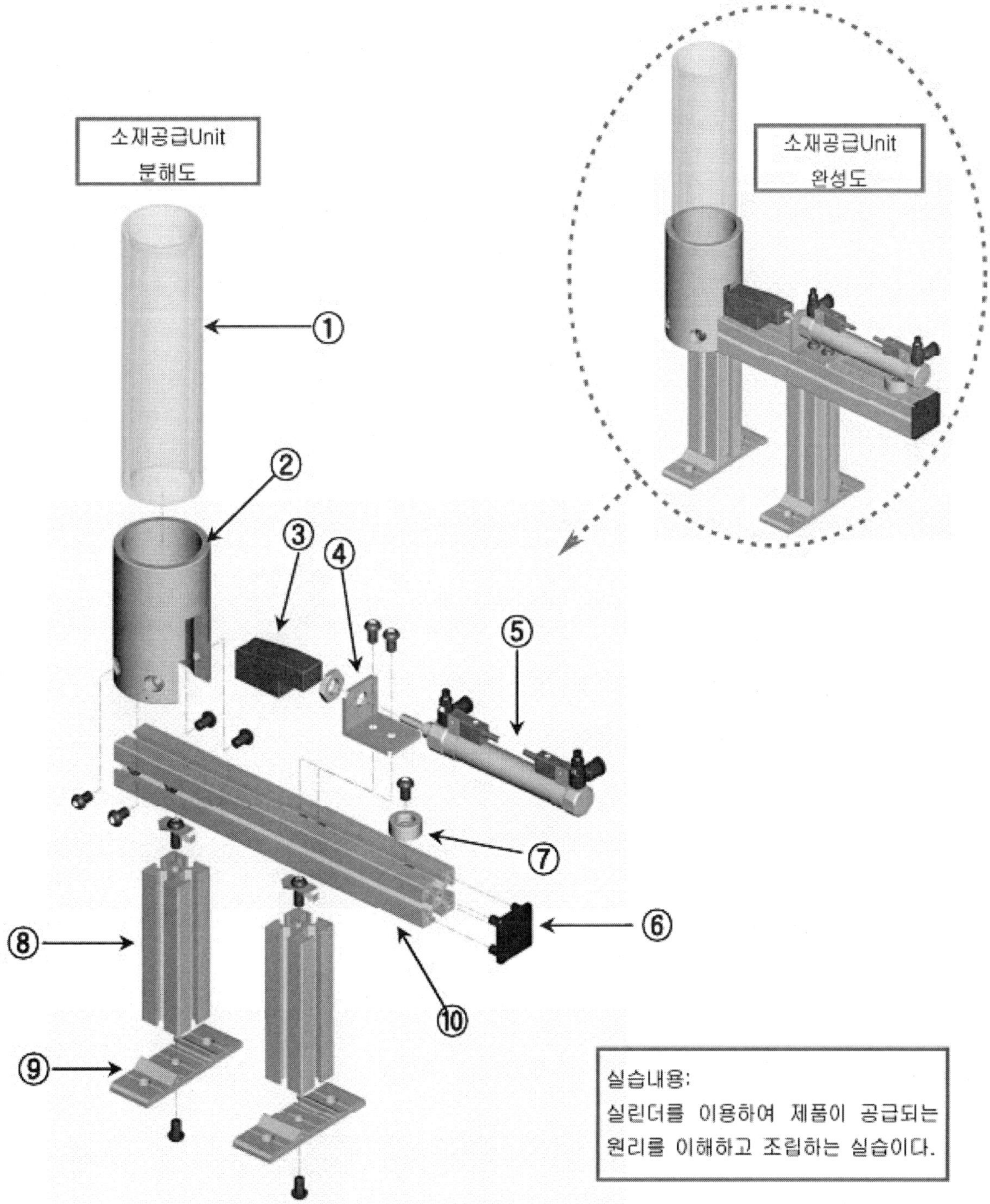

[그림 4-2] 소재 공급 유니트 분해 조립도

1-1) 공급 Unit (Part List)

[표 4-1] 가공 Unit Part List

	품명	규격	수량
1	제품공급함	투명 아크릴	1EA
2	Workstation	AL 6061	1EA
3	공급블록	흑색아세탈	1EA
4	공급브라켓	AL 6061	1EA
5	공급실린더	TCP1B16-75	1EA
6	End Cap	30 x 30	1EA
7	지지블록	백색아세탈	1EA
8	공급 Profile A	Profile 30 x 30	EA
9	AL 브라켓	AL Profile	2EA
10	공급 Profile B	Profile 30 x 30	2EA

1-2) 공급 Unit 조립순서

가) 공급 베이스 조립

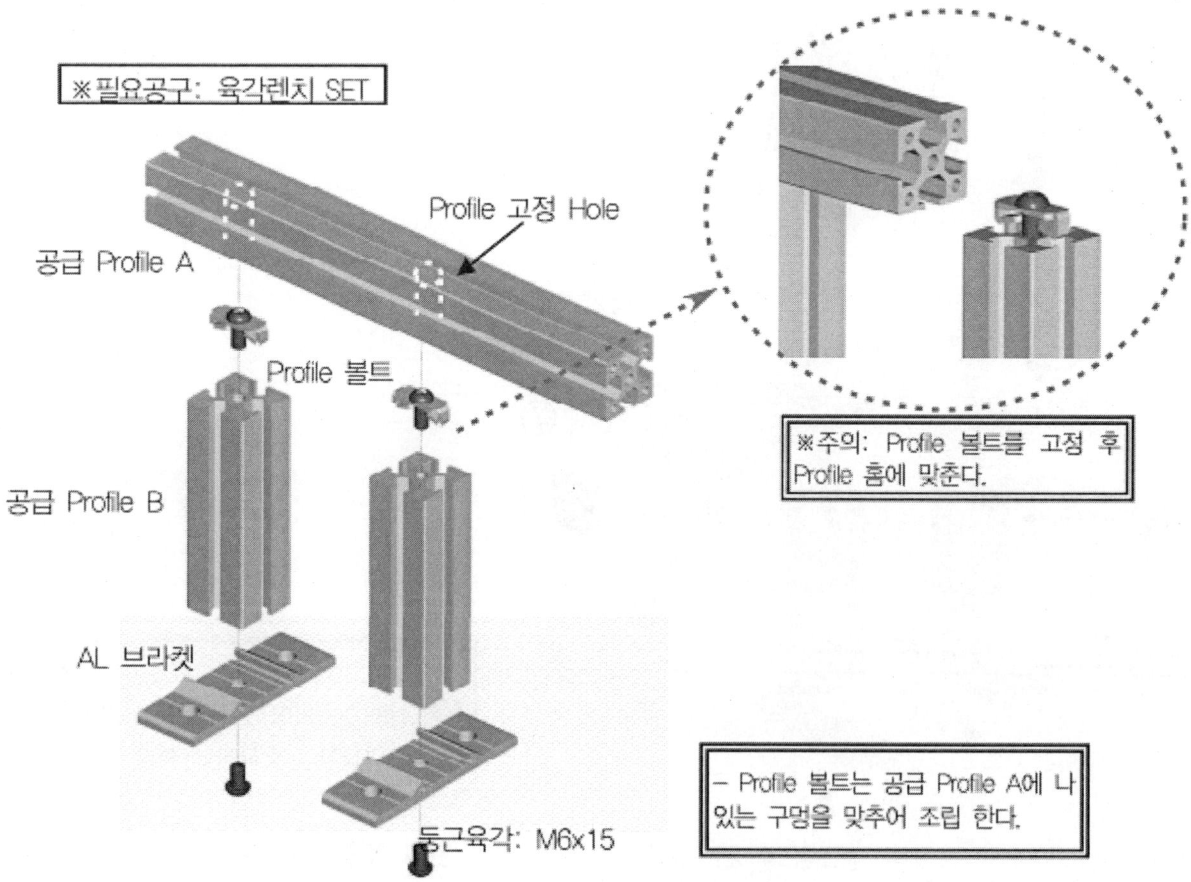

[그림 4-3] 공급 Base 조립도

나) 공급 브라켓 조립

※필요공구:육각렌치 SET

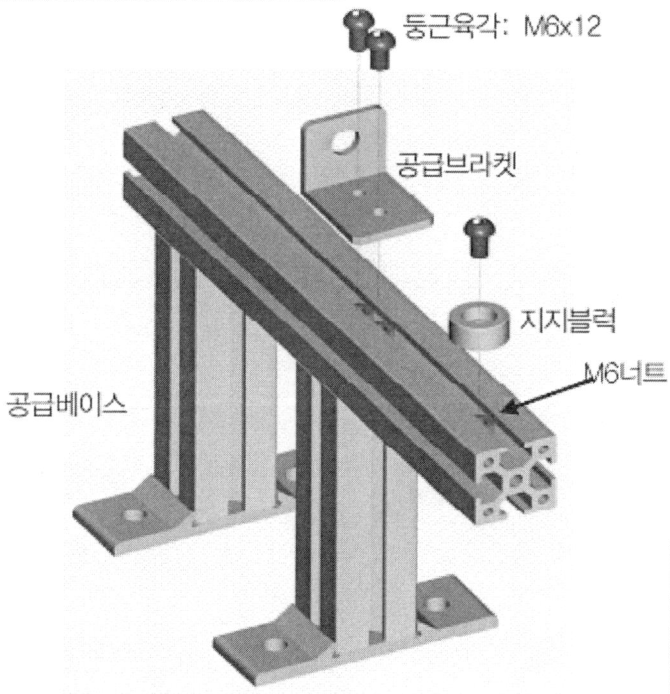

※주의: M6 너트 3EA 홈에 삽입한다.

- 공급브라켓과 지지블럭은 공급 실린더의 위치를 조정하여 고정을 하여야 하기 때문에 가조립을 하고 실린더를 부착 한 다음 고정한다.

다) 공급 실린더 부착 조립

※필요공구: 몽키스패너
육각렌치 SET

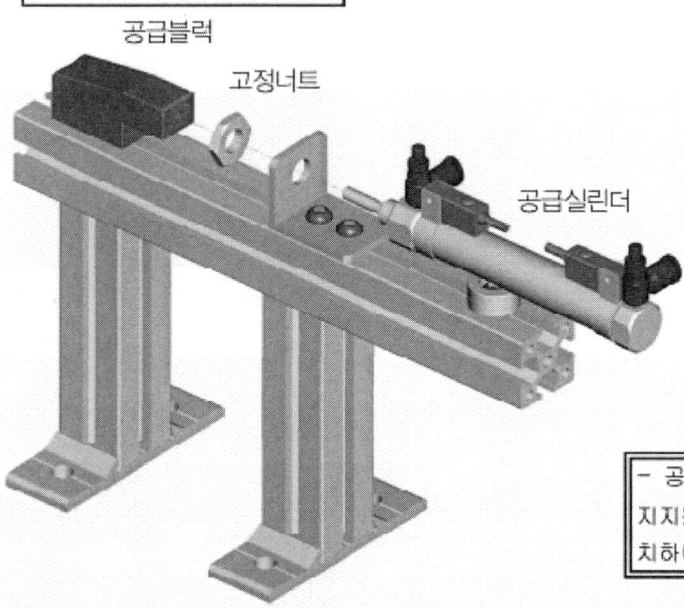

- 공급 실린더를 고정할 때, 가조립 했던 지지블럭과 브라켓은 위치를 적당하게 배치하여 고정하고 조립한다.

라) 제품 공급함 조립

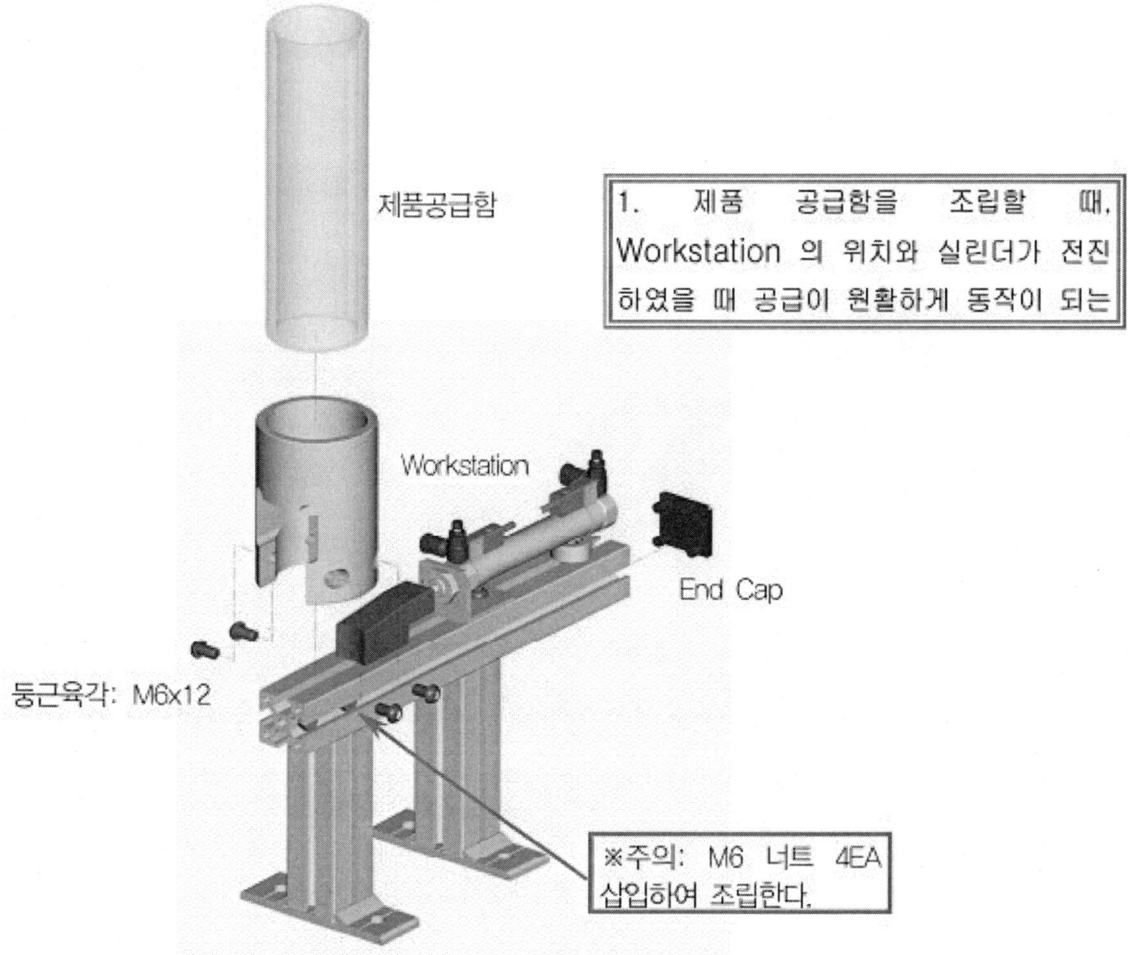

[그림 4-4] 제품 공급함 조립도

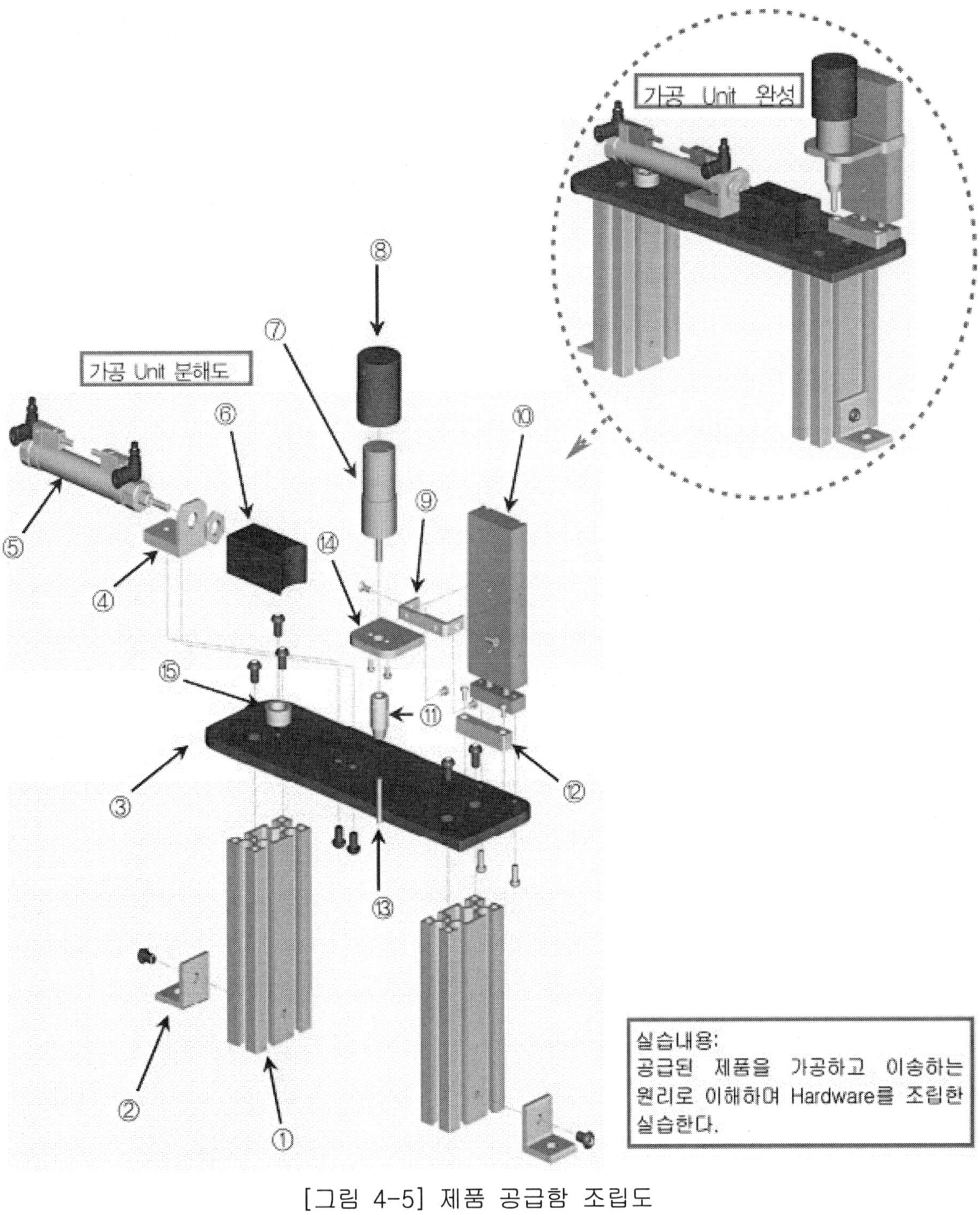

[그림 4-5] 제품 공급함 조립도

2) 가공 Unit

2-1) 가공 Unit (Part List)

[표 4-2] 가공 Unit Part List

	품명	규격	수량
1	Drill Profile	AL Profile 30 x 60	2EA
2	AL 브라켓	AL Profile	2EA
3	Drill Base	AL 6061	1EA
4	실린더 고정블록	AL 6061	1EA
5	이송실린더	TCP1B16-75	1EA
6	이송블록	흑색아세탈	1EA
7	모터	∅26, DC24V, 60RPM	1EA
8	모터 커버	흑색아세탈	1EA
9	더블로드 블록	AL 6061	1EA
10	더블로드실린더	ADR-∅10-50	1EA
11	Drill Chuck	AL 6061	1EA
12	정지 블록	AL 6061	1EA
13	Drill	AL 6061	1EA
14	모터블록	AL 6061	1EA
15	지지블럭	백색아세탈	1EA

2-2 가공 Unit 조립순서

가) 이송 Profile 조립

※필요공구: 육각렌지 SET

- Drill Profile과 AL 브라켓을 그림과 같이 조립한다.

[그림 4-6] 이송 Profile 조립

나) 더블로드 실린더 및 드릴 모터 조립

※필요공구: 육각렌치 (SET)
+ 드라이버

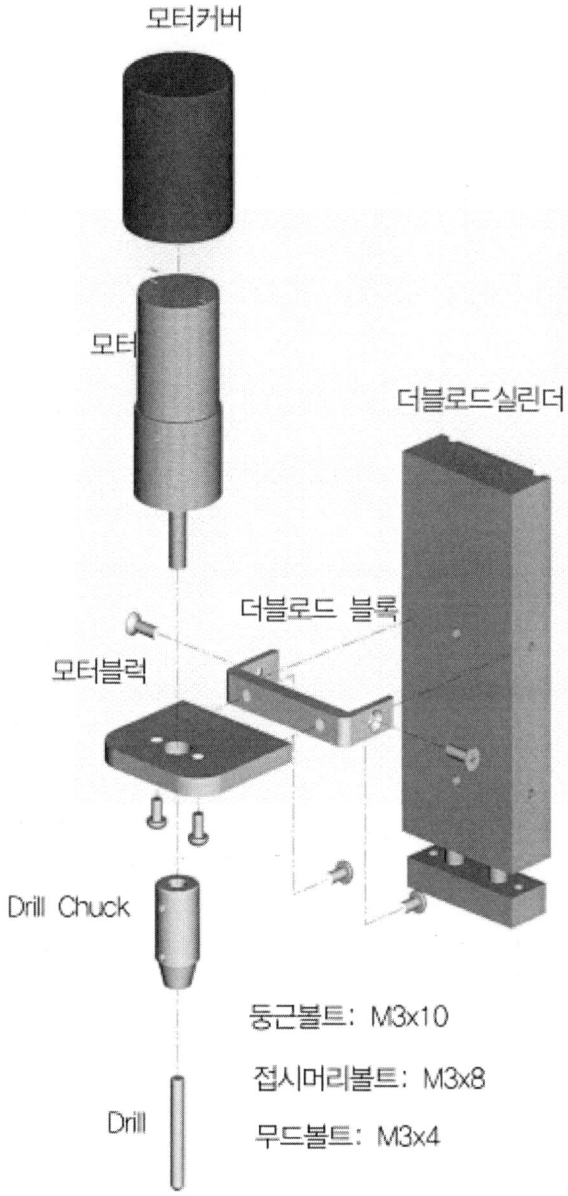

1. 모터커버는 모터 배선을 연결을 하기 위해 조립하지 않고 모터, Drill Chuck, Drill, 모터 블럭을 먼저 조립한다. (고정할 때, 무드볼트로 축을 잘 맞추어 고정 한다.)

2. 조립된 모터블록과 더블로드블록을 조립한다.

3. 더블로드 실린더와 블록을 조립한다.

(※주의: 볼트고정 할 때 강하게 조립하면 구조물에 변형이 생길 수 있으니 적당량의 힘으로 조립한다.)

다) 이송실린더 조립

※필요공구: 몽키 스패너

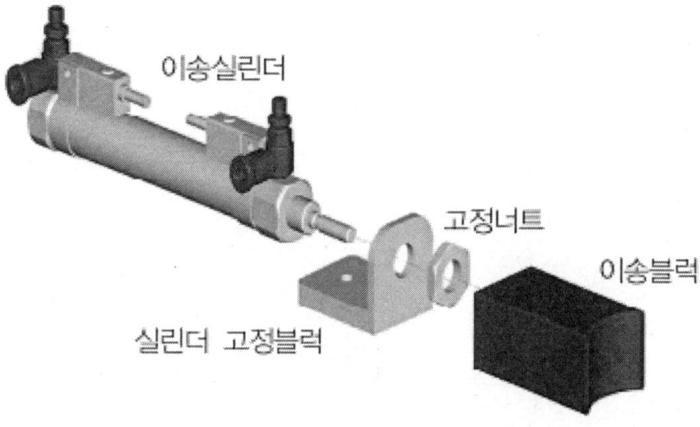

1. 이송실린더를 조립 할때, 그림에 나타나 있는 블록과 너트를 견고하게 고정 시킨다. 2. 이송실린더 쪽에 센서 위치를 그림과 같이 위쪽 방향으로 고정을 시키고 실린더가 동작 할 때 감지 할 수 있게 적당한 위치에 고정 시

[그림 4-7] 더블로드 실린더 및 드릴 모터 조립

라) 가공 Unit 전체 조립

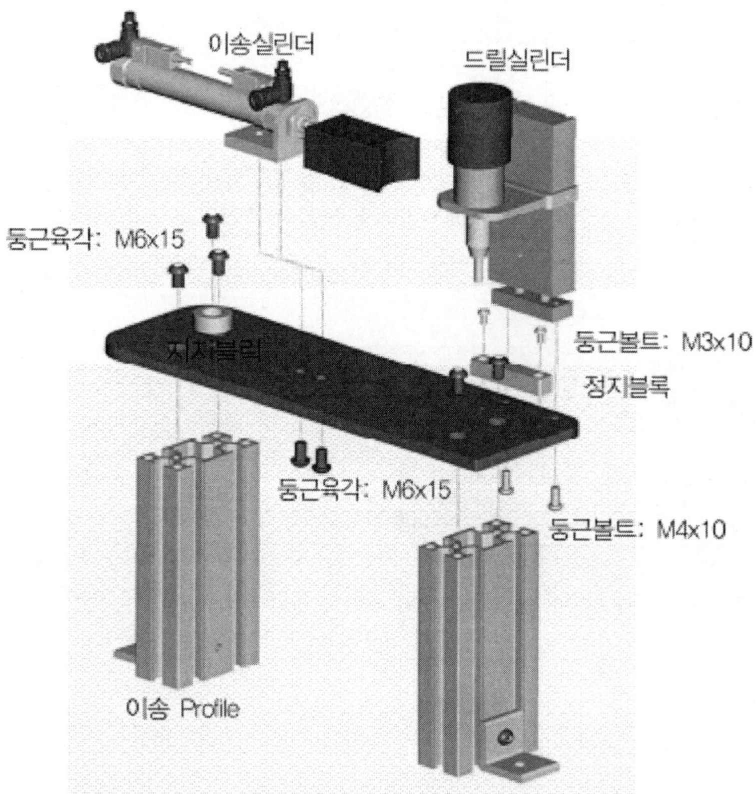

1. 위에 조립된 기구를 알맞은 위치에 조립한다. 2. 드릴베이스에 드릴고정 RACK을 먼저 베이스에 고정 시킨다. 3. 지지블럭을 먼저 베이스에 고정 시킨 다음 이송실린더를 고정 시킨다. 4. 정지블록을 Drill Base에 고정후 드릴실린더를 부착한다.

[그림 4-8] 가공 Unit 전체 조립

실습내용: 컨베이어 Unit 은 제품을 이동하는 원리를 이해하고 Hardware 조립하는 실습니다.

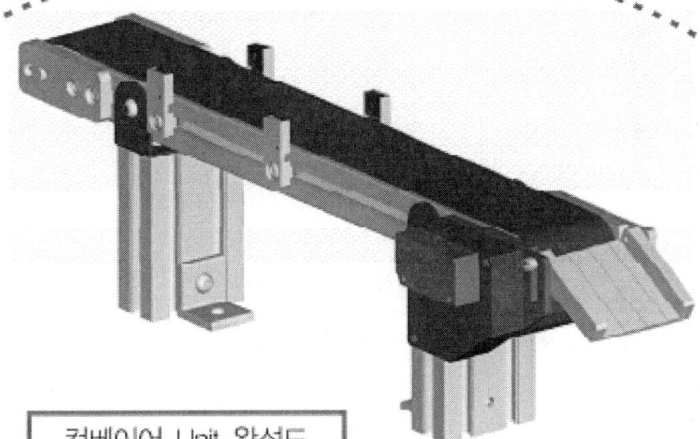

컨베이어 Unit 완성도

3) 컨베이어 Unit

컨베이어 Unit 분해도

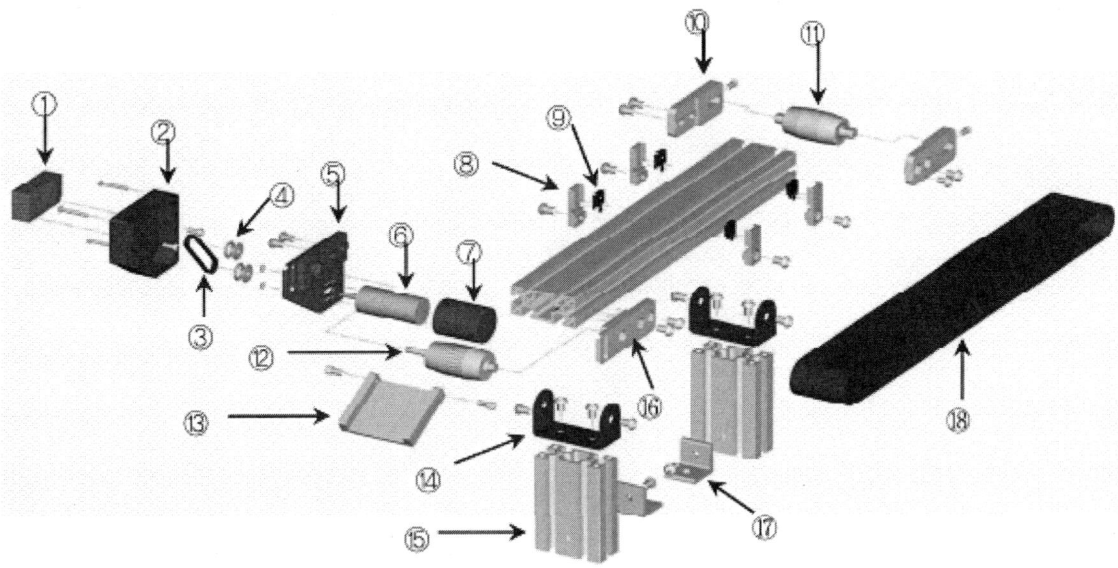

[그림 4-9] 컨베이어 Unit 분해 조립도

3-1) 가공 Unit (Part List)

[표 4-3] 컨베이어 Unit Part List

	품명	규격	수량
1	포토센서	BM1M-MDT	1EA
2	체인커버	흑색아세탈	1EA
3	타이밍벨트	68MXL, 폭 4.8	1EA
4	타이밍풀리	AL 6061	1EA
5	모터블록	AL 6061	1EA
6	모터	DC24V, 60 RPM	1EA
7	모터커버	흑색아세탈	1EA
8	E3T블럭	AL 6061	4EA
9	포토센서	E3T-FT12	4EA
10	Tail 블록	AL 6061	2EA
11	Tail 롤러	AL 6061	1EA
12	Head 롤러	AL 6061	1EA
13	슬라이드	AL 6061	1EA
14	컨베이어 브라켓	EGI 2t	2EA
15	컨베이어 Profile	AL Profile 30 x 60	2EA
16	Head 블록	AL 6061	1EA
17	고정 브라켓	AL Profile	2EA
18	컨베이어 벨트	우레탄 벨트	1EA

3-2) 컨베이어 Unit 조립순서

가) 컨베이어 Profile 조립

※필요공구: 육각렌치 SET

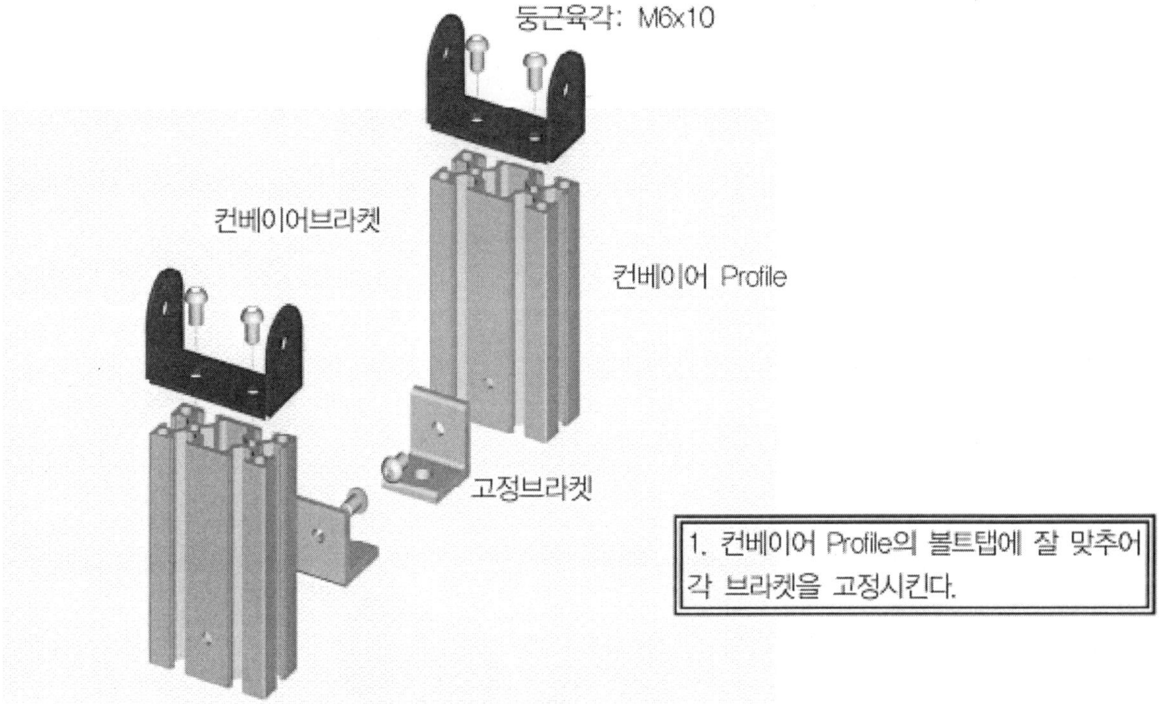

[그림 4-10] 컨베이어 Profile 조립도

나) 센서블록과 센서 조립

※필요공구: + 드라이버

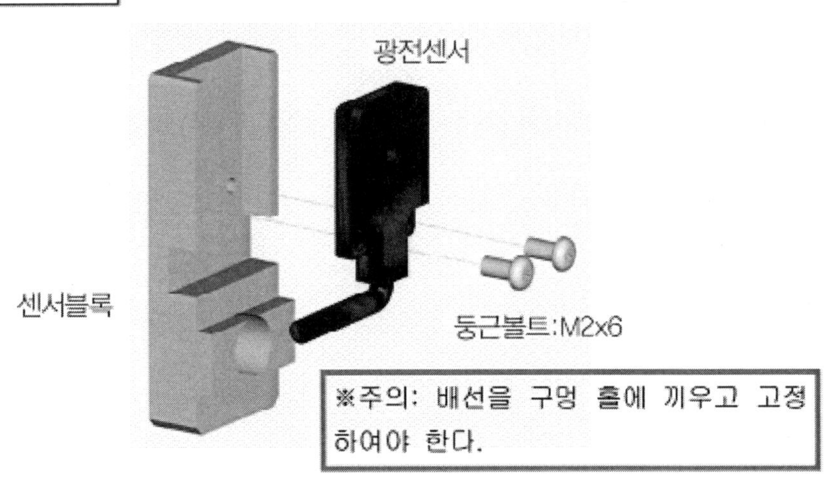

[그림 4-11] 센서블록과 센서 조립도

다) 포토센서와 체인커버 조립

※필요공구: + 드라이버

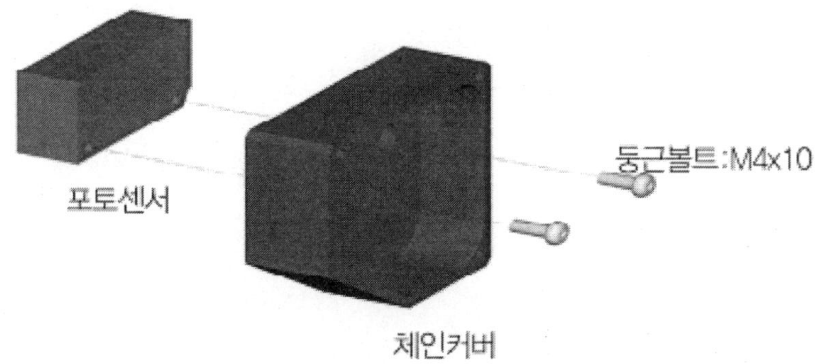

[그림 4-12] 포토센서와 체인커버 조립도

라) 모터블록과 모터 조립

※필요공구: 육각렌치 SET
+ 드라이버

1. 모터커버는 배선 작업을 위해 가조립만 해놓는다.
2. 무드볼트로 모터커버를 고정한다.
3. 모터와 모터블록을 고정 한다.

[그림 4-13] 모터블록과 모터 조립도

마) 베이스 조립

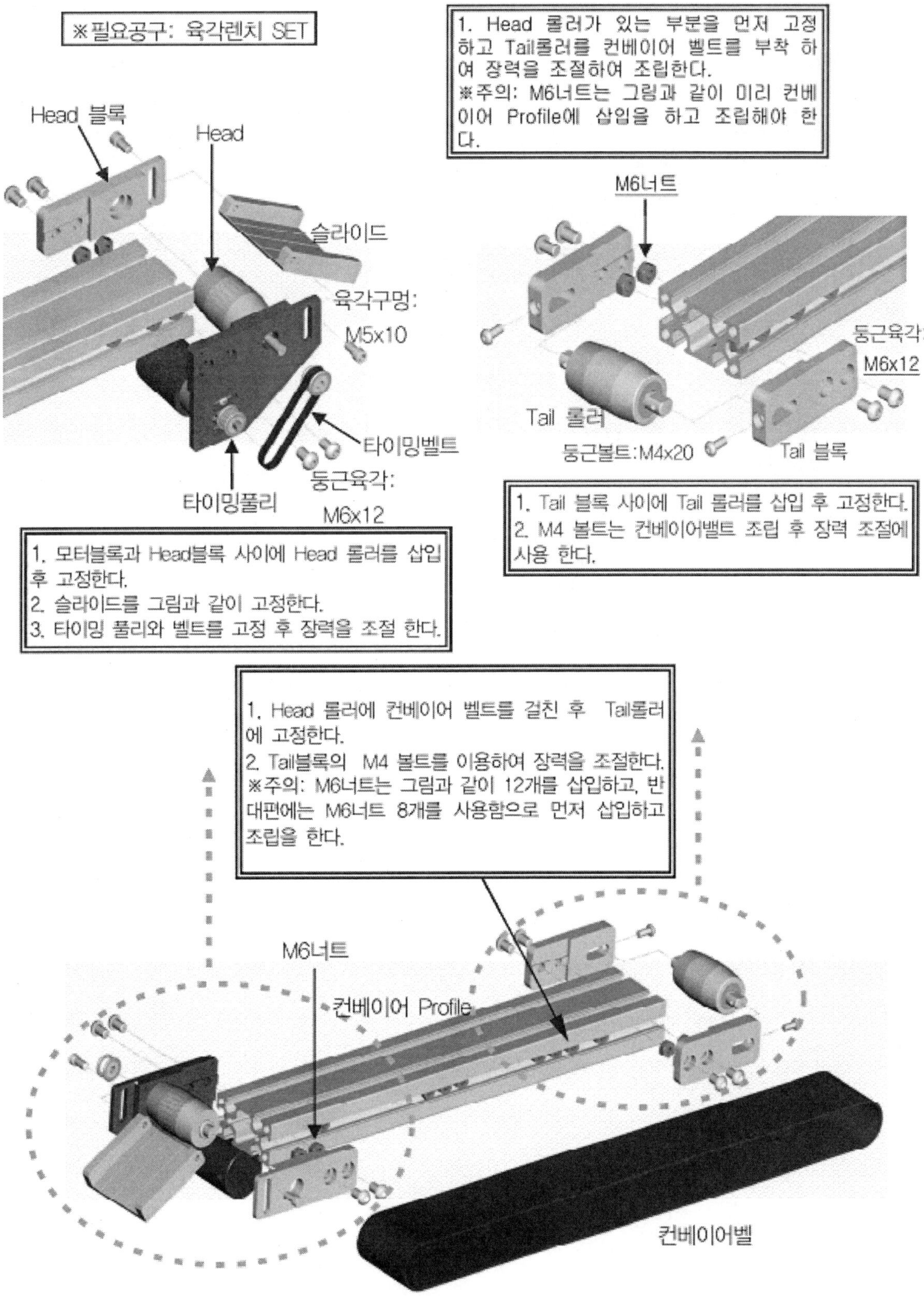

[그림 4-14] 베이스 조립도

바) 컨베이어 Unit 전체 조립

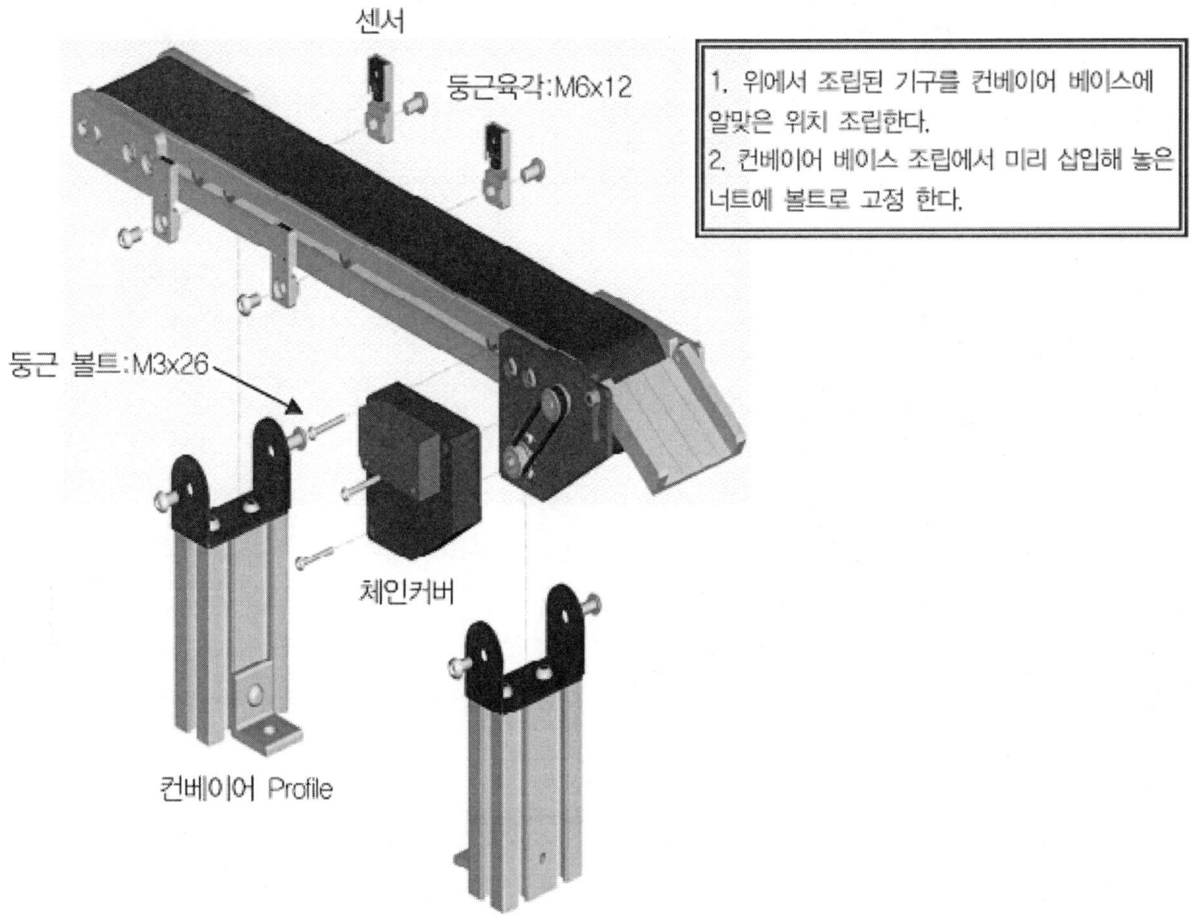

[그림 4-15] 컨베이어 Unit 전체 조립

4) Sensor Unit

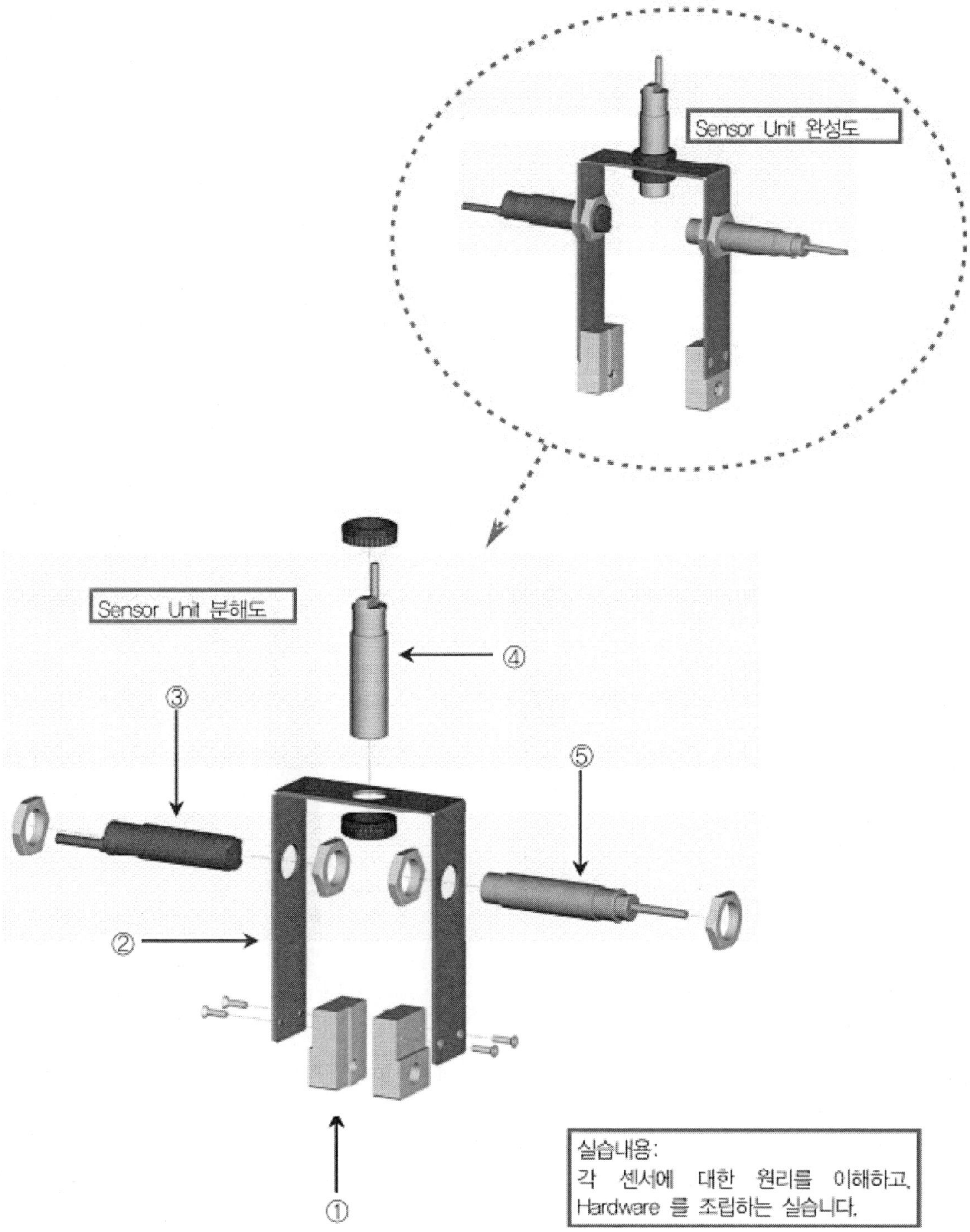

[그림 4-16] Sensor Unit 분해 조립도

4-1) Sensor Unit (Part List)

[표 4-4] Sensor Unit Part List

	품명	규격	수량
1	센서 블록	AL 6061	2EA
2	센서 브라켓	EGI 2t	1EA
3	근접 센서	PR18-4DN	1EA
4	근접 센서	CR18-8DN	1EA
5	포토 센서	BR-100DDT	1EA

4-2) Sensor Unit 조립 순서

가) Sensor Base 조립

※필요공구: + 드라이버

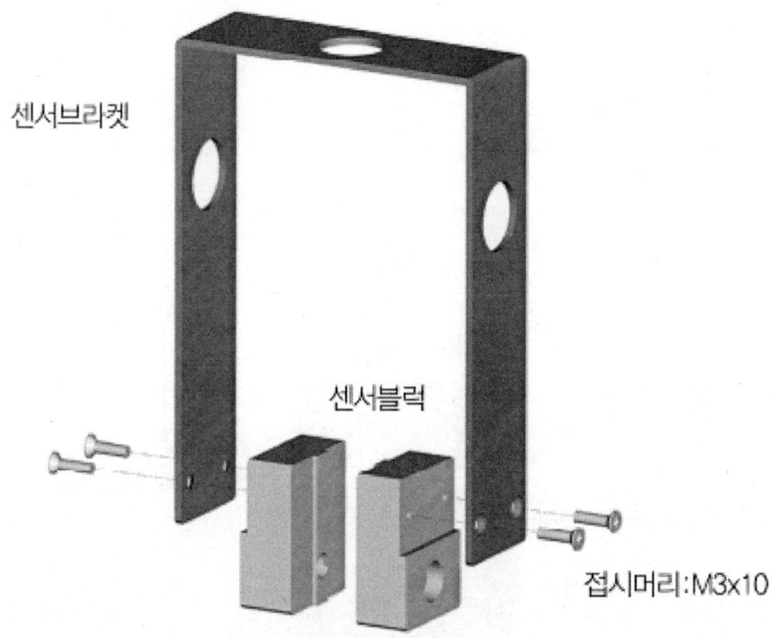

[그림 4-17] Sensor Base 조립도

나) Sensor 부착 조립

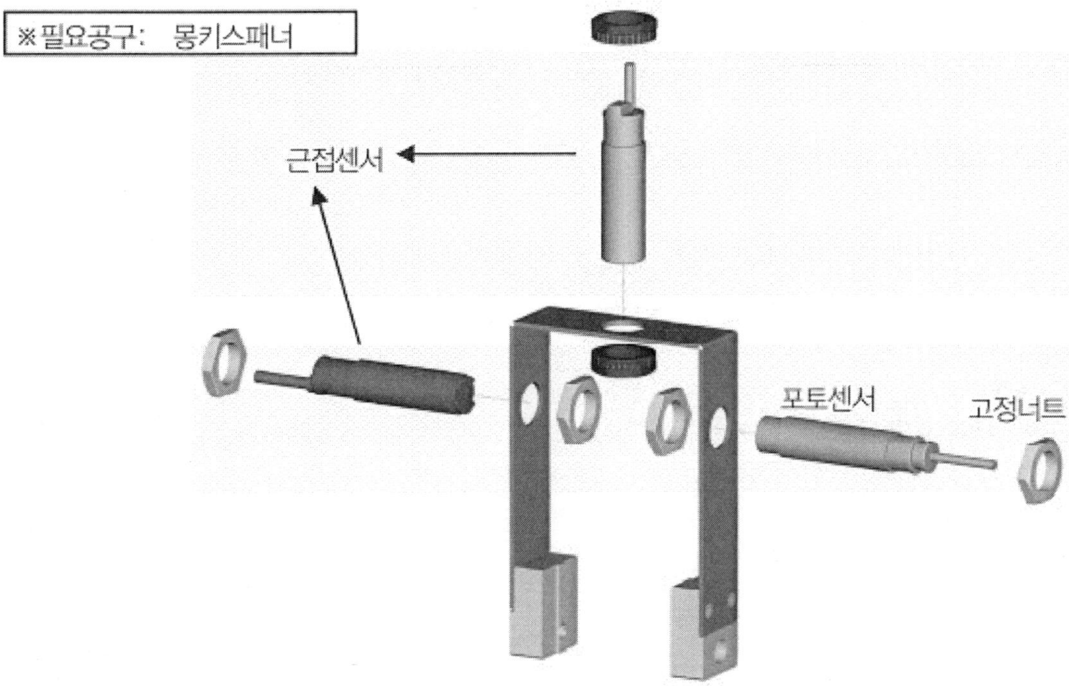

[그림 4-18] Sensor 부착 조립도

다. 장비 배선도

1) COMMON 단자 배선도

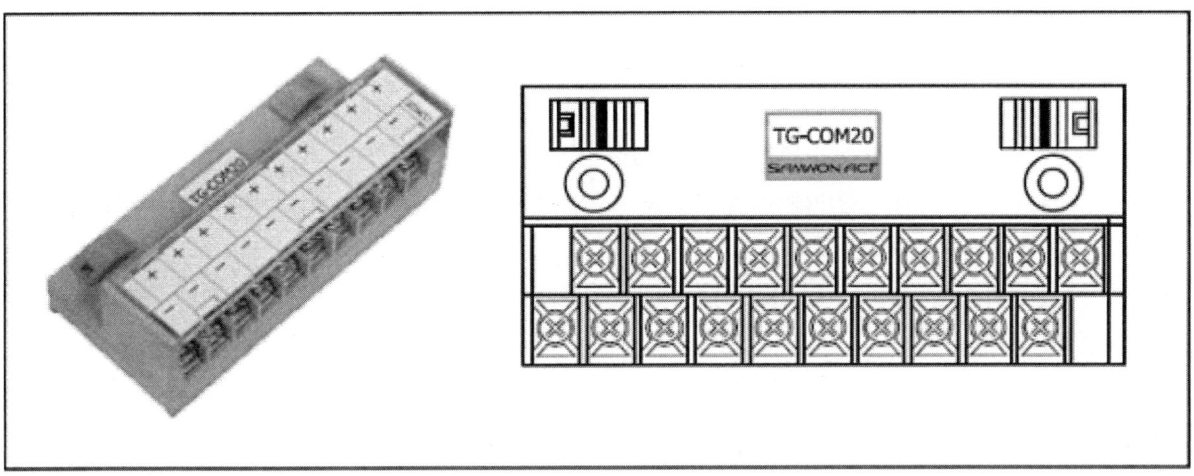

[그림 4-19] COMMON 단자대

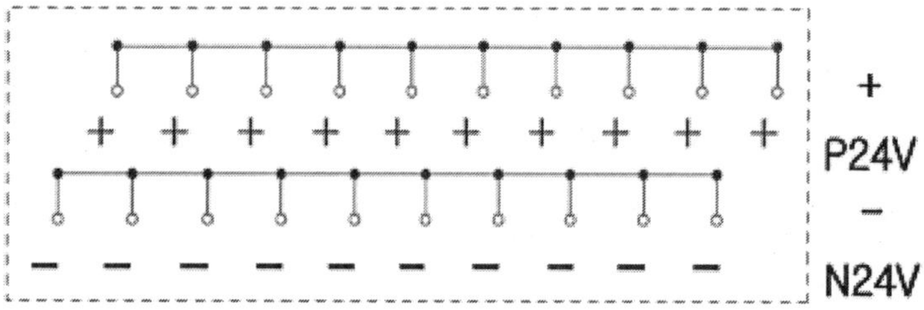

연결방법: COMMON 단자에 DC 전원을 한단자에 연결 하면 다음 결선도와 같이 결선이 되어 있기 때문에 DC전원을 단자로 배선하여 쓸 수 있다.

[그림 4-20] COMMON 단자대

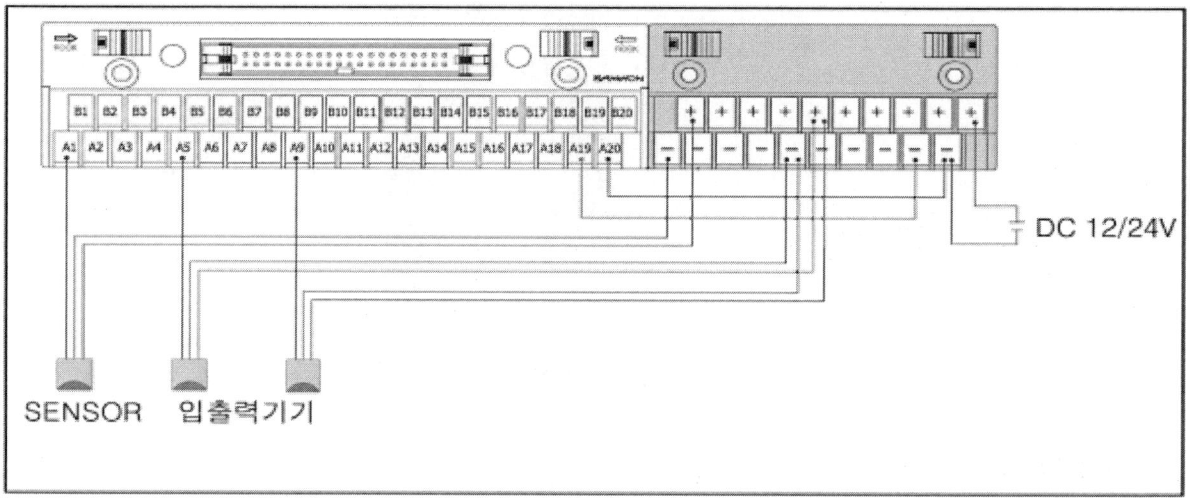

[그림 4-21] COMMON 단자 결선 예

2) 센서 배선도

- I/O 결선도에 기재 되어있는 순서대로 배선 작업을 한다. 입력 배선 연결에선 각종 여러 가지로 입력요소들이 구성 되어 있어서 그 입력 요소의 역할과 배선 연결 방법을 이해한다.

다음 그림과 설명은 MET 장비의 각종 센서와 리밋스위치의 설명과 배선 연결 방법을 기재해 놓은 것이다. 자세히 보고 배선을 하도록 한다.

그리고, 센서의 배선 길이는 한정되어 있기 때문에 연결 될 거리를 젤 때 정확하게 파악한 다음 배선을 절단하여 연결을 하는데, 배선 정리를 한 다음 마지막에 선을 절단하면서 연결 하는 것이 효율적이다.

(※주의: 센서의 COM이나 배선을 잘못 잡아서 연결 하였을 때, 센서가 이상이 생기거나 불량이 날수 있으므로 회로도를 잘 보고 배선 작업을 하도록 한다.)

2-1) 리밋 센서

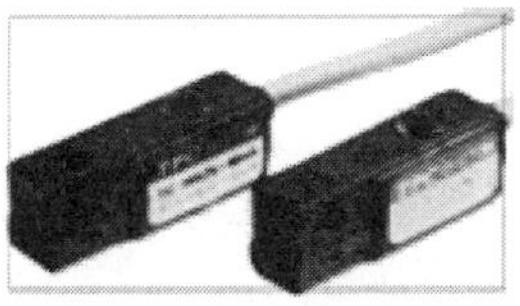

자성체의 리드접점을 유리관속에 봉입해 넣은 것으로서 외부에서 자력(자석, 혹은 코일에 전류를 흘려서 자계를 형성시킴)을 주면 접점이 붙어서 스위치동작을 하는 스위치이다.

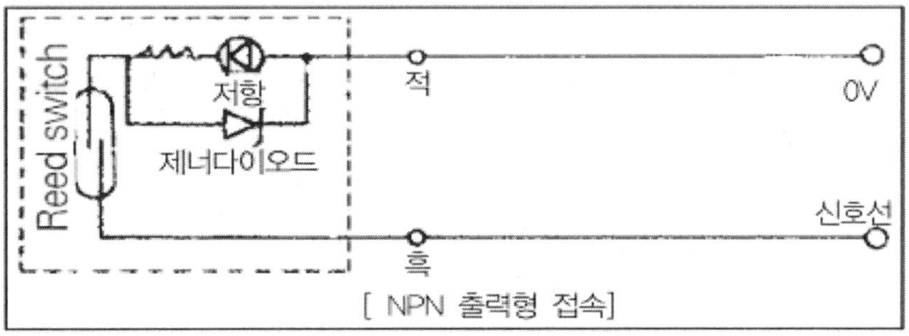

[그림 4-22] 리밋 센서

2-2) 광화이버 센서

- 광화이버 센서 개요

 - 광 화이버 센서란 포토센서에 렌즈를 제거하고 여기에 광 화이버 케이블을 조합하여 마크 검출, 초소형 물체의 유무를 검출하기 위한 용도로 만든 센서로 광 화이버 케이블의 유연한 성질을 이용하여 협소한 장소도 자유롭게 취부할 수 있는 특징이 있다.

- 광화이버 센서의 검출 방법

 - 평행한 2선의 화이버 케이블이 하나의 후드에 결합되어 있으며, 검출물체의 반사광을 검출하는 방식으로 검출물체의 색상에 따라 검출거리가 달라지므로 검출물체의 배경 색상에 주의 하며 연결 한다.

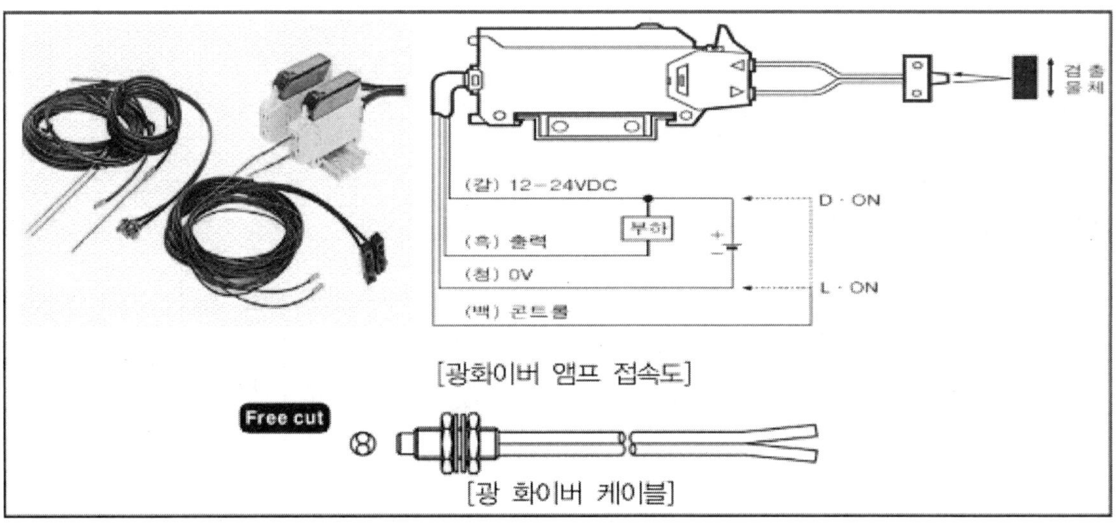

[그림 4-23] 광화이버 센서

2-3) 근접 센서

- 근접 센서란?

근접 센서란 종래의 마이크로 스위치나 리미트 스위치처럼 기계적인 접촉에 의한 검출방식이 아니라 검출체가 가까이 근접했을 때 검출 대상물체의 유 · 무를 판별하는 무접촉 방식의 검출기(센서) 이다.

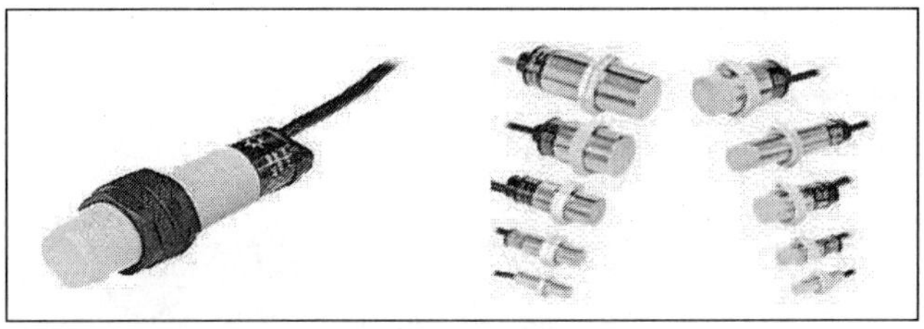

[그림 4-24] 근접 센서

- 직류 3선식 센서 배선 회로도

직류 3선식 근접센서의 출력형식에는 NPN 유니버샬 출력형과 PNP 유니버샬 출력형 2가지가 있으며, 직접 파워 릴레이, 솔레노이드, 전자카운터, PLC 등의 직류 구동부하를 개폐합니다.

- PLC와의 접속했을 시 접속 해로도

직류3선식 근접센서를 PLC에 접속 시 COMMON 3단자의 상태에 따라 결선방식이 달라지므로 결선 시 주의한다.

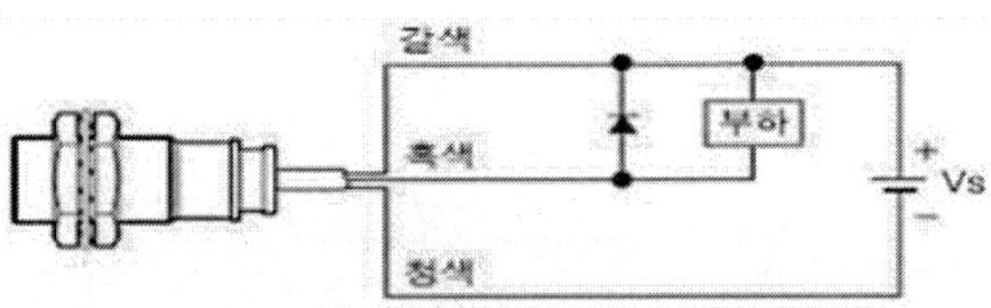

(NPN 출력형 부하접속)

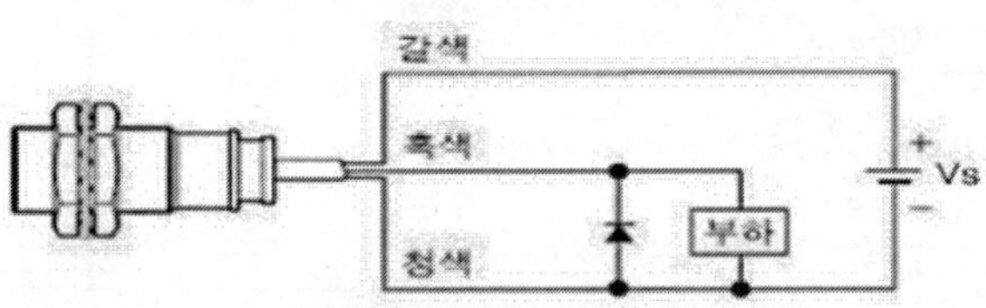

(PNP 출력형 부하접속)

[직류 3선식 센서 회로도]

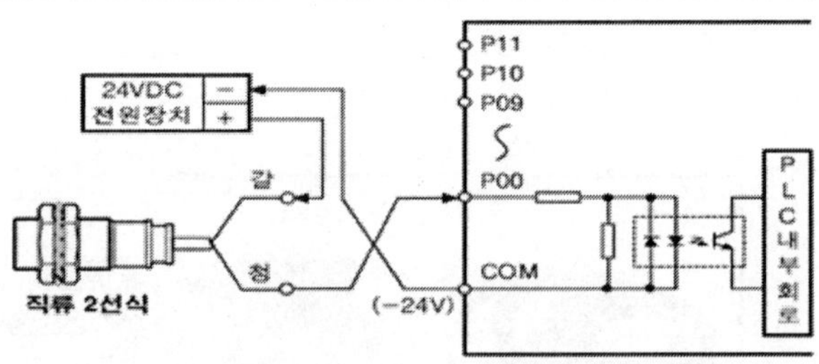

< PLC의 COMMON이 "-24V" 인 경우 >

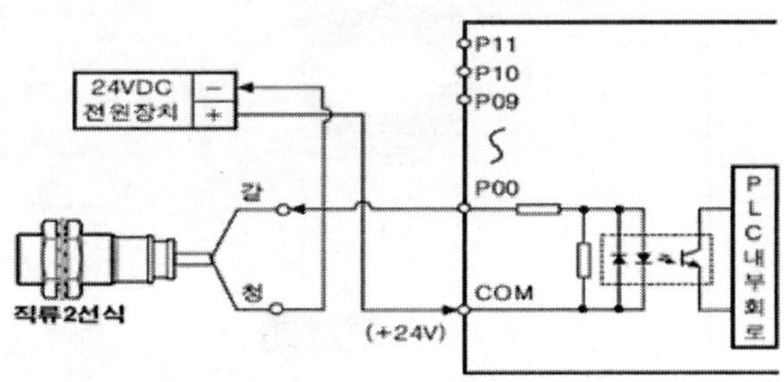

< PLC의 COMMON이 "+24V" 인 경우 >

[PLC와 센서 접속 해로도]

[그림 4-25] 근접 센서 접속 회로도

2-4) 포토 센서

- 포토 센서란?

검출용 센서에는 응용하는 매체에 따라 여러 가지로 구분 되는데, 특히 "光" 을 매체로서 응용한 것을 포토 센서라고 부른다. 포토 센서는 무 접촉식 검출방식으로 물체의 유•무, 통과 여부뿐만 아니라, 물체의 대 •소, 색상, 명암 등을 검출하는 것이 대표적인 용도이다.

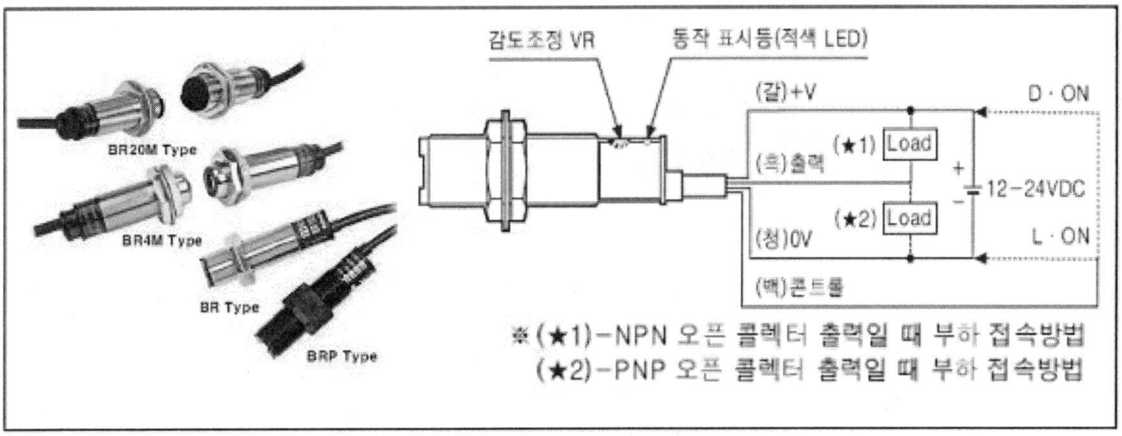

[포토센서 검출 접속도]

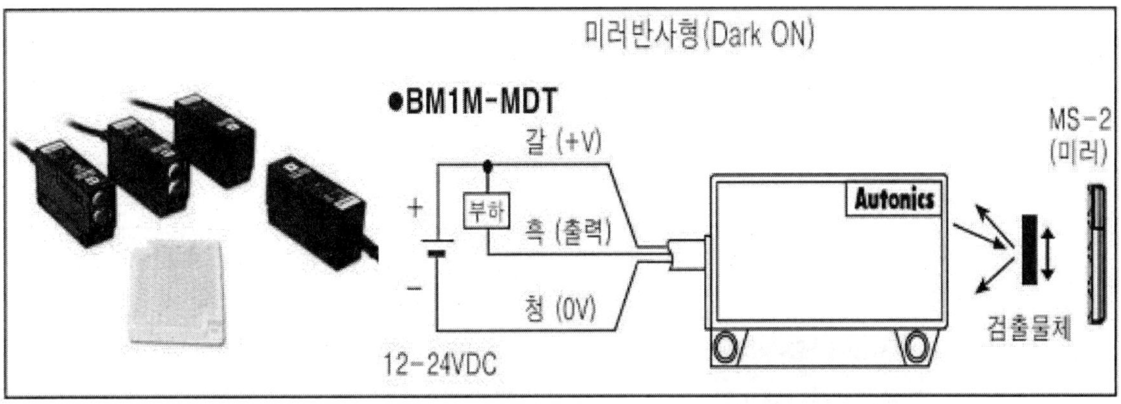

[소형경량의 보급형 센서 접속도]

[그림 4-26] 포토 센서

3) Sol Valve 배선도

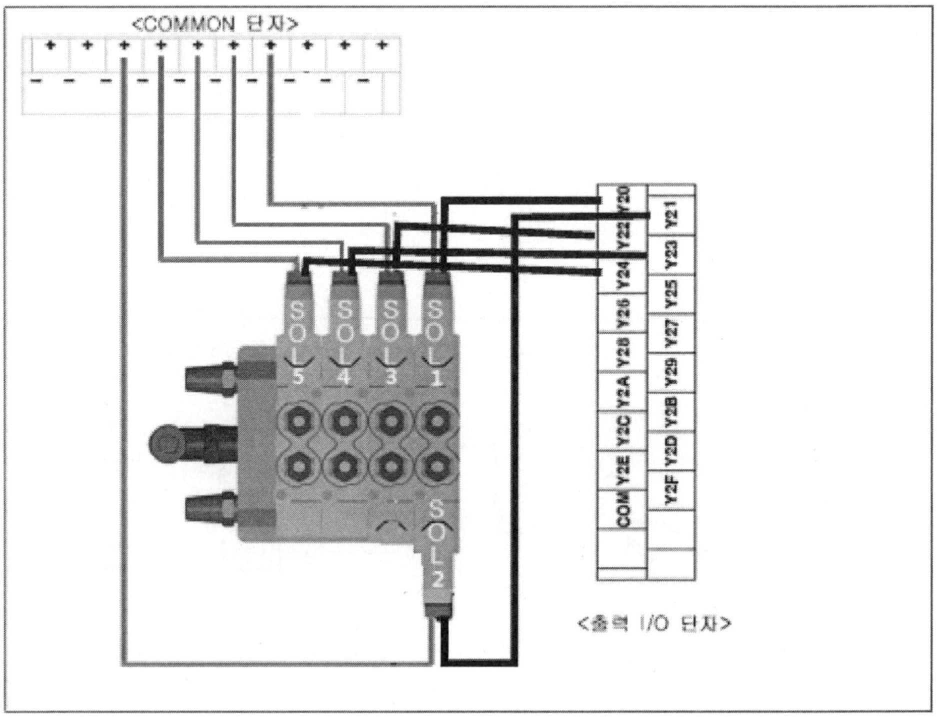

[그림 4-27] Sol Valve 배선 회로도

4) 모터 배선도

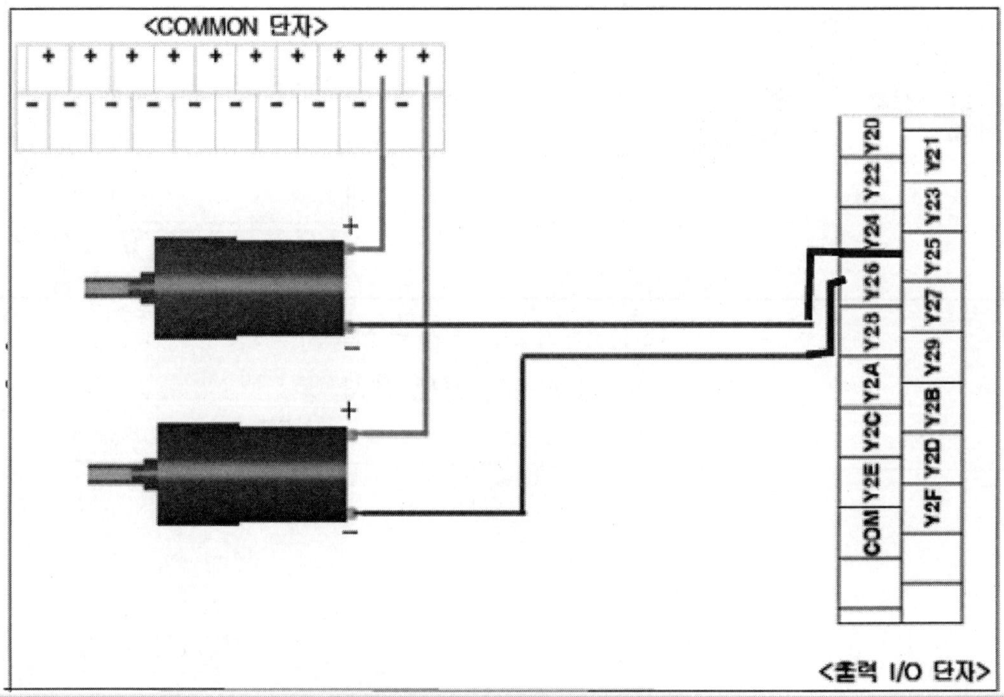

[그림 4-28] 모터 결선도

라. 입출력 I/O 결선 방법

1) I/O 입력 결선 방법

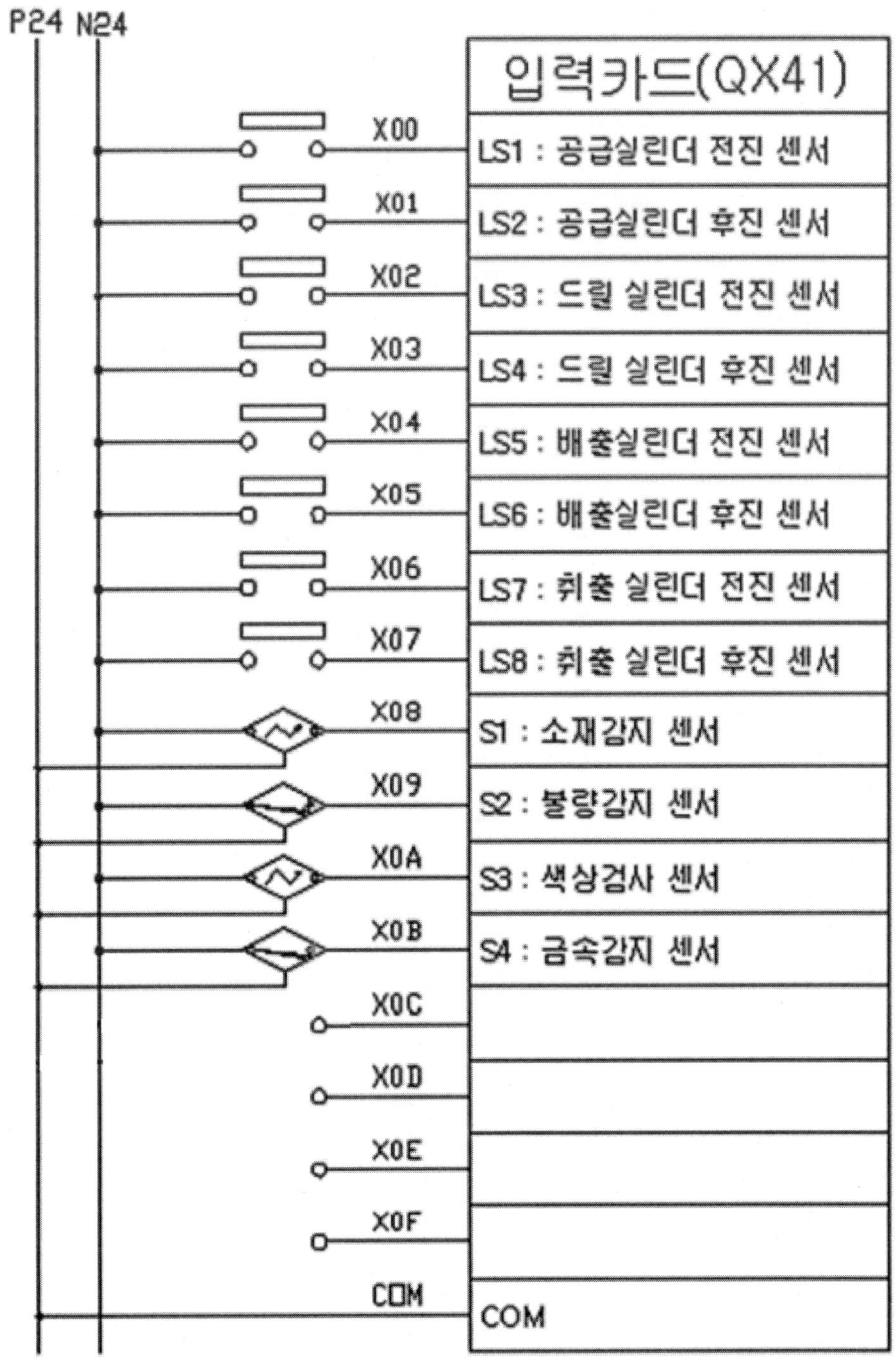

[그림 4-29] I/O 입력 결선 방법 X00 ~ X0F

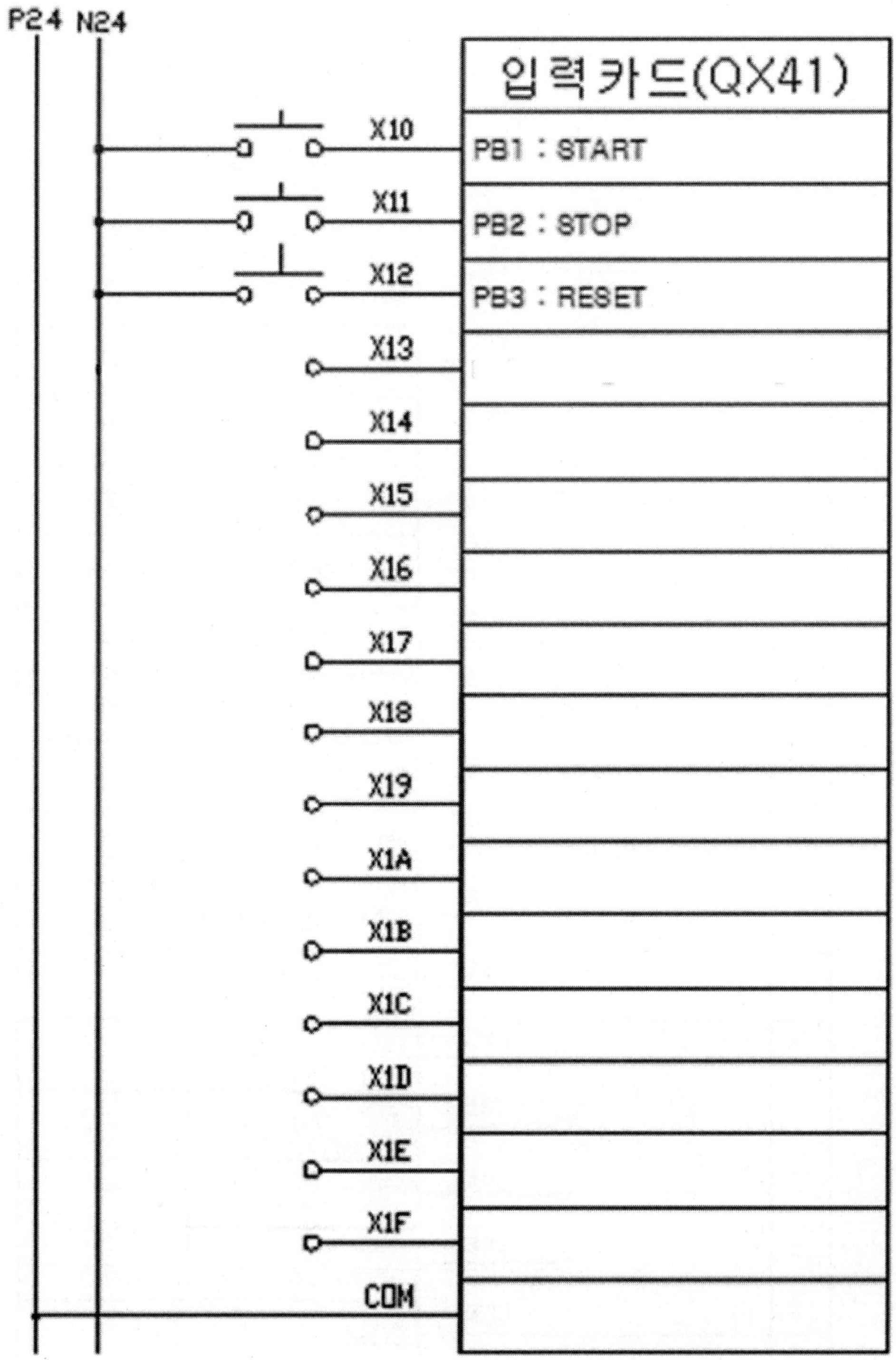

[그림 4-30] I/O 입력 결선 방법 X10 ~ X1F

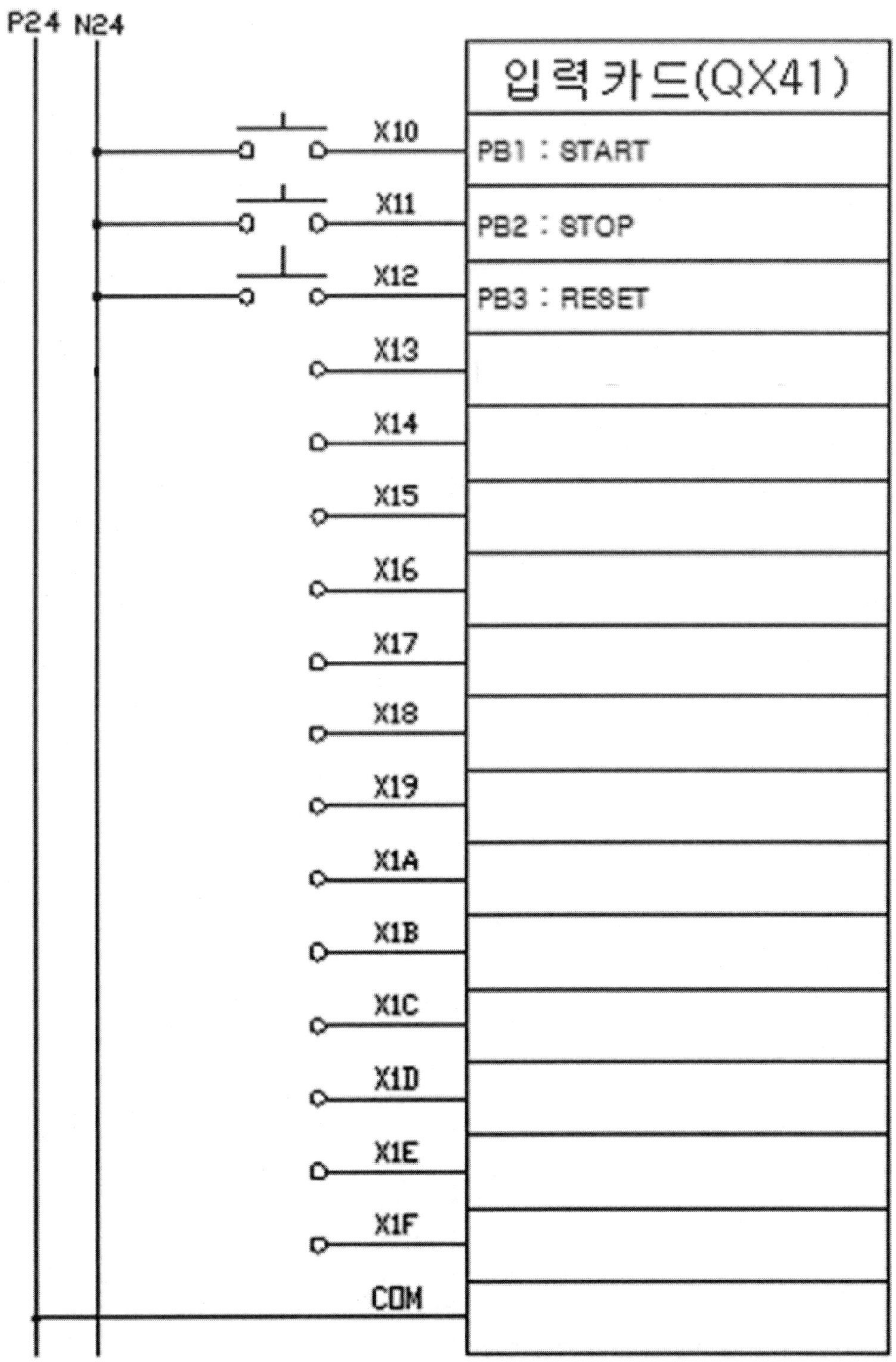

[그림 4-31] I/O 입력 결선 방법 X10 ~ X1F

2) I/O 출력 결선 방법

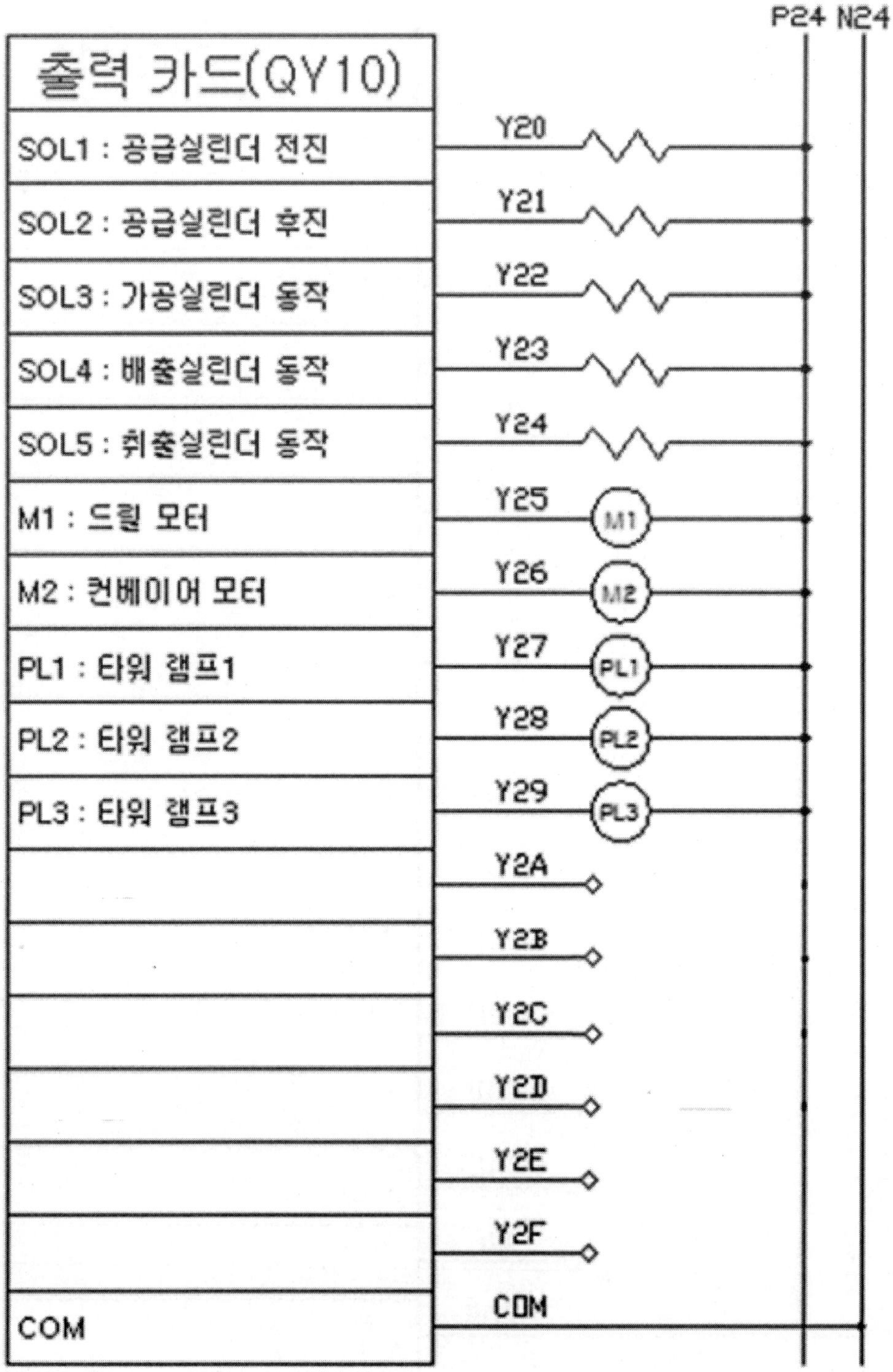

[그림 4-32] I/O 출력 결선 방법 Y20 ~ Y2F

3) 실제 배선도

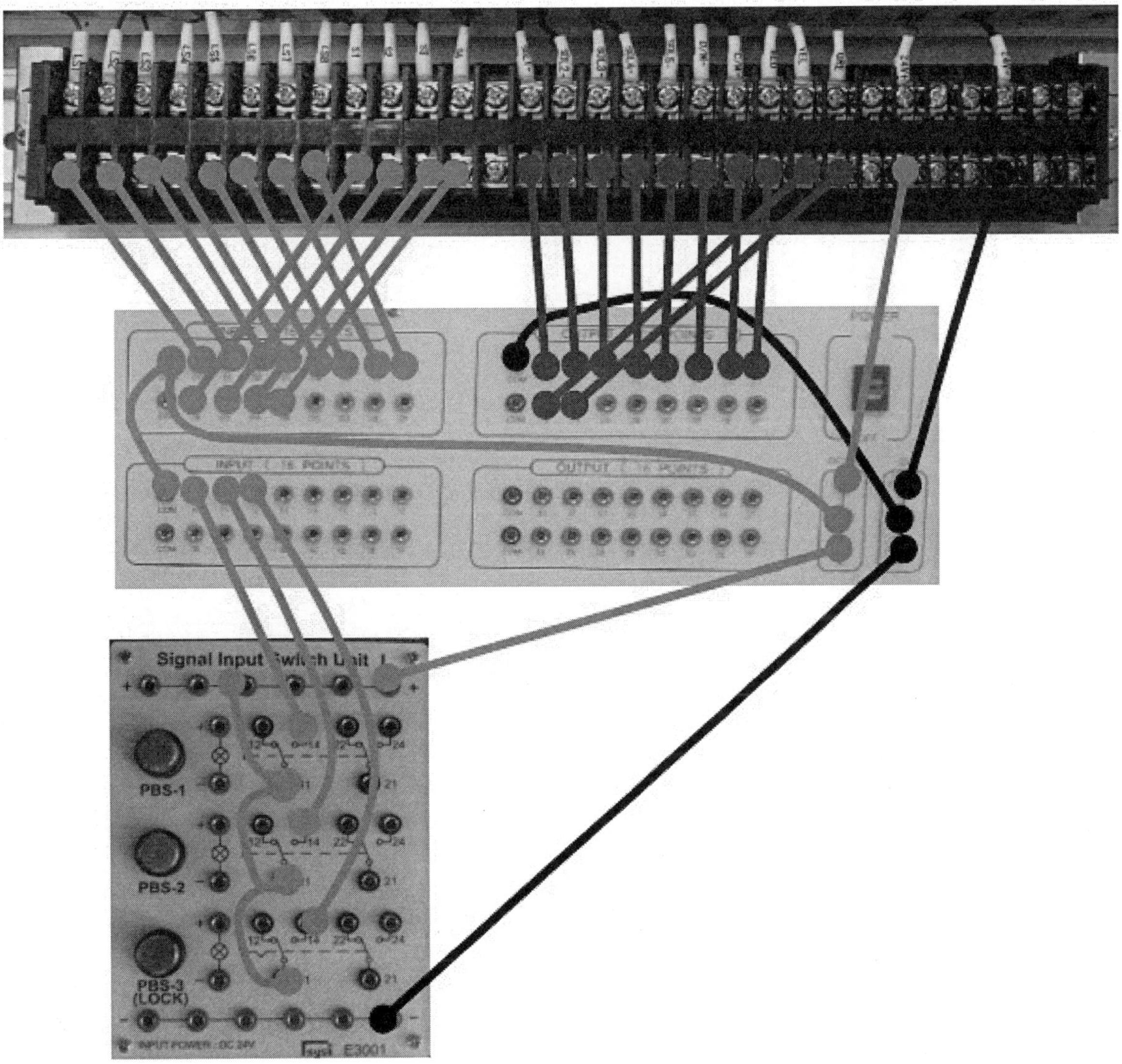

[그림 4-33] 생산자동화 실제 배선도

2. 생산자동화 실습 과제

* 생산자동화 실습장치 총괄 I/O 할당표

구분	변수	기능	메모리 할당
입 력	PB1	START	X10
	PB2	STOP	X11
	PB3	RESET	X12
	LS1	공급전진센서	X00
	LS2	공급후진센서	X01
	LS3	가공하강센서	X02
	LS4	가공상승센서	X03
	LS5	이송전진센서	X04
	LS6	이송후진센서	X05
	LS7	취출전진센서	X06
	LS8	취출후진센서	X07
	S1	소재감지센서	X08
	S2	불량검출센서	X09
	S3	제품감지센서	XOA
	S4	금속감지센서	X0B
출 력	SOL1	공급실린더전진	Y20
	SOL2	공급실린더후진	Y21
	SOL3	가공실린더하강	Y22
	SOL4	이송실린더전진	Y23
	SOL5	취출실린더전진	Y24
	MOTOR1	가공모터	Y25
	MOTOR2	컨베이어모터	Y26
	PL1	적색램프	Y27
	PL2	황색램프	Y28
	PL3	녹색램프	Y29

가. 램프 ON/OFF 제어

1) 실험 목적

- 램프를 ON/OFF 제어할 수 있다.

2) 동작 조건

- 스위치를 누르면 램프가 ON이 되고 스위치를 떼면 램프가 OFF된다.

3) I/O 할당

입력			출력		
변수	기능	메모리 할당	변수	기능	메모리 할당
PB1	운전 스위치	X10	L1	적색 램프	Y27

4) 래더 프로그램

나. 램프 자기유지 회로

1) 실험 목적

- 램프를 ON/OFF 제어를 자기유지 회로로 만들 수 있다.

2) 동작 조건

- PB1을 누르면 램프가 ON이 되고 스위치를 떼도 램프가 ON이 된다.
- PB2를 누르면 램프가 OFF가 된다.

3) I/O 할당

입력			출력		
변수	기능	메모리 할당	변수	기능	메모리 할당
PB1	운전 스위치	X10	L1	적색 램프	Y27
PB2	정지 스위치	X11			

4) 래더 프로그램

다. 램프 플리커 회로

1) 실험 목적

- 램프 사용해서 플리커 회로를 만들 수 있다.

2) 동작 조건

- PB1을 누르면 램프 PL10이 ON되고 1초 후에 PL10이 소등한다.
- 위에 동작을 PB2를 눌리때 까지 반복한다.

3) I/O 할당

입력			출력		
변수	기능	메모리 할당	변수	기능	메모리 할당
PB1	운전 스위치	X10	L1	적색 램프	Y27
PB2	정지 스위치	X11			

4) 래더 프로그램

라. 복동 실린더 제어1

1) 실험 목적

- 양측 SOL. V/V를 사용하여 수동 왕복 작동회로를 제작할 수 있다.

2) 동작 조건

- 공기압 복동 실린더를 양측 솔레노이드 밸브로 제어한다. 전진신호(PB1)를 주면 실린더는 전진하고, 복귀신호(PB2)를 주면 원위치로 복귀한다.

3) 공기압 회로 및 변위선도

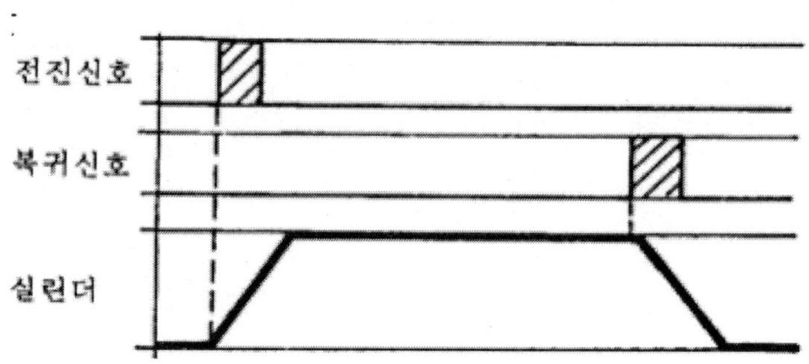

4) I/O 할당

입력			출력		
변수	기능	메모리 할당	변수	기능	메모리 할당
PB1	복동 실린더 전진	X10	SOL1	복동 실린더 전진	Y20
PB2	복동 실린더 후진	X11	SOL2	복동 실린더 후진	Y21

5) 래더 프로그램

마. 복동 실린더 제어2

1) 실험 목적

- 양측 SOL. V/V를 사용하여 1회 왕복 작동회로를 제작할 수 있다.

2) 동작 조건

- 복동실린더가 양측 솔레노이드 밸브로 전. 후진 제어된다. 조작 스위치(PB1)를 누르면 실린더가 전진하고 전진끝단까지 도달한 후 즉시 복귀한다. 복귀신호는 전진끝단에 설치되어 있는 리미트 스위치(LS1)에 의해 작동되고, 재 기동하려면 누름 버튼스위치(PB1)를 다시 눌러야 한다.

3) 공기압 회로 및 변위선도

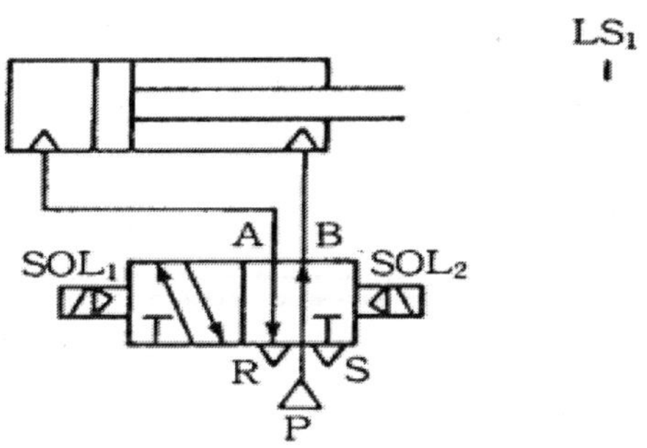

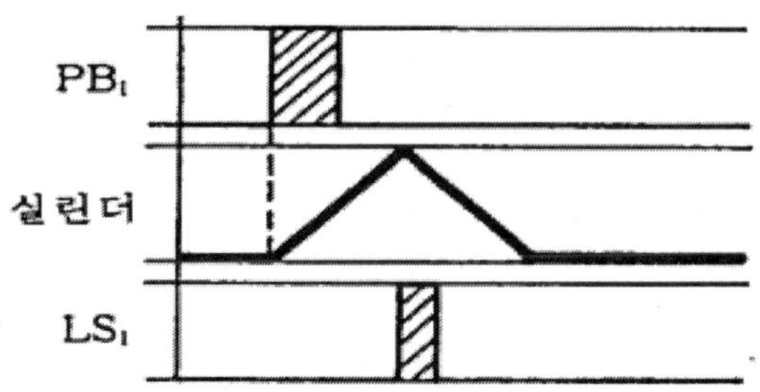

4) I/O 할당

입력			출력		
변수	기능	메모리 할당	변수	기능	메모리 할당
PB1	복동 실린더 전진	X10	SOL1	복동 실린더 전진	Y20
LS1	복동 실린더 전진 센서	X11	SOL2	복동 실린더 후진	Y21

5) 래더 프로그램

1	
2	
3	
4	
5	

바. 편 솔레노이드 밸브 이용 실린더 제어

1) 실험 목적

- 편측 SOL. V/V를 사용하여 수동 왕복 작동회로를 제작할 수 있다.

2) 동작 조건

- 공기압 복동실린더를 편측 솔레노이드 밸브로 제어한다. 전진신호(PB1)를 주면 실린더는 전진하고, 복귀신호(PB2)를 주면 원위치로 복귀한다.

3) 공기압 회로 및 변위선도

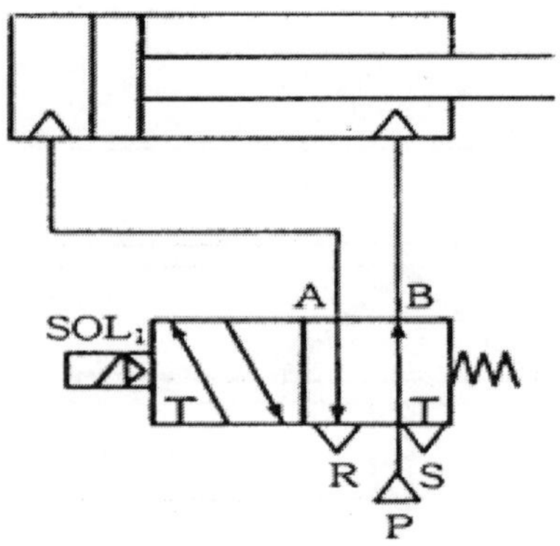

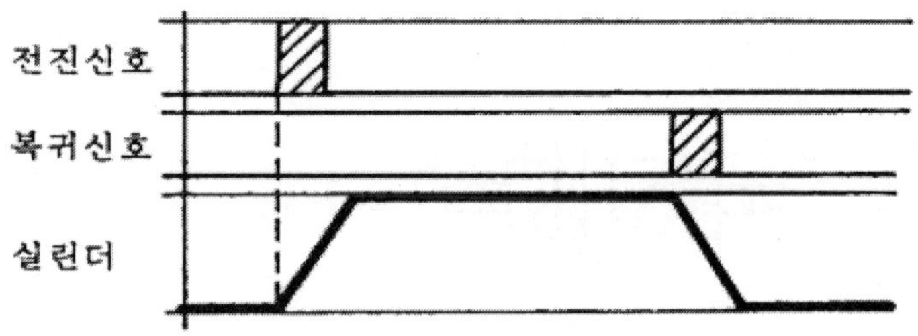

4) I/O 할당

입력			출력		
변수	기능	메모리 할당	변수	기능	메모리 할당
PB1	단동 실린더 전진	X10	SOL1	단동 실린더 동작	Y23
PB2	단동 실린더 후진	X11			

5) 래더 프로그램

1	
2	
3	
4	
5	

사. 타이머 제어

1) 실험 목적

- 푸신버튼과 파일럿 램프 사용해서 타이머 명령어를 이해할 수 있다.

2) 동작 조건

- PB1을 3초동안 누르면 PL1이 점등한다.
- PB1을 때면 PL1이 소등한다.

3) I/O 할당

입력			출력		
변수	기능	메모리 할당	변수	기능	메모리 할당
PB1	타이머 동작	X10	PL1	적색 램프	Y27

4) 래더 프로그램

1	
2	
3	
4	
5	

아. 카운터 제어

1) 실험 목적

- 푸신버튼과 파일럿 램프 사용해서 카운터 명령어를 이해할 수 있다.

2) 동작 조건

- PB1을 3번 누르면 PL10이 점등한다.
- PB2를 누르면 PL10이 소등하고 카운터는 리셋된다.

3) I/O 할당

입력			출력		
변수	기능	메모리 할당	변수	기능	메모리 할당
PB1	카운터 동작	X10	PL1	적색 램프	Y27

4) 래더 프로그램

1	
2	
3	
4	
5	

자. 공급공정 실습

1) 실험 목적

- 생산자동화 공정 중 소재 공급 공정의 과정을 이해한다.
- 공급 공정에 적용되는 각종 소자의 기능 및 구조를 이해한다.
- 광 화이버 센서의 구조와 동작 원리를 이해한다.
- 공급 공정에 대한 PLC 프로그램을 작성 할 수 있다.
- 공급 공정에 대한 전기 배선 작업을 할 수 있다.

2) 관련 지식

1) 광 화이버 센서(Fiber Optical Sensor)

광(光) 화이버센서는 종래의 포토센서의 절대조건이었던 렌즈를 없애고 그 대책으로 광 (光) 화이버 케이블을 조합하여 마크검출, 초소형 물체의 유,무를 검출하기 위한 용도로 만들어진 센서로써 광(光) 화이버의 유연성을 이용하여 좁은 장소에서도 자유롭게 취부 시켜 사용할수 있다.

기본 동작 원리는 투과형, 반사형 센서와 동일하고 단지 센서의 설치위치에 유연성을 주기 위하여 Optical Fiber와 센서를 결합한 형태라 할 수 있다.

여러 가지 광 화이버 센서

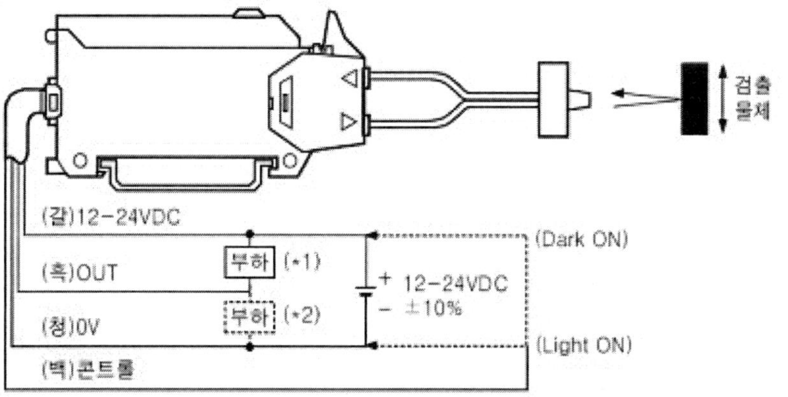

광 화이버 센서의 결선

3) 동작 조건

- 운전 스위치를 누르면 매거진에 부착된 소재 검출센서(광화이버센서 : Fiber Optical Sensor)를 통하여 WORK(소재)의 유무를 감지하고, 소재가 있을 경우 소재공급실린더를 전진시켜 WORK를 가공공정으로 공급한 후 복귀한다.

4) I/O 할당

입력			출력		
변수	기능	메모리 할당	변수	기능	메모리 할당
PB0	운전 스위치	X10	SOL 1	공급실린더 전진	Y20
PB1	정지 스위치	X11	SOL 2	공급실린더 후진	Y21
LS1	공급실린더 전진 감지	X00			
S1	매거진 소재 감지 센서	X0B			

5) 래더 프로그램

1	
2	
3	
4	
5	
6	
7	
8	
9	
10	
11	

차. 가공공정 실습

1) 실험 목적

- 생산자동화 공정 중 소재 가공 공정의 과정을 이해한다.
- 가공 공정에 적용되는 각종 소자의 기능 및 구조를 이해한다.
- DC 모터의 구조와 동작 원리를 이해한다.
- 가공 공정에 대한 PLC 프로그램을 작성 할 수 있다.
- 가공 공정에 대한 전기 배선 작업을 할 수 있다.

2) 관련 지식

1) DC 모터

DC 모터란, 고정자로 영구자석을 사용하고, 회전자(전기자)로 코일을 사용하여 구성한 것으로, 전기자에 흐르는 전류의 방향을 전환함으로써 자력의 반발, 흡인력으로 회전력을 생성시키는 모터이다.
로봇, 자동차, 장난감 등을 비롯한 다양한 산업분야에서 광범위하게 사용되고 있는 모터이다.
일반적으로 DC 모터는 회전 제어가 쉽고, 제어용 모터로서 아주 우수한 특성을 가지고 있다.

DC 모터의 특징을 나열하면
(1) 기동 토크가 크다.
(2) 인가 전압에 대하여 회전 특성이 직선적으로 비례한다.
(3) 입력 전류에 대하여 출력 토크가 직선적으로 비례하며, 출력 효율이 양호하다.
(4) 가격이 저렴하다.

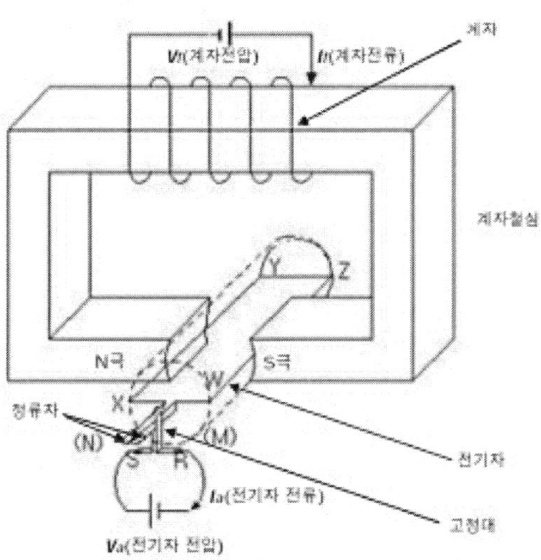

DC 모터의 기본 구성도

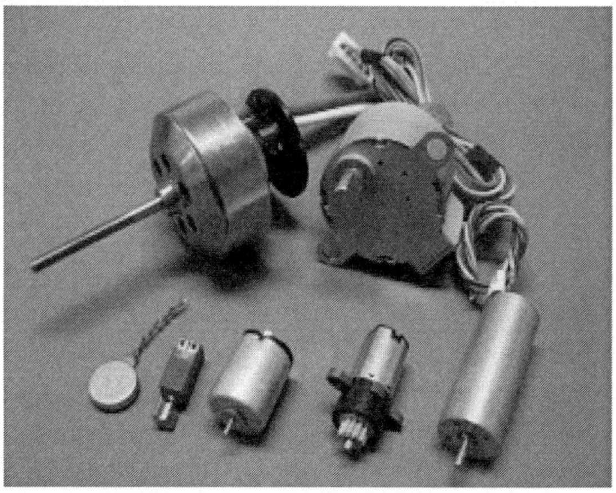
다양한 종류의 DC 모터

2) 감속기

감속기는 감속장치의 일종으로써 일련의 기어 장치와 기계요소인 축, Bearing을 조합하여 Casing 내에 조립된 하나의 감속 장치의 기능을 가지고 있으며, 치차감속 장치의 기어 감속기를 감속기(Gear Reduce)를 줄여서 감속기라 부른다.

감속기는 다양한 모터의 회전수를 일정한 감속비 만큼 가감하는 기구이며, 그 감기를 구성 하는 종류에 따라 평행축 감속기, 웜 감속기, 유성 감속기 등이 있으며, 통상적으로 사용되는 감속비는 1:3 ~ 1: 250 이다.

감속기로 구성된 기어박스

3) 동작 조건

- 운전 스위치를 누르면 가공실린더가 하강을 시작하고 가공 모터가 동작하여 소재를 가공 한다. 하강이 완료된 시점에서 가공 모터가 3초간 더 동작한 후 모터는 정지하고 가공실 린더는 복귀한다. 단, 정지 스위치를 누르면 진행하던 작업이 즉시 정지되고 복귀되어야 한다.

4) I/O 할당

입력			출력		
변수	기능	메모리 할당	변수	기능	메모리 할당
PB0	운전 스위치	X10	SOL3	가공실린더 전진	Y22
PB1	정지 스위치	X11	MOTOR1	가공 모터	Y25
LS3	가공실린더 하강 감지	X02			

5) 래더 프로그램

카. 이송공정 실습

1) 실험 목적

- 생산자동화 공정 중 소재 이송 공정의 과정을 이해한다.
- 이송 공정에 적용되는 각종 소자의 기능 및 구조를 이해한다.
- 컨베이어의 구조와 동작 원리를 이해한다.
- 이송 공정에 대한 PLC 프로그램을 작성 할 수 있다.
- 이송 공정에 대한 전기 배선 작업을 할 수 있다.

2) 관련 지식

1) 컨베이어(Conveyor)

일정한 거리를 자동적·연속적으로 재료나 물품을 운반하는 기계장치로서 공장 내에서 부품이나 재료의 운반, 반제품의 이동, 항만·광산 등에서 석탄·광석 화물의 운반, 건설 현장에서 모래 등의 운반에 널리 사용되고 있다.

공장에서는 운반 장치로서 뿐만 아니라 이동 작업대로 사용하며, 대량 생산 방식의 기반이 되어 있다.

컨베이어는 구동방식 또는 구조에 따라 다양한 종류로 제작된다.

벨트컨베이어

롤러컨베이어

컨베이어 예시

3) 동작 조건

- 운전 스위치를 누르면 이송실린더가 전진하여 소재를 컨베이어로 이송하고 복귀한다. 이송실린더 전진 감지 센서에 의해 소재가 컨베이어에 이송되었음을 확인 하고 컨베이어가 동작한다.

정지 스위치를 누르면 모든 동작은 즉시 정지한다.

4) I/O 할당

입력			출력		
변수	기능	메모리 할당	변수	기능	메모리 할당
PB0	운전 스위치	X10	SOL4	이송실린더 전진	Y23
PB1	정지 스위치	X11	MOTOR2	컨베이어 모터	Y26
LS5	이송실린더 전진 감지	X04			

5) 래더 프로그램

1	
2	
3	
4	
5	
6	
7	
8	
9	
10	
11	

타. 검사공정 실습1

1) 실험 목적

- 생산자동화 공정 중 소재 검사 공정의 과정을 이해한다.
- 검사 공정에 적용되는 각종 센서의 기능 및 구조를 이해한다.
- 검사 공정에 대한 PLC 프로그램을 작성 할 수 있다.
- 검사 공정에 대한 전기 배선 작업을 할 수 있다.

2) 관련 지식

1) 정전용량형 근접센서

정전 용량형 근접센서(capacitive proximity sensor)는 검출물체가 센서에 접근하면 검출전 극과 대지 간 정전 용량 (capacitance) 이 증가하는 것을 이용하여 물체를 검출하는 것으로 도체및 유전체 등 모든 물체의 검출이 가능하다. 정전용량 은 전극도체의 면적, 전극간격, 유전체의 종류에 의해서 결정된다.

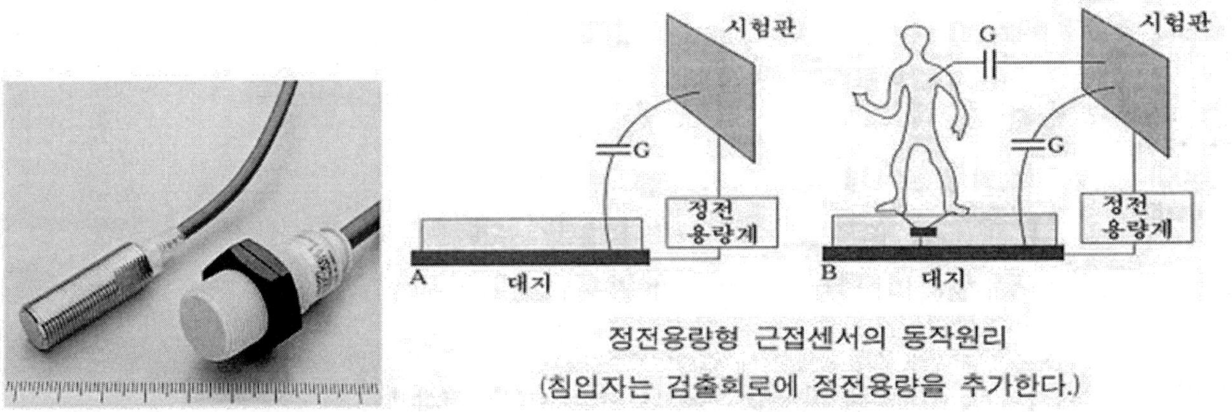

정전용량형 근접센서의 외형과 동작원리

2) 유도형 근접센서

유도형 또는 고주파 발진형 근접 센서는 금속물체(metallic object)의 검출에 사용되며, 특히 자성체(ferrous target)에 대해서는 검출 감도가 양호하고, 검출거리도 길다.

아래의 그림은 유도형 근접센서의 구성과 동작원리를 나타낸 것이다.

페라이트코어에 감긴 검출코일이 고주파 발진회로 (oscillator circuit) 의 일부를 구성하고 있다. 검출코일에 교류전류를 흘려 고주파 자계를 발생시키고 , 이 자계내부로 금속물체가 들어오면, 전자유도작용에 의해 금속도체 내부에 와전류 (渦電流 ; eddy Current)가 흐르고, 열손실이 발생한다. 그래서 검출코일의 손실저항과 인덕턴스가 변한다. 이 변화를 발진회로의 발진 주파수 또는 발진진폭의 변화로 출력한다.

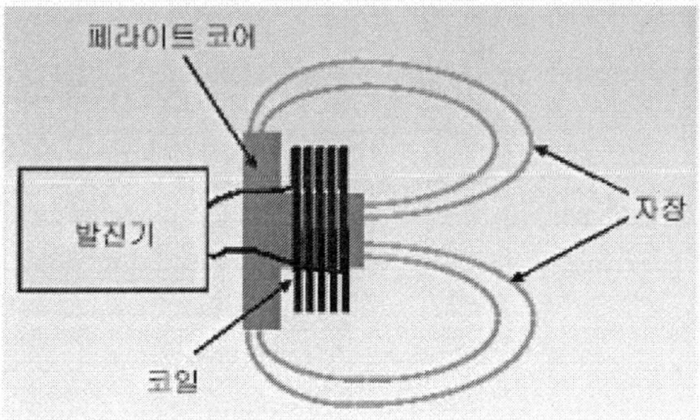

유도형 근접센서의 구조와 외형

3) 광센서(PHOTO SENSOR)

광센서는 빛 자체를 정량적으로 검출하기보다는 빛을 이용하여 물체의 유무를 검출하거나, 속도나 위치의 결정에 이용하기도 하며, 레벨검출, 특정 표시의 식별 등을 하는 곳에 많이 이용되고 있다.

광센서는 응용분야가 넓은 만큼 종류도 여러 가지가 있는데 크게는 투광부(sender or emitter)와 수광부(receiver)의 구성 여부에 따라 일체형과 분리형으로 나눌 수 있으며 이 중 일체형은 직접 반사형과 거울 반사형 두 가지로 나눌 수 있다. 물론 주변 환경에 의한 영향(온도, 기계적 변형)이 우려되거나 미소부분의 검출에 사용되는 광 파이버(Fiber optical)센서도 이들의 형태로 나눠진다.

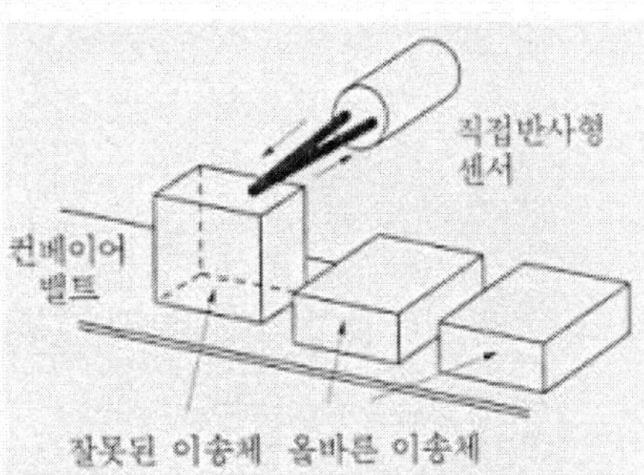

광센서의 동작과 외형

3) 동작 조건

- 운전 스위치를 누르면 컨베이어가 동작을 시작하고, 금속 및 비금속 소재를 수동으로 컨베이어 상에 공급하면 각 검출 센서에 의해 금속 및 비금속 소재가 컨베이어 상에 공급된 수량이 계수 된다.

4) I/O 할당

입력			출력		
변수	기능	메모리 할당	변수	기능	메모리 할당
PB0	운전 스위치	X10	MOTOR2	컨베이어 모터	Y26
PB1	정지 스위치	X11			
S2	불량 검출 센서	X09			
S4	금속 검출 센서	X0B			

5) 래더 프로그램

파. 검사공정 실습2

1) 실험 목적

- 생산자동화 공정 중 소재 검사 공정의 과정을 이해한다.
- 검사 공정에 적용되는 각종 센서의 기능 및 구조를 이해한다.
- 검사 공정에 대한 PLC 프로그램을 작성 할 수 있다.
- 검사 공정에 대한 전기 배선 작업을 할 수 있다.

2) 동작 조건

- 운전 스위치를 누르면 컨베이어가 동작을 시작하고, 가공 및 비가공 소재를 수동으로 컨베이어 상에 공급하면 비가공이 되었을 시에 붉음 램프가 점등한다.
- 백색 및 흑색의 소재를 공급하면 백색일 경우 황색 램프가 점등한다.
- 금속 및 비금속의 소재를 공급하면 금속일 경우 녹색 램프가 점등한다.
- 정지 스위치를 누르면 동작이 정지된다.

3) I/O 할당

입력			출력		
변수	기능	메모리 할당	변수	기능	메모리 할당
PB0	운전 스위치	X10	SOL1	공급실린더 전진	Y20
PB1	정지 스위치	X11	SOL2	공급실린더 후진	Y21
LS1	공급 전진 센서	X00	SOL4	이송실린더 동작	Y23
LS2	공급 후진 센서	X01	MOTOR2	컨베이어 모터	Y26
LS5	이송 전진 센서	X04	L1	적색 램프	Y27
LS6	이송 후진 센서	X05	L2	황색 램프	Y28
S1	소재 감지 센서	X08	L3	녹색 램프	Y29
S2	불량 검출 센서	X09			
S3	제품 감지 센서	X0A			
S4	금속 검출 센서	X0B			

4) 래더 프로그램

1	
2	
3	
4	
5	
6	
7	
8	
9	
10	
11	
12	
13	
14	
15	
16	
17	
18	

하. 추출공정 실습

1) 실험 목적

- 생산자동화 공정 중 소재 추출 공정의 과정을 이해한다.
- 추출 공정에 적용되는 구동 소자의 원리를 이해한다.
- 추출 공정에 대한 PLC 프로그램을 작성 할 수 있다.
- 추출 공정에 대한 전기 배선 작업을 할 수 있다.

2) 관련 지식

1) 추출(분류) 방식

산업현장에서는 다양한 종류의 제품을 가공 생산하며, 자동화설비에 의한 생산/이송의 경우 그 목적에 따라 크기/중량/높이 등에 따른 분류 방법과, 제품의 가공, 색상, 도장상태 등 양/부 판정에 따른 분류등 다양한 추출 또는 분류 방식이 적용된다.

본 장비에 적용된 센서를 이용하여 추출 할 수 있는 방식은 제품의 가공 상태에 따른 양/부판정과 소재의 종류 따른 금속/비금속 분류, 포토센서를 이용한 색상 검출 방법 등이 사용될 수 있다.

3) 동작 조건

- 운전 스위치를 누르면 컨베이어가 동작을 시작하고, 금속/비금속 소재를 수동으로 컨베 이어 상에 공급하면 불량 검출 센서에 검출된 추출실린더에 의해 분류된다.

(센서에 검출된 소재는 추출실린더에 도착하기까지의 시간을 타이머로 적용한다.)

4) I/O 할당

입력			출력		
변수	기능	메모리 할당	변수	기능	메모리 할당
PB0	운전 스위치	X10	SOL5	추출실린더 전진	Y24
PB1	정지 스위치	X11	MOTOR2	컨베이어 모터	Y26
LS7	추출실린더 전진 감지	X06			
S2	불량 검출 센서	X09			

4) 래더 프로그램

1	
2	
3	
4	
5	

거. 공급 + 가공 공정 실습

1) 실험 목적

- 생산자동화 공정 중 공급과 가공공정을 연동하여 동작하는 공정의 과정을 이해한다.
- 각 공정에 적용되는 각종 소자의 기능 및 구조를 이해한다.
- 적용 공정에 대한 PLC 프로그램을 작성 할 수 있다.
- 적용 공정에 대한 전기 배선 작업을 할 수 있다.

2) 동작 조건

- 매거진에 소재가 있을 경우 운전 스위치를 누르면 공급실린더에 의해 소재가 공급되고 공급실린더는 복귀한다. 소재 공급이 완료됨과 동시에 가공실린더가 하강을 하면서 가공 모터가 동작한다. 가공 모터가 소재를 3초간 가공 한 후 모터는 정지하고 가공실린더는 복귀한다.

3) I/O 할당

입력			출력		
변수	기능	메모리 할당	변수	기능	메모리 할당
PB0	운전 스위치	X10	SOL1	공급실린더 전진	Y20
PB1	정지 스위치	X11	SOL2	공급실린더 후진	Y21
LS1	공급 전진 센서	X00	SOL3	가공실린더 하강	Y22
LS2	공급 후진 센서	X01	MOTOR1	가공 모터	Y25
S1	매거진 소재 감지 센서	X08			

4) 래더 프로그램

1	
2	
3	
4	
5	
6	
7	
8	
9	
10	
11	
12	
13	
14	
15	
16	
17	
18	

너. 공급 + 이송 공정 실습

1) 실험 목적

- 생산자동화 공정 중 공급과 이송공정을 연동하여 동작하는 공정의 과정을 이해한다.
- 각 공정에 적용되는 각종 소자의 기능 및 구조를 이해한다.
- 적용 공정에 대한 PLC 프로그램을 작성 할 수 있다.
- 적용 공정에 대한 전기 배선 작업을 할 수 있다.

2) 동작 조건

- 매거진에 소재가 있을 경우 운전 스위치를 누르면 공급실린더에 의해 소재가 공급되고 공급실린더는 복귀한다. 소재 공급이 완료되면 이송실린더가 전진하여 소재를 컨베이어로 이송한다. 이송실린더의 전진 감지 센서 신호에 의해 컨베이어가 동작을 하면서 소재가 이송된다.

3) I/O 할당

입력			출력		
변수	기능	메모리 할당	변수	기능	메모리 할당
PB0	운전 스위치	X10	SOL1	공급실린더 전진	Y20
PB1	정지 스위치	X11	SOL2	공급실린더 후진	Y21
LS1	공급 전진 센서	X00	SOL4	이송실린더 동작	Y23
LS2	공급 후진 센서	X01	MOTOR2	컨베이어 모터	Y26
LS5	이송 전진 센서	X04			
S1	매거진 소재 감지 센서	X08			

4) 래더 프로그램

1	
2	
3	
4	
5	
6	
7	
8	
9	
10	
11	
12	
13	
14	
15	
16	
17	
18	

더. 이송 + 검사 공정 실습

1) 실험 목적

- 생산자동화 공정 중 이송과 검사공정을 연동하여 동작하는 공정의 과정을 이해한다.
- 각 공정에 적용되는 각종 소자의 기능 및 구조를 이해한다.
- 적용 공정에 대한 PLC 프로그램을 작성 할 수 있다.
- 적용 공정에 대한 전기 배선 작업을 할 수 있다.

2) 동작 조건

- 운전 스위치를 누르면 컨베이어가 동작한다.

컨베이어가 동작을 할 때 이송실린더에 의해 소재를 이송시키면 센서를 통해 소재를 판별한다.
금속과 비금속을 판별하여 각 소재에 대한 수량을 계수한다.

3) I/O 할당

입력			출력		
변수	기능	메모리 할당	변수	기능	메모리 할당
PB0	운전 스위치	X10	SOL4	이송실린더 전진	Y23
PB1	정지 스위치	X11	MOTOR2	컨베이어 모터	Y26
LS5	이송 전진 센서	X04			
S2	불량 검출 센서	X09			
S4	금속 감지 센서	X0B			
S1	소재 감지 센서	X08			

4) 래더 프로그램

1	
2	
3	
4	
5	
6	
7	
8	
9	
10	
11	
12	
13	
14	
15	
16	
17	
18	

러. 검사 + 추출 공정 실습

1) 실험 목적

- 생산자동화 공정 중 검사와 추출공정을 연동하여 동작하는 공정의 과정을 이해한다.
- 각 공정에 적용되는 각종 소자의 기능 및 구조를 이해한다.
- 적용 공정에 대한 PLC 프로그램을 작성 할 수 있다.
- 적용 공정에 대한 전기 배선 작업을 할 수 있다.

2) 동작 조건

- 운전 스위치를 누르면 컨베이어가 동작한다.

컨베이어가 동작을 할 때 소재를 컨베이어에 수동으로 공급하면 센서를 통해 소재를 판별한다.

금속일 경우 소재는 컨베이어 끝단의 저장박스에 저장이 되고 비금속일 경우에는 추출 실린더가 동작을 하여 배출하게 된다.

3) I/O 할당

입력			출력		
변수	기능	메모리 할당	변수	기능	메모리 할당
PB0	운전 스위치	X10	SOL5	추출실린더 전진	Y24
PB1	정지 스위치	X11	MOTOR2	컨베이어 모터	Y26
LS7	추출 실린더 전진 센서	X06			
S2	불량 검출 센서	X09			
S4	금속 감지 센서	X0B			

4) 래더 프로그램

1	
2	
3	
4	
5	
6	
7	
8	
9	
10	
11	
12	
13	
14	
15	
16	
17	
18	

머. 공급 + 가공 + 이송 공정 실습

1) 실험 목적

- 생산자동화 공정 중 공급, 가공, 이송공정을 연동하여 동작하는 공정의 과정을 이해한다.
- 각 공정에 적용되는 각종 소자의 기능 및 구조를 이해한다.
- 적용 공정에 대한 PLC 프로그램을 작성 할 수 있다.
- 적용 공정에 대한 전기 배선 작업을 할 수 있다.

2) 동작 조건

- 매거진에 소재가 있을 경우 운전 스위치를 누르면 공급실린더가 소재를 공급하게 된다.

소재 공급이 완료되면 가공실린더가 하강하고 가공모터가 동작을 하여 가공작업이 진행 된다.

3초간 소재 가공 후 가공실린더는 상승을 하고 모터는 정지한다.

이송실린더가 전진하여 소재를 컨베이어로 이송한다.

3) I/O 할당

입력			출력		
변수	기능	메모리 할당	변수	기능	메모리 할당
PB0	운전 스위치	X10	SOL1	공급실린더 전진	Y20
PB1	정지 스위치	X11	SOL2	공급실린더 후진	Y21
LS1	공급 전진 센서	X00	SOL3	가공실린더 하강	Y22
LS2	공급 후진 센서	X01	SOL4	이송실린더 전진	Y23
LS4	가공실린더 상승 센서	X03	MOTOR1	가공 모터	Y25
LS5	이송실린더 후진 센서	X04	MOTOR2	컨베이어 모터	Y26
S1	매거진 소재 감지 센서	X08			

4) 래더 프로그램

버. 이송 + 검사 + 추출 공정 실습

1) 실험 목적

- 생산자동화 공정 중 이송, 검사, 추출공정을 연동하여 동작하는 공정의 과정을 이해한다.
- 각 공정에 적용되는 각종 소자의 기능 및 구조를 이해한다.
- 적용 공정에 대한 PLC 프로그램을 작성 할 수 있다.
- 적용 공정에 대한 전기 배선 작업을 할 수 있다.

2) 동작 조건

- 운전 스위치를 누르면 이송실린더가 전진하여 소재를 컨베이어로 이송한다.

컨베이어를 통해 이송되는 소재는 센서를 통해 금속/비금속을 판별하여 금속일 경우 소재는 컨베이어 끝까지 이동하고 비금속일 경우에는 추출실리더에 의해 배출하게 된다.

3) I/O 할당

입력			출력		
변수	기능	메모리 할당	변수	기능	메모리 할당
PB0	운전 스위치	X10	SOL4	이송실린더 전진	Y23
PB1	정지 스위치	X11	SOL5	공급실린더 후진	Y24
LS5	이송실린더 후진 센서	X04	MOTOR2	컨베이어 모터	Y26
LS7	추출실린더 전진 센서	X06			
S2	불량 검출 센서	X09			
S4	금속 감지 센서	X0B			

4) 래더 프로그램

1	
2	
3	
4	
5	
6	
7	
8	
9	
10	
11	
12	
13	
14	
15	
16	
17	
18	

서. 응용 실습(전체 공정 실습)

1) 실험 목적

- 생산자동화 실습장비의 전체 공정을 이해하고 프로그램을 작성 할 수 있다.

2) 동작 조건

- 매거진에 소재가 있을 경우 운전 스위치를 누르면 공급실린더가 소재를 공급하게 된다.

소재 공급이 완료되면 가공실린더가 하강을 하게 되고 가공모터가 동작을 한다.

3초간 소재를 가공한 후 가공실린더는 상승하고 모터는 정지한다.

이송실린더가 전진하여 소재를 컨베이어로 밀어낸 뒤 소재를 이송한다.

센서를 통해 소재를 판별하게 되고 비금속일 경우 컨베이어 끝까지 이송을 하고 금속일 경우 추출 실린더가 전진을 하여 배출하게 된다.

매거진에 소재가 없을 경우 현재 진행중인 작업이 끝난 뒤에 시스템이 정지하게 된다.

작업중일 때는 녹색램프가 점등되어지고 정지 하였을 때는 적색 램프가 점등한다.

ORIGN 버튼을 눌리면 작업 준비 상태가 되며 황색 램프가 점등한다.

3) I/O 할당

* 생산자동화 실습장치 전체 I/O 할당표 참조

4) 래더 프로그램

1	
2	
3	
4	
5	
6	
7	
8	
9	
10	

참고문헌

1. 스마트 팩토리 제어 실습, 박양수 외 5인 공저, 도서출판 명진
2. [LS Eletric], LS-XGK 매뉴얼
3. XP-Builder 매뉴얼

PLC 물류 제어 기초 실습

초판 1쇄 인쇄 / 2024년 2월 12일
초판 1쇄 발행 / 2024년 2월 19일

공저 박양수 · 신경철 · 장혜경 · 이성신 · GL Company
발행처 형설출판사
경기도 파주시 회동길 37-23 · 전화 (031) 955-2361~4 · 팩시밀리 (031) 955-2341
발행인 장진혁
등록 라-제9호 · 1962년 5월 1일
홈페이지 http://www.hyungseul.co.kr
e-mail hs@hyungseul.co.kr

정가 24,000원

© 2024 박양수, 신경철, 장혜경, 이성신, GL Company All Rights Reserved.

ISBN 978-89-472-8669-5 93580

* 본 도서는 저자와의 협의에 따라 인지는 붙이지 않습니다.
* 본 도서는 저작권법에 의해 보호를 받는 저작물이므로 동영상 제작 및 무단전재와 복제를 금합니다.
* 본 도서의 출판권은 형설출판사에 있으며, 사전 승인 없이 문서의 전체 또는 일부만을 발췌/인용하여 사용하거나 배포할 수 없습니다.

PLC
물류 제어
기초 실습